Kerstin Hoffmann

Prinzip kostenlos

Kerstin Hoffmann

Prinzip kostenlos

Wissen verschenken - Aufmerksamkeit steigern - Kunden gewinnen

2., erweiterte und aktualisierte Auflage

WILEY-VCH Verlag GmbH & Co. KGaA

2. Auflage 2017

Alle Bücher von Wiley-VCH werden sorgfältig erarbeitet. Dennoch übernehmen Autoren, Herausgeber und Verlag in keinem Fall, einschließlich des vorliegenden Werkes, für die Richtigkeit von Angaben, Hinweisen und Ratschlägen sowie für eventuelle Druckfehler irgendeine Haftung

Bibliografische Information der Deutschen Nationalbibliothek

Die Deutsche Nationalbibliothek verzeichnet diese Publikation in der Deutschen Nationalbibliografie; detaillierte bibliografische Daten sind im Internet über http://dnb.d-nb.de abrufbar.

© 2017 Wiley-VCH Verlag & Co. KGaA, Boschstr. 12, 69469 Weinheim, Germany

Printed in the Federal Republic of Germany

Umschlaggestaltung: init GmbH, Bielefeld
Umschlagfoto: sdecoret - fotolia.com
Layout: pp030 - Produktionsbüro, Heike Praetor, Berlin
Satz: SPi Global, Chennai
Druck und Bindung: CPI books GmbH, Leck

Gedruckt auf säurefreiem Papier.

Print ISBN: 978-3-527-50908-9
ePub ISBN: 978-3-527-81383-4
mobi ISBN: 978-3-527-81384-1

10 9 8 7 6 5 4 3 2 1

Inhalt

Vorwort zur Neuauflage 2017

Als *Prinzip kostenlos* im Jahr 2012 in der ersten Auflage erschien, steckte das Content-Marketing in Deutschland noch in den Anfängen. Heute kommt kaum noch ein Unternehmen – ob Konzern, Mittelständler oder Einzelunternehmer (Selbstständiger) – darum herum, sich Gedanken über die eigene Sichtbarkeit in digitalen Medien zu machen. Gleichwohl sind meiner Beobachtung nach viele von ihnen längst noch nicht so richtig darin angekommen, und auch sozialen Netzwerken gegenüber bestehen bei vielen Menschen nach wie vor große Vorbehalte. Auch im Jahr 2017 gebe ich immer noch grundlegende Einführungen in Social Media und digitale Kommunikationsstrategie – und das keineswegs nur bei Berufseinsteigern. Vieles, was ich in der ersten Fassung dieses Buchs geschrieben habe, besitzt nach wie vor Gültigkeit. Etliches hat sich seither weiterentwickelt. Wir befinden uns mitten im digitalen Wandel, und auch die sozialen Netzwerke sind ständigen Veränderungen unterworfen, entwickeln Funktionen weiter und werfen (Teil-)Angebote über Bord. Die grundlegenden Prinzipien, wie man mit hochwertigem Wissen die richtigen Empfehler, Interessenten und letztlich Kunden anzieht, sind jedoch gleichgeblieben.

Prinzip kostenlos ist erfreulicherweise für viele Unternehmen und Einzelunternehmer, Berater und Dienstleister zu einem Standardwerk geworden, und daher wollen wir es auch weiterhin zur Verfügung stellen. Das Verlagsteam und ich haben uns entschieden, das Buch in seinem bisherigen Aufbau weitgehend bestehen zu lassen, aber sehr gründlich zu überarbeiten. Wie man eine Strategie des geteilten Wissens aufund ausbaut: Davon handelt also auch die Neuauflage. Sie hat ergänzende Kapitel bekommen. Einige Interviewpartner aus der ersten Auflage sind wieder vertreten, haben aber neue Fragen beantwortet, und es sind neue Interviews hinzugekommen. Lassen Sie sich von den guten Beispielen erfolgreicher Wissensteiler inspirieren! Ich hoffe, dass Ihnen die Werkzeuge, die ich Ihnen zur Verfügung stelle, für Ihr Content-Marketing und für Ihre Wissensstrategie nützen. Dafür wünsche ich Ihnen viel Erfolg!

Dr. Kerstin Hoffmann, im Sommer 2017

Einleitung

Bekanntheit, neue Kunden und höhere Honorare mit verschenktem Wissen

Sie leiten ein Unternehmen im Dienstleistungsbereich oder sind für dessen Marketing verantwortlich? Sie sind Berater, Trainer, Vortragsredner oder Experte in einem Spezialgebiet? Sie brauchen Kunden und Aufträge? Sie wollen Ihre Tagessätze erhöhen? Sie möchten bekannt werden und Ihren Marktwert steigern? Dann verschenken Sie doch einfach Ihr Wissen! Das funktioniert für größere Unternehmen genauso wie für einzelne Freiberufler. Entscheidend ist nur die Tatsache, dass Sie mehr wissen als andere. Und dass Sie etwas zu verkaufen haben, was über dieses Wissen hinausgeht. Vorausgesetzt eben, Sie verschenken erst einmal etwas.

Moment mal ...! Reich werden, indem man etwas kostenlos abgibt: Ist das nicht ein Widerspruch in sich? Nein, tatsächlich ist es ein Prinzip, das in der Wirtschaft bestens funktioniert, seit es die allerersten Warenproben gab. Die Gratiskultur ist eine ganz eigene Wirtschaftsform, die erst mit der Entwicklung des Social Web so richtig an Fahrt aufgenommen hat. Von den Giganten wie Google können wir ebenso lernen wie von den Pionieren der Akquise, die Anfang des Jahrhunderts in den U. S. A. mit Rezeptheftchen an Haustüren klingelten.

Haben Sie schon jemals eine Gesichtscreme, einen Joghurt oder eine neue Brotsorte gekauft, weil Sie vorab eine Gratisprobe erhielten? Haben Sie je ein Auto erworben, nachdem Sie sich auf einer kostenlosen Probefahrt in den Wagen buchstäblich verliebt hatten? In diesem Buch zeige ich Ihnen, wie Sie das Prinzip der Warenproben auf hochwertiges Wissen als Weg zu mehr Bekanntheit und neuen Kunden übertragen – und warum Sie einen entscheidenden Vorteil gegenüber allen Verteilern von Pröbchen und Proben haben. Denn Sie verschenken Fachwissen und verkaufen dadurch Ihre eigentliche Ware. Selbst jemand, der alles weiß, was Sie wissen, kann dies noch lange nicht so anwenden wie Sie. Wer nämlich zu viel seiner eigentlichen Waren zur Probe austeilt, riskiert, dass der Empfänger schon damit gesättigt ist. Wer großzügig teilt, was er *weiß* – aber verkaufen will, was er *kann* –, macht den Empfänger dagegen immer begieriger auf das eigentliche Produkt. Dennoch ist Ihr Wissen ein wertvolles Kapital, das Sie nicht einfach so leichtfertig verschleudern und mit dem Sie sehr sorgfältig umgehen sollten. Das richtige Maß zu finden ist ebenso entscheidend wie das perfekte Timing und die passende »Verpackung«.

Das Buch *Prinzip kostenlos* zeigt Ihnen, wie Sie Ihr Unternehmen bekannt machen, wie Sie neue Kunden gewinnen und wie Sie Ihren Marktwert erhöhen, und das ohne Kaltakquise. Es ist ein Leitfaden für Einsteiger in das Thema Content- und Social-Media-Strategie, hilft aber auch Menschen mit Vorerfahrung dabei, die eigene Vorgehensweise zu überprüfen und auszubauen. Das Buch nützt Beratern, Dienstleistern, Bildungsanbietern, Trainern oder auch Vortragsrednern – einzelnen Experten ebenso wie größeren Unternehmen. Der Ratgeber führt durch die gesamte Strategie des verschenkten Wissens, von den ersten Überlegungen bis zum dauerhaften Erfolg als Wissensteiler. Die Methode nutzt dazu vor allem die Medien und Plattformen, die das Internet bietet. Wie Sie diese Medien am besten einsetzen und welches Wissen Sie dazu brauchen, erfahren Sie in diesem Buch detailliert.

Darüber hinaus gehe ich auf die Möglichkeiten ein, Wissen *offline* zu teilen. Ich zeige Ihnen, wie erfolgsentscheidend es ist, vom Virtuellen immer wieder in die physische Welt zurückzukommen; dabei zwischenmenschliche Begegnungen wertzuschätzen und zu pflegen. Sie erfahren, wie Sie dann die Möglichkeiten in den sozialen Netzwerken nutzen, um solche Verbindung zu verstärken und weiter zu pflegen. Es geht hier allerdings nicht (primär) um die innovativste oder umfassendste Social-Media-Konzeption mittels aller nur denkbaren Tools. Es geht vielmehr vor allem darum, die zugrundeliegenden

Prinzipien zu erkennen und dann das praktisch anzuwenden, was wirklich funktioniert; insbesondere, was für *Sie* funktioniert. Sie entwickeln Ihre ganz eigene Vorgehensweise, die zu Ihrer Kommunikation und Ihren eigenen Stärken passt. Wenn Sie in die Medien des Internets einsteigen, lernen Sie genug über Technik und praktische Umsetzung, um direkt damit zu beginnen. Wenn Sie bereits Erfahrungen in der digitalen Welt gesammelt haben, bekommen Sie die Informationen, die Sie brauchen, um dort noch erfolgreicher zu agieren und das Ganze konzeptionell aufzuarbeiten.

Der Vorteil dieser Vorgehensweise liegt darin, dass Sie mit vergleichsweise geringem Aufwand starten und sich alles Weitere selbst erarbeiten können, um Ihre Strategie immer weiter auszubauen und zu verfeinern. Allerdings: Wer auf diese Weise zu Bekanntheit, Aufträgen und hohen Einkünften gelangen will, sollte sich zunächst gründlich mit der Materie auseinandersetzen. Er muss die Mitspieler, die Ware, die Währung und die Marktplätze genau kennen. Dabei geht es um faire, offene, authentische Kommunikation und um Nutzen für alle Mitspieler. Die hohe Kunst besteht darin, sich gut zu positionieren und Inhalte intelligent zu platzieren. Nur wer den erfolgreichen Balanceakt in der Gratiskultur schafft, gelangt von »kostenfrei« zu »kostenpflichtig« und spielt sich dabei in eine immer bessere Marktposition hoch.

Ganz gleich, an welchem Punkt Sie gerade stehen: Es gibt in diesem Prozess immer Gefahren ebenso wie irreführende Verlockungen. In einer Zeit, in der Social-Media-Gurus mit immer neuen Tipps und Ratgebern förmlich aus dem Boden schießen, gehe ich mit Ihnen zunächst einen Schritt zurück zu einigen grundlegenden Überlegungen und dann einen großen Schritt nach vorne, um zu schauen, was wirklich funktioniert. Denn so wenig, wie Sie die Leistung Ihres Vertriebs steigern, indem Sie ihm die Telefone vergolden – so wenig helfen Ihnen Social Media, bevor Sie wissen, was Sie herüberbringen und wen Sie anziehen wollen.

Zu den Begriffen: das Prinzip, die Strategie und die Akteure

Das Prinzip, das diesem Buch zugrunde liegt, nenne ich *Prinzip kostenlos*. Die Strategie, die ich daraus entwickle, habe ich in der ersten Auflage des Buchs die *Strategie des verschenkten Wissens*, oder kürzer: *Wissensstrategie*, genannt. Inzwischen hat sich der Begriff Content-Marketing allgemein durchgesetzt, so dass ich ihn ebenfalls verwende. Content-Marketing bedeutet: mit wertvollen, interessanten oder unterhaltenden Inhalten für Aufmerksamkeit, Sichtbarkeit, Relevanz und letztlich Umsatz zu sorgen. Doch liegt in diesem Buch der Schwerpunkt auf hochwertigem Fachwissen. Daher habe ich mich entschieden, den einmal gewählten Begriff beizubehalten. Gleich, wie man es nennt: Jegliches Content-Marketing braucht eine Contentstrategie, die wiederum in die Gesamtkommunikation eingebunden ist. Die Akteure, also die Fachleute oder *Wissensträger*, die ihr Wissen kostenlos weitergeben, bezeichne ich in diesem Buch als *Wissensteiler*.

Von der Positionierung bis zum Auftrag

Wenn Sie sich in einem Fachgebiet auskennen, das Sie wirklich begeistert; wenn es Ihnen darum geht, andere weiterzubringen; wenn Sie sich im Austausch mit anderen selbst entwickeln; wenn Sie über den eigenen Tellerrand hinausdenken und hinausschreiben wollen: Dann werden Sie mit Ihrem Content-Marketing nach dem *Prinzip kostenlos* am erfolgreichsten sein. Dies gelingt dann am besten, wenn Sie ein genaues Gefühl dafür gewinnen, was Ihre spezifische Zielgruppe braucht. Fragen Sie also nicht als Erstes, was Sie aus Ihrem Netzwerk herausholen können. Fragen Sie sich, was Ihre Empfänger und Gesprächspartner bewegt. Was zieht sie an? Was bewegt sie zum Bleiben? Was können Sie ihnen geben, das sie wirklich weiterbringt? In diesem Buch gehe ich mit Ihnen den Weg von der guten Positionierung bis zum erteilten Auftrag eines Neukunden. Dazu stelle ich Ihnen Checklisten und Ablaufpläne zur Verfügung, die ich in der Arbeit mit meinen Kunden einsetze. Das, was ich Ihnen im Folgenden erzähle, habe ich selbst ausprobiert, und es ist Teil meiner Beratungspraxis.

Größere Unternehmen versus Freiberufler

Wenn Sie als einzelner Berater oder als Geschäftsführer, der zugleich der Haupt-Wissensträger eines mittelständischen Unternehmens ist, Ihre Contentstrategie aufbauen, ist die Sache relativ klar: Alles geschieht in Ihrer Regie, und Sie geben Aufgaben weiter, die Sie delegieren wollen. Je größer das Unternehmen ist, das sich mit verschenktem Wissen einen Namen machen will, desto komplexer wird das Projekt in Planung und Umsetzung. Nicht nur sind deutlich mehr Entscheidungswege zu berücksichtigen. Es gilt auch, das gesammelte Fachwissen aus der Firma mit einfließen zu lassen, uns zwar aus verschiedenen Bereichen. Zugleich muss, wenn Sie mehrere Kompetenzfelder abdecken wollen, eine gewisse Standardisierung gefunden werden, die die Content-Entwicklung und -Produktion von einzelnen Mitarbeitern abkoppelt. Denn ansonsten haben Sie immer dann, wenn ein Stelleninhaber wechselt, ein Problem.

Für Einzelunternehmer oder freiberufliche Berater kann das Content-Marketing einen Großteil der Gesamtkommunikation ausmachen. In größeren Unternehmen stellen Contentstrategie und Content-Marketing einen Bereich in einem umfassenden Kommunikationsmix dar. Auf eine Contentstrategie kann heute eigentlich kein Unternehmen mehr verzichten. Integrierte Kommunikation in digitalen Zeiten funktioniert dann am besten, wenn alle Medien und Maßnahmen miteinander verknüpft sind. So eignet sich ein Unternehmensblog für viele weitere Zwecke. Vertriebsunterstützung, Projektmanagement, Pressearbeit oder Mitarbeitergewinnung sind dafür nur einige Beispiele. Das gilt auch für die Präsenzen in sozialen Netzwerken, die beispielsweise Kunden-Support leisten können oder in akuten Krisen wertvolle Dienste leisten. Es lohnt sich also, innerhalb der Gesamtkommunikation auf gute Vernetzung innerhalb der eigenen Kommunikation und auf einander verstärkende Effekte zu achten.

Der Aufbau Ihres Content-Marketings auf der Basis hochwertigen Fachwissens ist, wie die PR oder die Krisenkommunikation, eine Stabsaufgabe. Die Kommunikationsabteilung sollte das Projekt koordinieren, in enger Abstimmung mit der Geschäftsleitung und den beteiligten Wissensträgern. Welche Leistungen Sie im Einzelfall dafür einkaufen beziehungsweise intern abdecken können, sollten Sie bereits bei der Ressourcenplanung zu Beginn im Detail überlegen.

Dienstleister versus Produktverkäufer

Die hier vorgestellte Strategie des verschenkten Wissens ist auf Beratungs- und Dienstleistungsunternehmen sowie einzelne Berater, Trainer, Redner zugeschnitten. Zu Recht werden Sie vielleicht anmerken, dass sie auch für Anbieter von Produkten funktioniert. Das stimmt. Aber sie fokussiert sich eben auf das Teilen von Wissen und die Vermarktung von Angeboten speziell für Berater und Dienstleister. Daher richtet sie sich in vielen Details ganz an deren Bedürfnissen und Voraussetzungen aus.

Auch Produkt-Anbieter können – und sollten! – natürlich Wissen verschenken, um ihre Ware zu verkaufen; auch hier findet ein Wechsel der Ebenen statt – aber nicht genau an derselben Stelle und nicht unter den exakt gleichen Bedingungen. Es wären weitere spezifische Faktoren zu berücksichtigen und zu beschreiben. Dennoch kann das vorliegende Buch ganz bestimmt auch Produktverkäufern eine Hilfe bieten. Sowohl von den Gesetzmäßigkeiten des *Prinzips kostenlos* wie auch von den praktischen Tipps zur Umsetzung profitieren sie.

Warum das Buch so viele Fachbegriffe enthält

Sie haben sich bisher noch nie mit technischen Details der digitalen und Online-Welt befasst? Dann werden Sie sich vielleicht in die vielen Fachbegriffe dieses Buches erst langsam einlesen. Viele, meist englische Begriffe lassen sich kaum vermeiden und nur schwer eindeutschen, weil sie sich oft in der englischen Version so eingebürgert haben. Doch keine Sorge: Alles wird erklärt, und mit der Zeit werden Sie sich ganz souverän damit zurechtfinden. Die wichtigsten Fachbegriffe habe ich in einem Glossar im Anhang sowie auf der Buch-Website für Sie zusammengestellt.

Bitte bleiben Sie skeptisch!

Es liegt in der Natur eines solchen Ratgebers, dass er viele Themen nur anreißen kann und dass er keine Lösungen für Einzelfälle liefert. Er stellt keinen Ersatz für eine individiuelle Beratung dar. Bitte betrachten Sie alles, was Sie hier lesen, als jeweils eine mögliche Meinung, die von den persönlichen Erfahrungen und Überzeugungen der Autorin beziehungsweise der Interviewpartner geprägt ist. Sie sind selbst dafür verantwortlich, wie Sie die Anregungen und Tipps umsetzen und welche Ergebnisse Sie damit erzielen. Nutzen Sie sie dazu zu überprüfen, was die richtige Vorgehensweise für Sie selbst und für Ihr Unternehmen ist. Das kann auch einmal das Gegenteil von etwas sein, das ich hier empfehle. Sie kennen Ihre eigenen Voraussetzungen am besten und wissen, was sich für Sie passend anfühlt. Sie allein können mit dem hier Gelesenen Ihre eigene Strategie immer weiter ausbauen und um weiteres Wissen ergänzen. Dabei wünsche ich Ihnen viel Erfolg und vor allem viel Spaß.

Praxisbeispiele: erfolgreiche Wissensteiler

Seit Jahren beobachte ich viele Wissensteiler und lese deren Veröffentlichungen. Einige von ihnen kommen hier selbst zu Wort. Für Praxisbeispiele habe ich die Form des Interviews gewählt. Die Befragten beschreiben, was sie antreibt, was bei ihnen gut funktioniert und auf welche Weise sie so erfolgreich geworden sind. Sie berichten von ihrer Positionierung, von persönlichen Erfahrungen, vom Umgang mit Wettbewerbern und Netzwerkpartnern. Sie finden diese Interviews über das Buch verteilt zwischen den Kapiteln. Eine Liste der

Interviewpartner habe ich auf der Buch-Website veröffentlicht. Dort können Sie direkt auf Links zu deren Websites, Blogs und Social-Media-Profilen klicken.

Mehr auf der Buch-Website

Dieses Buch handelt vom Web. Aber es ist ein fertiges, in sich geschlossenes Werk, das sich nicht von selbst aktualisiert und ergänzt. Deswegen gibt es eine Website dazu. Dort finden Sie weitere Materialien und aktualisierte Informationen, zum Beispiel das komplette Literaturverzeichnis, alle Weblinks zum Anklicken und weitere hilfreiche Ergänzungen. Dort können Sie auch direkt mit mir in Dialog treten:

http://www.prinzip-kostenlos.de/

1 Reich und berühmt mit verschenktem Wissen?

In diesem Kapitel stelle ich Ihnen das *Prinzip kostenlos* vor. Sie lernen die dazugehörigen Erfolgsfaktoren kennen und lesen meinen eigenen Erfahrungsbericht. Sie erhalten Einblicke in die Psychologie des Weitersagens. Sie stellen sich der Frage, was denn eigentlich Ihr rares Gut ist, das alle haben wollen. Sie lesen ein Interview mit einem erfolgreichen Manager und Philosophen, der sein Wissen mit anderen teilt, um die Welt zu verbessern.

Die Wissensstrategie und der erfolgreiche Balanceakt in der Gratiskultur

»Kaltakquise haben wir schon versucht, aber es hat fast nichts gebracht. Bitte machen Sie uns über das Internet so bekannt, dass wir schnell viele neue Anfragen bekommen.« – So ähnlich hört es sich oft an, wenn Unternehmer oder Marketingchefs bei mir anrufen. Viele stellen es sich relativ einfach vor: Man überarbeitet die Website, definiert die richtigen Suchwörter, schickt Werbebotschaften fortan per Twitter[1] heraus, eröffnet eine Facebook-Fanpage – und binnen Tagen spülen Google und soziale Netzwerke große Massen neuer Kunden heran. Aber so einfach ist das leider nicht. Die Sache ist vielmehr weitaus komplexer, und ich beginne daher mit meinem Ansatz an ganz anderen Punkten: an der Strategie, an Zielen und Zielgruppe – und dann erst an den Medien selbst.

Erst das Ziel, dann die Fahrkarte

Jedes Medium, ganz gleich, ob es sich um den Internet-Auftritt, eine Produktbroschüre oder Direktmarketing handelt, ist nur die Fahrkarte zu den eigenen Kommunikations- und letztlich

---

[1] Alle Social Networks, Plattformen, Tools und Programme finden Sie in einer alphabetischen Liste auf der Website.

strategischen Zielen. Das passende Ticket kann aber erst derjenige lösen, der das Ziel kennt. Um also eine Kommunikationsstrategie zu entwickeln, muss man die Unternehmensziele definieren, und zwar möglichst genau. Nur so kann man später auch den Erfolg der Kommunikation messen. Daher nützt es wenig, Inhalte ins Internet zu stellen, bevor genau geklärt ist, an wen sie sich überhaupt richten sollen, wie die gewünschten Empfänger dort hinfinden und was sie daraufhin tun. Ein großer Mitteilungsdrang in eigener Sache schafft allein noch kein Interesse bei potenziellen Lesern oder Zuschauern. Und selbst wenn Sie sehr hochwertige Inhalte publizieren, bedeutet das nicht automatisch, dass diese auch gefunden werden.

Dabei stößt man mit Reklame in sozialen Netzwerken meistens eher auf Widerstand denn auf Begeisterung. Der Mikroblogging-Dienst Twitter ist kein Kanal für Werbesprüche. Business-Netzwerke wie XING sollte man nicht mit Adressverteilern für die Kaltakquise verwechseln. Ein Blog sollte nur schreiben, wer erstens etwas zu sagen hat und das zweitens auch zielgruppengerecht in Worte fassen kann. Vor allem aber ist das schöne Märchen von den googelnden Massen, die im Internet auf der Suche nach einem passenden Dienstleister sind und bei den richtigen Stichworten gleich anrufen, zwar verführerisch. Aber es bleibt nichtsdestoweniger ein Märchen. Wer dagegen mit den richtigen Inhalten überzeugt, braucht womöglich nie mehr Kaltakquise.

Teilen ist kein Selbstzweck

Die Strategie des verschenkten Wissens ist immer Teil einer umfassenderen Kommunikationsstrategie. Um wertvolle Inhalte mit Ihren Lesern, Zuschauern und Zuhörern zu teilen, brauchen Sie die richtigen Plattformen. Aber das großzügige Teilen von Wissen ist kein Selbstzweck. Es soll sich auf die Unternehmensziele ausrichten. Es muss die richtigen Interessenten und Multiplikatoren erreichen. Es soll eine Vorstellung davon liefern, was Sie verkaufen wollen, was also Ihr eigentliches Produkt beziehungsweise Ihre Dienstleistung ist. Damit alle Seiten profitieren, und damit sich dieses Wissens-Investment für Sie selbst rentiert, müssen Sie also wissen, wo Sie hinwollen; wen Sie ansprechen; was Sie ihm bieten. Und Sie müssen dem Empfänger plausibel machen, dass er in Ihnen genau den richtigen Anbieter gefunden hat.

In diesem Prozess hilft es, wenn Sie zwischendurch gedanklich die Seiten wechseln und Ihr eigenes Verhalten als Käufer beziehungsweise Auftraggeber betrachten: Sie brauchen Beratung oder eine Dienstleistung. Wie finden Sie einen Anbieter, der zu Ihnen passt und bei dem Sie sicher sein können, gute Qualität zu erhalten? Je aufwändiger die Dienstleistung ist und je mehr Geld Sie investieren wollen, desto unwahrscheinlicher ist es, dass Sie sich mit Ihrem Anliegen einfach an eine Suchmaschine wenden. Vielmehr werden Sie andere fragen, deren Urteil Sie vertrauen. Sie werden sich Fachliteratur zu dem Thema besorgen. Wenn Sie aber per Google & Co. zu einem Angebot gelangen, dann erwarten Sie sicherlich, dass die erste Fundstelle im Web Sie bereits von der Fachkompetenz des Anbieters überzeugt.

Wenn also umgekehrt Sie als Anbieter erreichen wollen, dass Ihre Interessenten Sie finden, sollten Sie sich genau diese Mechanismen verdeutlichen. Das Erste und Wichtigste ist es, Empfehler und Multiplikatoren zu aktivieren. Das gelingt dann besonders gut, wenn Sie ihnen Materialien zur Empfehlungsunterstützung anbieten. Das können natürlich Fachartikel in einer Print-Publikation sein, Beiträge in Social Media, aber eben vor allem überzeugende Inhalte auf eigenen Webseiten und in einem eigenen Online-Magazin. Tatsächlich interessiert sich von selbst niemand für Ihre Werbebotschaften und Selbstaussagen. Ihre potenziellen Kunden wollen wissen, was Ihre Arbeit ihnen konkret bringt. Das können Sie ihnen vorab zeigen, indem Sie Ihr Wissen gut platzieren.

Wie vermarkte ich meine Dienstleistung?

Es gibt unendlich viele verschiedene Möglichkeiten, sich zu präsentieren. Es gibt tausende Netzwerke, Vereine, Plattformen, Verzeichnisse und Foren, in denen Sie publizieren und sich engagieren können. Darin und darum herum tummeln sich unzählige selbst ernannte Gurus und Experten, die den schnellen, großen Erfolg versprechen – und einige wenige wirkliche Fachleute, die wissen, wovon sie sprechen. Aber woran erkennen Sie, wem Sie vertrauen können?

Werden Sie dort hellhörig, wo jemand Ihnen etwas garantiert, erfolgreiche Patentlösungen verspricht oder Sie in wohlgehütete Erfolgsgeheimnisse einweihen will. Weder das eine noch das andere ist realistisch. Es gibt bestimmte Mechanismen, die für alle gelten. Darüber hinaus muss jeder Einzelne den Weg finden der zu ihm oder ihr passt – und das ist nicht so sehr geheimnisvoll als eben einfach viel Arbeit an der eigenen Kommunikation. Es gibt also nicht nur die eine erfolgversprechende Lösung. Irrtümer und Ausprobieren sind erlaubt. Aber dennoch müssen Sie als Anbieter wissen, wie Sie Ihren Weg beginnen und ausbauen, um die gewünschte Aufmerksamkeit zu erlangen. Technische Kenntnisse und allgemeine Regeln für das Content-Marketing und sinnvolle Vorgehensweisen in sozialen Netzwerken liefern Ihnen erste Anhaltspunkte. Aber sie helfen Ihnen alleine noch nicht weiter. Denn so individuell wie Ihr Angebot sind auch Ihre Ziele und sind dementsprechend Ihre potenziellen Kunden. Sie müssen genau die richtigen Interessenten und Gesprächspartner erreichen, und dann muss es gelingen, sie zu interessieren und zu begeistern.

Aufmerksamkeit zu erregen ist nur der erste Schritt. Die Kunst besteht darin, diese Aufmerksamkeit vom ersten Kontakt an zu halten und dann auch noch konkrete Handlungen auszulösen: Ein möglichst hoher Prozentsatz von potenziellen Kunden soll sich von Ihrem Wissen überzeugen lassen, Kontakt mit Ihnen aufnehmen und Ihnen einen Auftrag erteilen. Je attraktiver Sie Ihr Wissen präsentieren, desto höher ist die Wahrscheinlichkeit, dass dies gelingt.

Aber hier beginnen Sie bereits, auf einem schmalen Grat zu wandeln. Damit der schwierige Sprung von frei Dargebotenem zum kostenpflichtigen Angebot funktioniert und Sie nicht ewig in der

Kostenlos-Schiene verharren, dürfen Sie andererseits auch nicht zu viel weggeben. Um Ihr eigenes Marketing effizient und bezahlbar zu gestalten – egal, ob Sie Geld für Dienstleister oder eigene Zeit einsetzen, oder beides –, müssen Sie Ihr kostenloses Wissen mit möglichst niedrigen Anlaufkosten verteilen. Dazu gehört, sehr zielgerichtet zu agieren. Denn das, was Sie einmal begonnen und sich vorgenommen haben, soll ja auf Dauer leistbar bleiben. Einfach publizieren, um des Publizierens willen und ohne klare strategische Ausrichtung, ist also nicht empfehlenswert. Die eigentliche Herausforderung liegt darin, die Inhalte zur richtigen Zeit und am richtigen Ort zu platzieren, so dass das Wissen nicht buchstäblich verschenkt ist.

Sieben klassische W-Fragen für eine gute Strategie:

* Wer veröffentlicht? – Ihre eigene Positionierung
* Warum veröffentlichen Sie? – Ihre eigenen Ziele
* Für wen veröffentlichen Sie? – Ihre Zielgruppen
* Was veröffentlichen Sie? – Inhalte und deren (Kunden-)Nutzen
* Wie veröffentlichen Sie? – Form, Aufbereitung und Leser-/Empfängerfreundlichkeit
* Wo veröffentlichen Sie? – Medien und Plattformen
* Wann veröffentlichen Sie? – Der richtige Zeitpunkt

Die Erfolgsfaktoren der Wissensstrategie

Damit Ihr Plan aufgeht, sollten Sie alle Faktoren kennen, die an dem komplexen Tauschvorgang beteiligt sind: die Mitspieler, die Waren, die Marktplätze, die Währung und auch die Gefahren.

Die Mitspieler: der Wissensträger, die Multiplikatoren und die Kunden

Der Wissensträger, zugleich Dienstleister oder Berater, verfügt über wertvolles Fachwissen auf der einen Seite und braucht Aufträge auf der anderen Seite, will also Kunden gewinnen. Multiplikatoren sind solche Menschen, die an hochwertigen

Inhalten interessiert sind, weil sie damit den Wert ihrer eigenen Kommunikationskanäle steigern. Je interessanter das Wissen, das sie finden und weiterverteilen, desto besser ist dies für die Multiplikatoren. Damit sorgen sie dafür, das andere von den Inhalten erfahren – unter anderem auch potenzielle Kunden. Die potenziellen Kunden haben das Geld und brauchen das Fachwissen sowie die eigentliche Leistung. Sie wünschen die Sicherheit, ihr Geld richtig einzusetzen. Dazu brauchen sie den richtigen Dienstleister oder Berater, Trainer oder Vortragsredner. Jetzt müssen Sie sie nur noch überzeugen, dass Sie selbst das sind.

Die Ware: hochwertiges Wissen

Das kostenlos verteilte Wissen ist die Auslage in Ihrem Geschäft. Es ist ebenso hochwertig wie das kostenpflichtige Know-how. Alle Mitspieler können etwas damit anfangen und gewinnen etwas, das sie vorher nicht hatten. Aber in den potenziellen Auftraggebern wächst der starke Wunsch nach noch mehr und damit der Handlungsimpuls, den Experten für das zu buchen, was so nur er oder sie kann. Der amerikanische Risikokapitalgeber Fred Wilson drückt es so aus:

»The Internet allows an entrepreneur to enter a market with a free offering because the costs of doing so are not astronomical. And most entrepreneurs who take this approach will maintain an attractive free offering of their basic service forever. But that doesn't mean that everything they offer will be free.

That's the whole point of freemium. Free gets you to a place where you can ask to get paid. But if you don't start with free on the Internet, most companies will never get paid.«[2]

---

2 »Das Internet ermöglicht es Unternehmern, sich am Markt mit einem kostenlosen Einstiegsangebot zu positionieren, weil die Kosten dafür überschaubar sind. Und die meisten Unternehmer, die so eingestiegen sind, erhalten dieses attraktive kostenlose Basis-Angebot dann auf Dauer aufrecht. Aber das heißt nicht, dass ihr gesamtes Angebot kostenfrei ist, und genau darum geht es bei ›Freemium‹. Kostenlos versetzt sie in die Lage, Geld für etwas zu verlangen. Aber wenn sie nicht im Internet mit etwas Kostenlosem einsteigen, werden die meisten Firmen dort niemals Geld verdienen.« (Übersetzung von der Autorin.) Aus: Fred Wilson: *Freemium and Freeconomics*, im Blog »AVC. Musings of a VC in NYC«, 4. Juli 2009. http://avc.com/2009/07/freemium-and-freeconomics/

Die Marktplätze: von kostenfrei zu kostenpflichtig

Das Internet ist voll von freien Marktplätzen, auf denen Sie Ihre Auslage, sprich Ihr Wissen präsentieren können; ebenso können Sie dies aber auf Veranstaltungen, etwa in Vorträgen. Wohlgemerkt: kostenfrei ist die Angelegenheit für die Empfänger. Für Sie dagegen bedeutet es eigene Arbeit und gegebenenfalls Investitionen in externe Dienstleister. Denn Ihre Auslage soll so hochwertig herüberkommen wie das Angebot, das Ihre Kunden gut bezahlen werden.

Das Zahlungsmittel: Aufmerksamkeit

Ist das Wissen richtig eingesetzt, dann fließt für die hochwertige Dienstleistung sehr viel Geld. Doch davor findet bereits ein anderer »Deal« statt. Die Empfänger des kostenlos Publizierten bezahlen mit einer anderen Währung: nicht mit Geld, sondern mit Aufmerksamkeit.[3] Dazu gehört auch die Zeit, die sie investieren, um die Botschaften weiterzuverbreiten. Mit dieser Währung erkauft der Wissensträger sich den direkten Zugang zu immer besseren, exklusiveren Marktplätzen, auf denen dann sehr gut bezahlt wird.

Trügerische Verlockungen: So funktioniert die Wissensstrategie nicht

Das Prinzip ist also eigentlich sehr einfach, sollte man meinen. Falsch verstanden kann es jedoch das genaue Gegenteil dessen bewirken, was jemand bezweckt. *Wie* viele Anbieter dieses Prinzip nicht richtig kapiert haben, sehe ich jeden Tag in meinem E-Mail-Briefkasten, in meinen Facebook- und XING-Nachrichten. Da sind sich gestandene Unternehmensberater, Anbieter hochwertiger Waren oder Trainer mit vergleichsweise hohen Tagessätzen nicht zu schade, mir plakative Reklame zu senden.

---

3 »Attention is the new currency«. Vgl. Gerd Leonhard: *Content 2.0: Free vs Paid: Futurist Gerd Leonhard – Tokyo 2.0*. http://www.slideshare.net/gleonhard/content-20-free-vs-paid-futurist-gerd-leonhard-tokyo-20

Natürlich ist es verlockend, wenn jemand Ihnen weismachen will, Sie könnten mit geringem Aufwand maximale Wirkung erzielen. Sie bräuchten nur Twitter-Follower anzuhäufen, Mailadressen zu sammeln, Kontakte zu akkumulieren. Wir glauben eben gerne das, was wir hören wollen. Und die Botschaft von der plötzlich nur noch Bruchteile an Etat und Zeitaufwand kostenden PR ist nun einmal allzu attraktiv. Keine Frage: Die digitalen Medien und Tools machen vieles sehr viel einfacher. Aber auch mit und ihnen lässt sich nicht plötzlich mit minimalem Aufwand maximaler Ertrag erzielen. Was ich Ihnen in diesem Buch auch vermitteln möchte, ist ein Bewusstsein dafür, dass Sie kein Social-Media-Guru sein müssen, um das für sich passende und angemessene Verhalten in allen Situationen zu entwickeln. Sondern dass Sie anhand sinnvoller Vorgehensweisen, die Sie bereits kennen, auch in für Sie selbst vielleicht noch eher neuen Medien sehr weit kommen.

Der Balanceakt: Verschenken Sie Ihr Wissen auf intelligente Weise

Im Balanceakt zwischen Kostenlos-Kultur und bezahltem Angebot zählen vor allem Netzwerk-Qualitäten und Aufmerksamkeit für die eigenen Zielgruppen. Denn Sie wollen die richtigen Empfänger ansprechen. Sie wollen Handlungen auslösen. Das bedeutet: Sie müssen werben, ohne dass es wie Reklame wirkt. Sie müssen präzise Grenzen ziehen zwischen *kostenlos* und *kostenpflichtig*. Sie brauchen ein Angebot, das hochwertige Inhalte hergibt. Zu den Inhalten kommt deren schlüssige und glaubwürdige Vermittlung. Dazu gehört, dass Sie die eingesetzten Medien und Kommunikationsformen gut beherrschen oder, wo das nicht der Fall ist, sich dafür qualifizierte Unterstützung suchen. Denn Sie wollen sich ja als DIE Fachfrau oder DER Fachmann für Ihr Thema profilieren.

Warum sich werteorientiertes Handeln lohnt

Wissen-Teilen kann nie rein egoistischen Motiven folgen, weil das dem Prinzip selbst widerspräche. Wenn Sie einfach

Häppchen verbreiten, mit dem einzigen Ziel, damit Umsatz zu generieren, werden Sie wahrscheinlich nicht sehr erfolgreich sein. Alle Wissensteiler, die ich schon lange beobachte und diejenigen, die in diesem Buch zu Wort kommen, haben etwas gemeinsam: Sie wollen etwas bewegen, etwas verbessern. Es muss nicht gleich die ganze Welt sein, aber sie alle haben ein Anliegen, sie wollen zu den Zielen einer größeren Gemeinschaft beitragen. Sie teilen Wissen, weil es ihnen (auch) um die Inhalte geht. Das scheinbare Paradoxon besteht darin, dass sie es gerade damit zu Erfolg gebracht haben. Je mehr also alle profitieren, desto mehr fließt der Wohlstand auch zu den Wissensteilern zurück.

Es gibt Grundwerte, die in unserer Gesellschaft allgemein anerkannt sind. Und es gibt spezifische und individuelle Werte, die jeder Einzelne für sich selbst definiert. Machen Sie sich Ihre eigenen Werte klar und handeln Sie danach, auch in Ihrer Wissensstrategie. Und: Respektieren Sie bitte die Werte anderer. Diese müssen nicht mit Ihren eigenen übereinstimmen. Aber wenn Sie offen und klar kommunizieren, was Ihnen selbst wichtig ist, dann ist die Wahrscheinlichkeit am größten, dass Sie diejenigen anziehen, die zu Ihnen passen.

Wissen teilen, damit die Welt besser wird – Interview mit dem Wissenschaftler, Philosophen und Speaker Prof. Dr. Gunter Dueck

Frage: Herr Professor Dueck, ein ganzes Buchmanuskript und viele weitere Texte zum Download auf Ihrer Website, die Kolumne »Daily Dueck«, unbezahlte Vorträge wie auf der re:publica, ausführliche Beiträge in sozialen Netzwerken, Interviews, Mentoring für jüngere Kollegen: Kommen Sie da überhaupt noch zum bezahlten Arbeiten?

Gunter Dueck: Ja, ich lebe heute von meinen Vorträgen, und zwar sehr gut. Aber das war anfangs gar nicht so geplant. In der ersten Phase war es für mich eine echte Mission. Ich »musste« der Menschheit etwas mitteilen, damit die Welt besser wird. Als ich noch bei IBM angestellt war, hat die Firma alle Honorare bekommen, ich habe nie einen Cent behalten. Das gab mir inhaltlich gewisse Freiräume oder eben innere Unabhängigkeit: »Was wollt ihr – ich habe zwar nicht genau das politisch Korrekte gesagt, mehr meine eigene Meinung – aber damit verdiene ich Geld für euch!« Zuletzt habe ich mein Gehalt quasi selbst mitgebracht. Etwa im Jahre 2011 hat YouTube einen gewissen Dammbruch verursacht. Vorher musste man sich um Mund-Propaganda bemühen, damit man zu Vorträgen eingeladen wurde. Als man aber begann, komplette Vorträge auf YouTube hochzuladen, wurde ich sehr schnell viel bekannter. Die Veranstalter müssen heute nicht mehr rumtelefonieren, ob jemand etwas Wichtiges zu sagen hat, sie schauen sich die Videos an. So kam es, dass ich mich nach meiner Pensionierung selbstständig gemacht habe.

Frage: Die meisten dieser Vorträge stehen als Video im Netz, ebenso viele Texte. Haben Sie nie Angst, dass Sie zu viel weggeben?

Gunter Dueck: Hatte ich. Ich fragte mich: Wer will mich noch live erleben, wenn es schon hundert Stunden Reden von mir im Netz gibt? Ich war hin- und hergerissen. Einerseits wollte ich ja alle meine Ideen in die Welt hinausposaunen, na ja, um die Welt missionarisch zu verbessern. Andererseits kennen die Leute dann im Prinzip alles schon … Das Grübeln über dieser Frage wurde unter zu vielen Einladungen begraben. Wenn ich heute neu nachdenke? Es ist wohl eine gute Strategie und auch gut für alle, wenn man alles freigibt. Das tue ich jetzt. Ich verteile auch die PowerPoints auf Anfrage. Jeder kann alles haben.

Frage: Sie teilen Ihr Wissen also vollkommen selbstlos?

Gunter Dueck: Na, selbstlos ist es im Ergebnis ja nicht. Ich gebe alles frei und bekomme dann eben Aufträge dazu, noch ein Sahnehäubchen drauf zu liefern. Das sieht man ja bei vielen Apps. Die kann jeder nutzen, aber für eine Pro-Lösung muss man dann doch bezahlen. Die Videos und Texte sind gratis, nur live kostet es. Eine gewisse Leistung kann ja auch bezahlt werden, finde ich! Aber ich bemühe mich, den reinen Content frei ins Netz zu geben. Die Reden bei der re:publica, bei Kirchen, Parteien, bei TEDx oder in Unis berechne ich im Wesentlichen nicht, aber dann möchte ich bitte über Themen reden, die mir selbst am Herzen liegen beziehungsweise mit denen ich etwas Ideelles bewirken möchte. Selbstlos ist vielleicht das falsche Wort. Ich finde, jeder sollte nach Kräften einen Teil seiner Arbeit als »good citizen« der Gesellschaft schenken. Einfach so. Fühlt sich übrigens gut an.

Frage: Warum sind so viele Ihrer Kolleginnen und Kollegen – Sprecher, Berater, Wissenschaftler – darauf bedacht, ihr Wissen zu schützen und zu hüten?

Gunter Dueck: Ich kenne diese Diskussion, gerade unter Beratern. Sie haben Angst, nichts mehr zu sein, wenn sie ihre Folien, ihre Methoden oder Fragebögen für Statuserhebungen freigeben. Wer wirklich exzellent ist, hat doch über dieses reine »Wissen« noch eine Profi-Version zu liefern, oder? Vieles kommt mir so wie in manchen Gaststätten vor, in denen man Dosensuppen serviert. Das Wissen um solche Rezepte wird dann lieber nicht geteilt, klar. Ich möchte mich selbst bemühen, so gut das geht und so gut ich kann, auf meinen Gebieten quasi ein Sternekoch zu werden. Da gibt es ein wunderbares Motto als Buchtitel eines Werkes, das ich vor langer Zeit im Flughafen gekauft habe. Ich habe es nie gelesen, denn der Titel tut's ja schon: *Do what you love, the money will follow.* So mach' ich das, und es funktioniert. Ob durch selbstsüchtige Strategien mehr zu verdienen wäre, überlege ich nicht. Ich möchte tun, was ich liebe. Das vor allem.

Frage: Also schützen viele ihr Wissen, um die eigene Mittelmäßigkeit zu schützen?

Gunter Dueck: Es gibt sehr viele Berater, die mit schnellen Ratschlägen kommen und behaupten, man könne alles lernen, wenn man für 1000 Euro einen Kurs bei ihnen belegt – in zwei Tagen oder sogar in zwei Stunden. Viele Psychologen nehmen Geld für »Tests«, die sie selbst entworfen und am besten noch rechtlich geschützt haben. Die Fragen dürfen dann nur von

Lizenznehmern gestellt werden, die natürlich auch eine Prüfung gegen Geld ablegten. Da wird oft ein Kult um geheimnisvolle Methoden getrieben, die nur entsprechend Geweihten bekannt sind. Manches erinnert an die Priesterkasten, die oft nicht viel mehr wussten als normale Menschen, aber auf Lateinisch. Wer aber Können als Leistung anbietet, kann das bloße Wissen gerne freigeben. Ein Drei-Sterne-Koch gibt Ihnen gerne das Rezept, na und? Entweder Sie üben dann auch ein paar Jahre, oder sie bezahlen ihn wie zuvor für das Essen.

Frage: Seit ich Sie 2012 für dieses Buch zum ersten Mal interviewt habe, hat sich in der digitalen Welt und in den sozialen Netzwerken sehr viel verändert. Wie haben sich in dieser Zeit Ihr eigenes Medienverhalten und Ihre Einstellung gewandelt, vor allem was das Teilen von Wissen und Inhalten angeht?

Gunter Dueck: Mit dem Alter wird man ja eher großzügiger. Die Leser auf meiner Homepage werden immer zahlreicher, im Jahr 2016 kam am 27. Dezember der Millionste Jahresbesucher. Im Januar 2017 waren es erstmals mehr 100 000 im Monat. Dieses stete Bergauf legt ja keinen Einstellungswechsel nahe. Alles gut! Meine Homepage stelle ich gerade um, weil jetzt zu viele monieren, dass man meine Artikel nicht gut mobil lesen kann. »Das geht« doch nicht bei IHNEN, Herr Dueck!« Ja, stimmt. Die Leser halten mich jung – technologisch und auch so. Demnächst muss ich wohl immer ein Bild zum Text posten, weil man sich offenbar tendenziell vor reinen Texten zu fürchten beginnt. Hmmh, das sind dann Änderungen, die den Content oder das Wissen nicht besser machen, nur anziehender. Das kostet mich Zeit! Will ich das? Hmmh, oder werde ich doch älter?

Prof. Dr. Gunter Dueck war CTO der IBM Deutschland und einer der IBM Distinguished Engineers, er ist IEEE Fellow, Fellow der Gesellschaft für Informatik und korrespondierendes Mitglied der Akademie der Wissenschaften zu Göttingen. Im Jahre 2011 zählte die *Computerwoche* den promovierten Mathematiker zu den Top 100 maßgebenden Persönlichkeiten in der Informations- und Kommunikationstechnologie in Deutschland. www.omnisophie.com/

Das *Prinzip kostenlos*

Was bedeutet *Prinzip kostenlos*? Einer der Schlüsselbegriffe lautet *Freemium:* ein Kunstwort aus *Free* (kostenlos) und *Premium*, das der New Yorker Unternehmer und Risikokapitalgeber Fred Wilson erfunden oder zumindest bekannt gemacht hat. Freemium meint damit ein Geschäftsmodell aus kostenlosen und bezahlten Inhalten. Bereits 2006 beschrieb er das so:

»Give your service away for free, possibly ad supported but maybe not, acquire a lot of customers very efficiently through word of mouth, referral networks, organic search marketing, etc, then offer premium priced value added services or an enhanced version of your service to your customer base.«[4]

Dienste und Plattformen wie XING, LinkedIn, aber auch Social-Media-Anbieter wie Buffer oder Hootsuite nutzen dieses Modell: Die Basismitgliedschaft ist kostenlos. Zusätzliche Leistungen, beispielsweise eine Premium-Mitgliedschaft mit mehr Funktionen, können optional gegen Geld hinzugebucht werden. Auch viele Lieferanten von Inhalten verfahren nach diesem Modell: Bei *Spiegel online* können Sie das Meiste offen im Internet lesen; bestimmte Beiträge jedoch sind kostenpflichtig. Das gilt für viele andere Online-Magazine ebenso. *Ökotest* veröffentlicht einen großen Teil seiner Testergebnisse offen im Netz. Um jedoch die Tests selbst im Detail zu lesen, müssen Sie sie als Download kaufen oder das Heft erwerben.

Gratis ist selten wirklich kostenlos

Free. Kostenlos[5] heißt der Bestseller, den Chris Anderson 2009 zu diesem Thema veröffentlicht hat. Darin beschreibt er »verschiedenste Sorten von ›Kostenlos‹« und zeigt zugleich,

---

4 »Verschenken Sie Ihren Service, möglicherweise Anzeigen-finanziert, vielleicht nicht einmal das, gewinnen Sie viele Kunden auf sehr effiziente Weise durch Mundpropaganda, durch ein Netzwerk von Empfehlern, durch Suchmaschinen-Marketing bieten Sie dann Ihren Bestandskun-den zusätzliche Dienste als Premiummodell oder eine erweiterte Version Ihres Angebotes an.« (Übers. von der Autorin) Aus: Fred Wilson: *Myfavourite Business Model* im Blog »AVC. Musings of a VC in NYC«, 23., März 2006. http://avc.com/2006/03/my_favorite_bus/

5 Chris Anderson: *Free. Kostenlos. Geschäftsmodelle für die Herausforderungen des Internets.*

dass »gratis« in Wirklichkeit in den meisten Fällen eben nicht »gratis« bedeutet. Er spricht in diesem Zusammenhang von Quersubventionen der unterschiedlichsten Art[6].

»Ein ›kostenloses Warenmuster‹ ist ein Kniff aus der Trickkiste des Marketings, damit soll zum einen die Einführung des Produkts auf dem Markt einfacher gemacht und zum anderen beim Verbraucher das Gefühl erzeugt werden, nun schulde er dem Hersteller etwas, was ihn beim nächsten Einkauf dazu verleiten könnte, dieses Produkt zum vollen Preis zu erwerben.«[7]

Für physische Produkte in Form von Warenproben ist das also sehr einfach und einleuchtend: Der Verbraucher erhält ein Muster, eine kleine Portion des eigentlichen Produktes. Das verleitet ihn dazu, größere Mengen davon zu erwerben. Er hat aber immer noch die Wahl, ob er es bei der unbezahlten Leistung belässt, oder ob er anschließend Geld für Weiteres ausgibt. Auch das *Freemium*-Modell folgt diesem Modell, das sich in das freie Basis-Angebot und die bezahlte ausführliche Fassung gliedert, beziehungsweise in Gratis- und Premium-Mitgliedschaft.

Etwas anders gelagert ist die Sache, wenn Sie beispielsweise ein »kostenloses« Mobiltelefon zu Ihrem Vertrag erhalten oder einen Router zu Ihrem Internetanschluss. Diese sind in Wirklichkeit bereits in Ihre Gebühren eingerechnet. Für den Anbieter ist es eine Mischkalkulation: Der eine telefoniert so wenig, dass er damit sein Gerät kaum refinanziert. Der andere erzeugt dafür mehr eigene Kosten, als für die Finanzierung erforderlich wären. Dann gibt es noch den Fall, dass andere dafür bezahlen, dass Sie eine Ware oder eine Leistung kostenlos erhalten: beispielsweise, wenn sich Internetplattformen oder Gratiszeitungen über Anzeigen finanzieren.

Inhalte schützen und verkaufen im 21. Jahrhundert?

Wenn Sie in einem Online-Magazin einen offen zugänglichen Artikel lesen und dann Hintergrund-Beiträge dazu

---

6   Vgl. Chris Anderson: Free, S. 28
7   Chris Anderson: Free, S. 28 f.

kaufen, bleiben Sie auf derselben Ebene oder auch beim selben Medium; genau wie bei den Warenproben. Wenn Sie eine Print-Publikation oder ein Online-Medium mit Anzeigen-Einnahmen finanzieren, dann besteht Ihr Einsatz in interessanten Inhalten, mittels derer Sie Leser anlocken. Die Inserenten bezahlen dafür, dass die Leser auch die Anzeigen wahrnehmen. Gedruckte Tageszeitungen und Zeitschriften funktionieren seit jeher nach diesem Prinzip. Denn mit dem, was die Abonnenten zahlen, kann man Redaktion und Produktion nicht bezahlen. Genau dies wird in Zukunft immer mehr zum Problem werden. Wenn alle Inhalte online verfügbar und ganz leicht teilbar sind, wird es zum einen immer schwieriger, diese exklusiv und gegen Geld zu vermarkten. Warum soll jemand für ein Buch zahlen, das er kostenlos herunterladen kann? Zum anderen gerät es zunehmend zu einem Ding der Unmöglichkeit, diese Inhalte überhaupt noch gegen unkontrollierte Weiterverbreitung zu schützen.

Es gibt viele Beispiele von Versuchen, Teilbares zu schützen und Geschütztes zu verbreiten: Die Musikbranche, die Filmindustrie, Verlage oder die Softwarehersteller, sie alle leiden darunter und sie alle versuchen, ihren Weg zwischen restriktivem Umgang und neuen Strategien zu entwickeln. Der Satz aus dem Buch *Kann man denn davon leben?* beschreibt es sehr gut: »When the winds of change are blowing, some people are building shelters, others are building windmills.«[8]

So schaffen Sie den Ebenen-Wechsel

Ihr Vorteil, wenn Sie nach dem *Prinzip kostenlos* vorgehen, liegt darin, dass Sie die Ebene wechseln, von den kostenfreien Inhalten, die teilbar sind, zur eigentlichen, unteilbaren Leistung, beispielsweise der individuellen Beratung oder dem

---

8 Deutsch etwa: »Wenn der Wind der Veränderung bläst, bauen die einen Schutzräume, die anderen bauen Windmühlen.« (Übers. v. d. Autorin). Aus: Haas, Silvia/Holzinger, Peter: *Kann man denn davon leben? Erfolgreiche Eigenvermarktung und Internetökonomie.* E-Book, Kindle Edition 2011

Live-Auftritt. Gleichwohl sollten Sie immer noch aufpassen, dass Sie mit verschenktem Wissen Ihre Leser oder Zuschauer komplett zufriedenstellen, so dass er kein weitergehendes Bedürfnis empfimdet. Wenn Sie in einem Blog, auf einer Website, auf einer Social-Media-Plattform oder auch in Vorträgen Ihr Wissen verschenken, müssen Sie den Ebenenwechsel schaffen: den vom Medium in das Geschäftsleben, vom teilbaren Inhalt zu Ihrer kostenpflichtigen Leistung. Chris Anderson schreibt dazu:

»Blogs kosten nichts und enthalten in der Regel keine Werbung, doch das bedeutet selbstverständlich nicht, dass bei einem Blog-Besuch keine Werte ausgetauscht werden. Die Gegenleistung für den kostenlosen Inhalt der Website liegt in der Aufmerksamkeit, die Sie dem Blogger widmen, indem Sie sein Blog besuchen oder verlinken. Dadurch erhöht sich seine Chance, einen besseren Job zu finden, sein Netzwerk auszubauen oder neue Kunden zu gewinnen«[9]

Er fügt hinzu: »Gut möglich, dass sich dieser Imagegewinn in bare Münze wandelt, doch wie genau, lässt sich nicht vorhersagen.« – Es war dieser Satz aus diesem großartigen Buch *Free. Kostenlos* zu schreiben (das der Autor ausdrücklich nicht als Ratgeber geschrieben hat), der in mir den Wunsch weckte, einen deutschen Ratgeber zu dem Thema zu schreiben. Denn Anderson hat zwar einerseits recht – aber nur insofern, als sich ohnehin jeglicher Effekt von Werbung und PR nur bedingt voraussagen lässt. Dennoch ist der Erfolg meiner Ansicht nach keineswegs dem Zufall überlassen. Mit dem Wissen um die Mechanismen des *Prinzips kostenlos* und mit den Erfahrungen, die ich – wie viele andere Blogger, Berater, Dienstleister – gesammelt habe, lässt sich die Vorgehensweise systematisieren.

Worin besteht das rare Gut?

Kennen Sie den Spruch »Was nix kostet, ist nix!«? Eine sehr gängige Theorie besagt, dass sich ein Gut am besten verkauft, wenn es selten ist oder schwer zu bekommen. Künstliche Verknappung ist eine gängige Methode, um Verkäufe erst anzukurbeln.

9 Chris Anderson: Free, S. 32

Feinschmeckerrestaurants beziehen ihr Renommee (auch) daraus, dass man Monate, wenn nicht ein Jahr im Voraus einen Tisch reservieren muss. Exklusivität gibt den wenigen Glücklichen, die ein besonders rares Gut ergattert haben – Tickets für eine sehr gefragte, imageträchtige Veranstaltung, eine limitierte Edition einer Ware, die Begegnung mit einem Prominenten –, Bedeutung und stiftet Identität.

Exklusivität durch beschränkten Zugang

Mittels künstlicher Verknappung gelingt es beispielsweise, neue Plattformen im Web überhaupt erst interessant zu machen. Man kündigt vor dem Termin, zu dem man das Angebot für alle öffnet, eine sogenannte »Beta-Phase« an, in der wenige Auserwählte das neue Angebot bereits testen dürfen. Dann sorgt man dafür, dass einige bekannte Meinungsbildner, die gut vernetzt sind, ein solches Invite[10] erhalten. Sobald diese in ihren Profilen bei Facebook oder Twitter davon berichten, beginnt ein Gerangel und zuweilen regelrechtes Gebettele um die wenigen Einladungen. Zwischendurch berichtet der Anbieter immer einmal wieder, dass deren Zahl begrenzt sei. So heizt er das Bedürfnis nach dem raren Gut weiter an. Wer »drin« ist, hat das Gefühl dazuzugehören und berichtet denen, die vorerst draußen bleiben mussten, von seinem Ausprobieren. Das ist deswegen gerade für diejenigen Angebote so wichtig, in denen die Mitgliedschaft kostenfrei ist. Die spätere Monetarisierung, etwa über Werbung, basiert auf der Aufmerksamkeit möglichst vieler aktiver Mitglieder. Würde man also den Interessenten eine solche Mitgliedschaft regelrecht hinterherwerfen, würden sie vielleicht gar nicht erst Interesse daran entwickeln.

Exklusivität durch Luxusversionen

Hier sind wir also schon im Bereich eines kostenlosen Angebotes, das dem Anbieter im Weiteren Geld bringen soll.

---

10   Einladung zu einem Social Network oder einem anderen Angebot im Internet.

Aber was hat das konkret mit Ihrer Strategie des verschenkten Wissens zu tun? Das ist eine bedeutsame Frage, mit der Sie sich ein wenig auseinandersetzen sollten. Zunächst erinnern Sie sich bitte noch einmal daran, was wir über den Ebenenwechsel gesagt haben. Im Gegensatz zu vielen anderen Angeboten – von sozialen Netzwerken bis zu bezahlten Inhalten – wollen Sie nicht etwas zunächst verschenken, um dann später dessen Luxusversion zu verkaufen, etwa die ausführliche oder die werbefreie Fassung. Sie verschenken vielmehr das Eine und verkaufen etwas Anderes.

Das rare Gut sind Sie selbst

Wenn Sie Ihre gesamten Inhalte verschenken, gibt es dann überhaupt noch ein rares Gut? Ist es überhaupt interessant, Sie zu buchen, wenn Sie schon überall im Netz sichtbar und verfügbar sind? Die Antwort lautet natürlich »Ja!« Das rare Gut sind Sie selbst, Ihr persönlicher Auftritt, die individuelle Beratung, die kostenpflichtige Dienstleistung. Sie sind durch nichts ersetzbar.

Beispiel Vorträge: Professor Dueck hat es im Interview beschrieben, und ich selbst erlebe es auch – und gerade – in Bezug auf meine Vorträge, die komplett auf YouTube angeschaut werden können: Genau diese Vorträge wollen Veranstalter dann noch einmal buchen. Vorträge, die als Video veröffentlicht sind, werden bei mir häufiger gebucht als solche, zu denen es lediglich ein schriftliches Exposé gibt. Die unteilbare Leistung besteht also in dem Auftritt vor Ort, auch aufgrund der Möglichkeit für die Zuschauer, mir direkt persönlich individuelle Fragen zu stellen.

Zur Psychologie des Weitersagens

Warum geben Menschen Informationen, Inhalte oder Empfehlungen an andere weiter? Eine Studie der *New York Times*[11]

---

11   *The New York Times Insights: The Psychology of Sharing.* http://www.iab.net/media/file/
     POSWhitePaper.pdf

befasst sich speziell damit, aus welchem Antrieb heraus wir Inhalte im Netz teilen: »Understanding the motivational forces behind the act of sharing will help marketers get their content shared.«[12] Zunächst einmal stellen die Autoren klar, dass das Teilen und das Weiterempfehlen aus zutiefst menschlichen Bedürfnissen resultieren und zu allen Zeiten stattgefunden haben. Im Informationszeitalter haben sich jedoch Verbreitung und Frequenz verändert. Wir verwenden deutlich mehr Quellen. Wir erreichen viel mehr Menschen. Wir teilen häufiger Inhalte und in einem stark gesteigerten und weiter steigenden Tempo. Interessant ist die Tatsache, dass die meisten der rund 2500 Befragten der Studie den Nutzen dieser Weitergabe von Wissen von Anfang an auch unter eigennützigen Aspekten betrachten, nämlich im Sinne ihres eigenen Informationsmanagements:

»73 % say they process information more deeply, thoroughly and thoughtfully when they share it. 85 % say reading other people's responses helps them understand and process information and events.«[13]

Motivationen für das Weiterempfehlen von Inhalten

- Anderen Menschen wertvolle Informationen liefern.

- Andere unterhalten.

- Anderen ein Gefühl dafür geben, was mir selbst wichtig ist und mich so darstellen, wie ich gerne gesehen werden möchte.

- Beziehungen pflegen.

- Selbstbestätigung, Bedeutung und eigene Identitätsbildung.

- Ideen, Marken und Bewegungen unterstützen, die mir wichtig sind.

- Anderen das Bild vermitteln, dass ich als Erster von etwas erfahren habe.

---

12 »Wer den Antrieb versteht, der hinter dem Akt des Teilens steckt, wird erfolgreich zum Teilen seines Contents anregen können.«
13 73 % der Befragten geben an, dass sie Informationen tiefgehender, gründlicher und durchdachter verarbeiten, wenn sie sie teilen. 85 % geben an, dass ihnen die Antworten anderer dabei helfen, Informationen und Ereignisse zu verstehen und zu verarbeiten. Aus: *The New York Times Insights: The Psychology of Sharing.*

Wenn Sie das Teilen Ihres eigenen Wissens unter den bisher behandelten Aspekten des *Prinzips kostenlos* betrachten, dann werden Sie wahrscheinlich feststellen, dass mehrere dieser genannten Gründe für Sie eine Rolle spielen. Es gilt also nicht nur, Ihre Multiplikatoren zu verstehen: Je besser Sie auch Ihre eigenen Motive kennen, desto besser werden Sie darin, Ihr Wissen so zu verteilen, dass es allen nützt und zugleich Sie selbst weiterbringt.

Die Autoren der oben genannten Studie ordnen die unterschiedlichen Motivationen verschiedenen Typen von Menschen zu. Natürlich kann das nur Modellcharakter haben, aber für das Verständnis sind solche Kategorien hilfreich.

Sechs Typen von Wissensteilern[14]

- **Altruisten:** Sie teilen Inhalte, weil sie anderen helfen wollen. Allerdings geht es ihnen dabei – nicht ganz altruistisch – auch darum, sich als verlässliche Informationsquelle unentbehrlich zu machen.

- **Karrieristen:** Sie sind gebildet und haben ihren eigenen Erfolg im Blick. Dazu gehört auch die Anerkennung, die Ihnen ihr Netzwerk für wertvolle Inhalte mit hohem Informationsgehalt zollt.

- **Hipster**[15]: Das sind junge, gebildete Nutzer, die im Informationszeitalter aufgewachsen sind. Sie definieren ihr Selbstverständnis und ihre Online-Identität über die Inhalte, die sie teilen.

---

[14] Deutsche Benennung der Typen von der Autorin. Vgl.: *The New York Times Insights: The Psychology of Sharing.* http://www.iab.net/media/file/POSWhitePaper.pdf; Trickr.de: Psychologische Studie: Warum wir Inhalte im Netz teilen. http://trickr.de/?s=psychologie&x=19&y=12

[15] »Hipsters are a subculture of men and women typically in their 20's and 30's that value independent thinking, counter-culture, progressive politics, an appreciation of art an indie-rock, creativity, intelligence, and witty banter.« »Hipster sind eine Subkultur von Männern und Frauen zwischen 20 und 40, die Wert legen auf unabhängiges Denken, auf Protestbewegungen und auf fortschrittliche Politik, die Kunst und Indie-Rock, Intelligenz und geistreiche Wortgefechte schätzen.« (Übers. v. d. Autorin) Aus: *Urban Dictionary*, http://www.urbandictionary.com/define.php?term=hipster.

- **Bumerangs:** Sie erfahren sich selbst in der Reaktion der anderen und in der Aufmerksamkeit, die sie erzielen. Negative Aufmerksamkeit ist vielen von ihnen lieber als gar keine Reaktion. Zu diesem Zweck teilen sie auch provokante Inhalte und nehmen manchmal unpopuläre Haltungen ein.

- **Verbinder:** Sie teilen Inhalte, um mit anderen in Kontakt zu bleiben oder Leute zusammenzubringen, um gemeinsame Projekte zu fördern oder um Anlässe für zwanglosen Austausch zu bieten. Sie sind oft entspannt und nicht immer nur auf Ergebnisse ausgerichtet.

- **Selektierer:** Sie wählen die Inhalte sorgfältig aus und überlegen sich genau, was und mit wem sie etwas teilen. Oft wünschen sie sich dafür keine öffentliche Aufmerksamkeit, sondern mailen ihre Tipps und Links eher im persönlichen Umfeld. Das ist für sie allerdings dann auch eine hochwertige Leistung, für die sie Antworten und Anerkennung erwarten.

Wenn es Ihnen gelingt, mit Ihren Inhalten die verschiedenen Typen anzusprechen und sie nach ihren Bedürfnissen zu beliefern, dann haben Sie sehr gute Aussichten auf Erfolg Ihrer Wissensstrategie.

Die passenden Inhalte für verschiedene Bedürfnisse

Wenn Sie wissen, welche Teiler-Typen Sie womit ansprechen, können Sie Ihre Inhalte so präsentieren, dass Sie den unterschiedlichen Bedürfnissen entgegenkommen und zum Weitersagen herausfordern. Dabei werden Sie nicht allen gleichermaßen gerecht werden. Es muss zu Ihrem persönlichen Stil passen. Wenn Sie sich selbst einem bestimmten Teiler-Typus zuordnen können, werden Sie oft beobachten, dass Sie besonders diejenigen anziehen, die ein ähnliches Verhalten wie Sie bevorzugen.

Bedürfnis 1: Anderen Menschen wertvolle Inhalte liefern

Präsentieren Sie Ihr Wissen so, dass Ihre Empfänger sofort ein Gefühl dafür bekommen, dass sie hier Hochwertiges,

Exklusives erhalten. Dazu gehört das passende gestalterische Umfeld ebenso wie Sorgfalt bei der Produktion. Wer anderen Menschen hochwertige Inhalte weiterleitet, möchte sicher sein, dass die Qualität seinem eigenen Anspruch genügt. Er begründet sozusagen seinen guten Ruf damit und kann es nicht leiden, wenn ihm sein Netzwerk mitteilt, dass hinter dem vermeintlich wertvollen Link eine Niete zu finden ist. Irrtümer und Ausrutscher wird er Ihnen nicht so schnell verzeihen. Insofern ist es eine besondere Aufgabe für Sie, das Vertrauen Ihrer Empfänger und Gesprächspartner zu gewinnen.

Typen: Mit diesem Qualitätsanspruch motivieren Sie besonders Altruisten, Karrieristen und Selektierer dazu, Ihre Inhalte zu teilen.

Bedürfnis 2: Andere unterhalten

Wenn es nur um die Unterhaltung ginge, würde eigentlich ein Kanal mit lustigen Katzenvideos ausreichen. »Cat content« [16] gehört angeblich zu den meistgeteilten Inhalten im Netz. Viele Mitglieder sozialer Netzwerke bestücken ihre Kanäle allein mit witzigen Bildern, Scherzlinks und Sinnsprüchen. Allerdings sind diese Nutzer und ihre Netzwerke nicht unbedingt für Sie als Wissensteiler interessant. Für das Content-Marketing besteht die hohe Kunst darin, hochwertige Inhalte unterhaltsam zu verpacken. Denn so werden die Texte besonders gern gelesen, erhalten die Videos die meisten Zugriffe, verbreiten sich Ihre Inhalte also am besten. Bei zwei annähernd gleichen Angeboten macht oft derjenige das Rennen, dessen Inhalte ansprechender und fesselnder sind – ohne dabei allerdings ausschweifend oder weniger informativ zu werden. Sie sehen also: Der Mittelweg zwischen zu viel und zu wenig Unterhaltung ist ein schmaler Grat.

Typen: Wie unterhaltsam auf der einen oder fachlich fokussiert auf der anderen Seite Sie sind, hängt auch davon ab, wen Sie besonders ansprechen wollen, wie Ihre Zielgruppen beschaffen sind. Für Verbinder und Hipster ist die unterhaltsame, ästhetisch

---

16   Inhalte, in diesem Fall vor allem Bilder und Videos, die Katzen zeigen.

anspruchsvolle Präsentation wichtiger als für die meisten Selektierer oder Karrieristen. Das muss nicht mit der Branche zusammenhängen, aber unter Kreativen oder Modemachern finden Sie beispielsweise höchstwahrscheinlich mehr Hipster als unter Buchhaltern oder Steuerberatern.

Bedürfnis 3: Selbstbestätigung, Bedeutung und eigene Identitätsbildung

Es gibt Menschen, die nur deswegen Fotos von schön dekorierten Gerichten machen, um dazuschreiben zu können, dass sie sich gerade in der Senators' Lounge eines Flughafens oder einem ähnlich exklusiven Ort befinden. Damit möchten sie sich ebenso von denjenigen abgrenzen, die sie als nicht gleichwertig empfinden, wie ihre Zugehörigkeit zu einer bestimmten Gruppe demonstrieren. Vielen Menschen ist ein Gefühl der eigenen Bedeutung sehr viel wert. Über das, was sie teilen, definieren sie ihre Identität und die eigene Daseinsberechtigung. Sie wollen eben anderen ein Gefühl dafür geben, was sie selbst ausmacht, und sich so darstellen, wie sie gerne gesehen werden möchten. Bestimmte Berufsgruppen sind dafür besonders anfällig, und viele spielen solche Spiele mit, obwohl sie eine humorvolle, ironische Distanz dazu pflegen. Aber auch das ist natürlich wieder identitätsbildend. Kein Statussymbol zu brauchen, ist auch ein Statussymbol.

Wenn Sie solche Menschen ansprechen wollen, dann können Sie das erreichen, indem Sie ähnliche Symbole der Zugehörigkeit zur selben Gruppe verwenden. Auch sprachliche Chiffren, eine bestimmte Ausdrucksweise und die richtigen Inhalte überzeugen Ihre Empfänger. Für bestimmte Zielgruppen gehören ein sehr hochwertiges Erscheinungsbild und gepflegte Sprache dazu. Andere dagegen stoßen Sie regelrecht damit ab, dass Sie sich auf Ihrem Profilbild neben Ihrem Aston Martin präsentieren oder dass Sie ihnen versprechen, auf Anforderung Hochglanzbroschüren zuzusenden. Es ist eben ein Unterschied, ob Sie erfolgreiche Vertriebler aus der Automobilbranche ansprechen wollen oder, sagen wir, Biobauern. Allen diesen Multiplikatoren verleihen Sie aber Bedeutung, wenn Sie ihnen Inhalte liefern, deren Weitergabe Ihnen Bedeutung verleiht.

Typen: Das Beschriebene gilt für alle genannten Typen. Identitätsbildung bezieht sich nicht auf eine bestimmte Identität oder darauf, was es ist, das dem Wissensteiler Bedeutung verleiht. Wenn Sie aber in dem, was Sie teilen, absichtsvoll provozieren und polarisieren wollen, dann ist das eine Vorgehensweise, mit der Sie besonders gut Bumerangs aktivieren können. Doch Vorsicht: Das muss nicht immer zu Ihrem Vorteil sein, und Bumerangs sind nicht gerade die beliebtesten Empfehler, denen eine große Zahl von Menschen vertraut. Aufmerksamkeit und kontroverse Diskussionen allerdings können sie meist recht gut und schnell erzeugen.

Bedürfnis 4: Beziehungen pflegen

Alles, was den zuvor genannten Zielen entspricht, eignet sich auch gut dazu, Beziehungen zu pflegen. Spezialwissen gehört ebenso dazu wie Inhalte, die größere Bevölkerungsgruppen ansprechen. Zielführend sind solche Inhalte, die sich leicht zusammenfassen lassen, gut gegliedert sind, ihren Wert auf Anhieb preisgeben und zudem unterhaltsam sind. Auch emotionale und persönlich geprägte Themen kommen zu diesem Zweck besonders gut an. Alles, was Identitätsbildung unterstützt und den Beteiligten Bedeutung verleiht, ist zugleich ein hervorragendes Mittel, um per Weitergabe Beziehungen zu pflegen.

Typen: Verbinder sprechen Sie auf diese Weise an; Hipster dann, wenn die Themen passen. Auch Altruisten wünschen sich Inhalte, die ihnen soziale Anerkennung bringen. Karrieristen nutzen solchen Content, um ihr Netzwerk zu pflegen, Selektierer ebenfalls.

Bedürfnis 5: Ideen, Marken und Bewegungen unterstützen, die mir wichtig sind

Fans und besonders dankbare Leser (Zuschauer, Zuhörer, Gesprächspartner …) gewinnen man, indem man wirklich hohen Nutzwert bietet. Also sind Sie als großzügiger Wissensteiler geradezu dazu prädestiniert, dieses Bedürfnis zu befriedigen. Sie fördern das weiter, indem Sie eine persönliche Beziehung zu Ihren Fans eingehen und den Dialog mit ihnen pflegen. Wenn Integrität für Sie ein besonders hoher Wert ist und sich das auch in Ihren Taten und in Ihren Botschaften widerspiegelt, dann können Sie sicher sein, dass Ihre Fans es Ihnen danken. Auch wenn Sie gemeinnützige Dinge fördern, werden Sie Unterstützung erfahren. Doch Vorsicht: All dies funktioniert nur, wenn Sie es echt und ehrlich leben. Ansonsten sollten Sie es lieber bleiben lassen, es könnte sonst nach hinten losgehen. Nur weil Sie auf Ihrer Website schreiben, dass Sie den Etat für Weihnachtskarten in diesem Jahr an eine karitative Einrichtung gespendet haben, schaffen Sie sich noch keine Fans. Im Gegenteil: Der eine oder andere könnte sogar das Gefühl entwickeln, dass Sie da eine gute Sache für Ihre eigenen Interessen instrumentalisieren.

Typen: Dieses Bedürfnis lässt sich nicht einem Typ von Wissensteilern zuordnen. Es kommt ganz darauf an, um welche Sache es geht: eine gemeinnützige Organisation oder eine coole Marke? Eine Bewegung, die Bedeutung und gemeinsame Identität stiftet? Hier ist es entscheidend, wie Ihre Zielgruppe genau aussieht und was sie interessiert. Das muss man für jeden Wissensteiler individuell herausarbeiten.

Bedürfnis 6: Anderen das Bild vermitteln, dass ich als Erster von etwas erfahren habe

Neu, exklusiv, noch nicht allen bekannt: Das sind die Attribute, die diesem Bedürfnis entsprechen. Wenn Sie es schaffen, Ihre Zielgruppe zu überzeugen, dass sie von Ihnen immer als Erstes erfährt, was es Neues in Ihrem Fachgebiet gibt, haben Sie gewonnen. Sagen Sie ihnen, dass Ihr Blog den aktuellen Wissensstand der Branche wiedergibt – allerdings bitte nur, wenn Sie dieses Versprechen dann auch einhalten können. Besonders hilfreich ist es, wenn Sie die Informationen einerseits so aufbereiten, dass sie gut weiter vermittelbar sind; wenn Sie aber andererseits Ihren ganz eigenen Stil pflegen, der Sie als Quelle der Neuigkeiten sofort erkennbar macht.

Typen: Karrieristen und Hipster haben dieses Bedürfnis mehr als alle anderen. Ihnen folgen die Selektierer, die sich ebenfalls mit neuen, exklusiven Inhalten profilieren wollen. Von Bumerangs werden Sie für neue Ideen öfter einmal Gegenwind erhalten. Deswegen ist es wichtig, eine Strategie zu entwickeln, wie Sie damit umgehen.

PR-Doktor: ein Erfahrungsbericht

In den vergangenen fünf Jahren hat sich in der digitalen Kommunikation fast alles verändert – oder zumindest rasant weiterentwickelt. Auch wenn es gerade in Deutschland noch sehr viel Nachholbedarf gibt: So gut wie keine Kommunikationsstrategie kommt mehr ohne Contentstrategie aus. Hier liegt heute auch der Schwerpunkt meiner Beratungstätigkeit. Gleichzeitig hat sich natürlich auch mein persönliches Content-Marketing weiterentwickelt. Denn heute haben wir viel mehr praktische Erfahrung darin. Es gibt viel mehr Praxisbeispiele. Zugleich ergeben sich aber auch neue Herausforungen: In dem Maße, in dem immer mehr Unternehmen das Netz mit ihren Inhalten fluten, müssen wir uns neue Strategien überlegen, um sichtbar zu bleiben. Zugleich bin ich aber immer wieder erstaunt, dass die grundlegenden Funktionsweisen und Erfolgsfaktoren des *Prinzips kostenlos* sich nicht verändert haben – nur weiterentwickelt. Auch bei mir selbst ist es so, dass mein Blog PR-Doktor nach wie vor die Grundlage meiner Sichtbarkeit bildet. Ihm habe ich es zu verdanken, dass neue Interessenten sich von selbst melden, dass meine Bücher – inzwischen sind es drei – sich gut verkaufen und dass ich zahlreiche Vortragsanfragen bekomme. Nicht anders ist es bei den vielen Klienten, mit denen ich über die Jahre hinweg ihre Strategie nach dem *Prinzip kostenlos* erarbeitet habe.

Tatsächlich habe ich mein eigenes Projekt zu Beginn gar nicht so strategisch geplant und stringent aufgesetzt, wie ich das heute mit anderen erarbeite. Ich kam aus einem publizistischen Umfeld, in dem es ganz selbstverständlich war, zu netzwerken und das eigene Wissen mit anderen zu teilen – zum Nutzen aller Beteiligten. Daraus hat sich das Weitere fast von selbst entwickelt. Freude am Austausch und Spaß am Publizieren sind bis heute meine Hauptmotive für das Bloggen und das (virtuelle) Netzwerken. Auch die Medien, die ich nutze, haben sich verändert, und ich agiere heute im Internet anders als vor fünf oder sechs Jahren. Mein Netzwerk hat sich deutlich erweitert, und mit den Jahren hat sich erfreulicherweise auch meine eigene Sichtbarkeit verstärkt. Doch die grundlegende Ausrichtung ist eigentlich gleich geblieben, und mit vielen Freunden und Wegbegleitern verbinden mich seither einfach mehr gemeinsame Jahre. Im Folgenden ein kleiner Erfahrungsbericht aus meiner eigenen Sicht.

Ausgangslage und Startvoraussetzungen

Lange bevor der Begriff Content-Marketing in aller Munde war, hatte ich einige gute Startvoraussetzungen, die dazu geführt haben, dass mein kleines, eher aus Freude am Schreiben und Ausprobieren begonnenes Blog innerhalb relativ kurzer Zeit in Deutschland recht bekannt geworden ist. 2007 machte ich mich, nach rund sechsjähriger leitender Tätigkeit, wieder selbstständig. Mein Startkapital bestand aus meiner Berufserfahrung in der Kommunikation, meiner Fähigkeit, mich schriftlich auszudrücken, und meinem Netzwerk. Bereits während meines Studiums hatte ich als Journalistin gearbeitet; später dann bereits jahrelang im eigenen Büro PR und Texte für Unternehmen geliefert. Ich war gut vernetzt, sowohl mit Kollegen als auch mit einigen langjährigen Kunden.

Mit den Tools und Medien des Social Web kam ich ganz selbstverständlich in Berührung. Meine Neugier ebenso wie der professionelle Anspruch, in puncto Medien auf dem neuesten Stand zu sein, führten dazu, dass ich mich schnell und tief einarbeitete. Dabei hatte ich viele Erkenntnisse und machte Entdeckungen, die ich mit meinem Netzwerk teilen wollte. Ich wollte auch etwas von dem Nutzen zurückgeben, den ich in anderen Blogs von Kolleginnen und Kollegen erhielt. So fing ich mit dem Bloggen richtig an. (Erste Vorläufer hatte es schon etliche Jahre zuvor auf meiner Website gegeben.)

Weblogs machen es sehr leicht, das Geschriebene mit anderen zu teilen und sich direkt auszutauschen. Mittlerweile haben sich viele Diskussionen in soziale Netzwerke verlagert. Aber in den ersten Jahren dieses Jahrtausends fanden viele fachliche Diskussionen in Blogs und zwischen Bloggern und Kommentarschreibern statt. Das Bloggen, das zunächst als Nebensache neben meiner täglichen Arbeit stattgefunden hatte, rückte schnell stärker in den Fokus meiner Aufmerksamkeit – und zwar in dem Maße, in dem es von anderen wahrgenommen, kommentiert und verlinkt wurde.

Serien im Blog und E-Books

Der nächste Entwicklungsschritt entstand eigentlich aus einem empfundenen Dilemma. Neben größeren Unternehmern oder Freiberuflern mit entsprechendem Budget meldeten sich immer häufiger solche Menschen bei mir, die eigentlich Beratung in Sachen PR sehr dringend nötig hatten. Viele von ihnen verfügten aber nicht über die erforderlichen finanziellen Mittel für eine umfangreiche Betreuung. Warum also nicht eine kleine Serie im Blog starten, in der ich die Grundzüge meiner Arbeit so erläuterte, dass jeder Unternehmer sich zumindest die wichtigsten Anhaltspunkte für ein gutes PR-Konzept selbst erarbeiten konnte? So konnte ich guten Gewissens solchen Interessenten, die sich keine Einzelberatung leisten konnten, etwas Wertvolles mitgeben. Zugleich wurde der Raum frei für andere Interessenten, die gar kein Interesse daran hatten, alles selbst zu machen: ideale Kunden für mich also.

Den eigentlichen Nutzen für mich selbst aus dieser Aktion hatte ich gar nicht so ausdrücklich bedacht. Natürlich war mir klar, dass diese Vorgehensweise Aufmerksamkeit, Empfehlungen und Verlinkungen bringen würde. Selbstverständlich wusste ich, dass ich auf diese Weise interessante Inhalte produzierte, wie sie ein Blog braucht, um Leser anzuziehen. Aber zu einem gut funktionierenden Marketing für meine Beratungsleistung wurde es praktisch von selbst. In den ersten Jahren meiner Blog-Aktivitäten habe ich eine ganze Reihe von E-Books veröffentlicht. Einige davon sind Gemeinschaftswerke verschiedener Autoren, die beispielsweise Gastbeiträge enthalten. Ein schönes Beispiel hierfür ist das E-Book, das aus der Blogparade »Schreibblockade« entstanden ist und immer noch sehr häufig abgerufen wird. Einen Link dazu finden Sie auf der Buch-Website im Literaturverzeichnis.

Daraus sind viele Presseanfragen entstanden. Ich schreibe Gastbeiträge auch in anderen Blogs, gebe Interviews, trete in Videos und Podcasts auf. Letztlich hat sich daraus auch die Nachfrage für meine Bücher und für Vorträge ergeben – und natürlich für mein Beratungsangebot.

PR-Doktor bis jetzt

Seit fast einem Jahrzehnt ist der PR-Doktor meine zentrale Veröffentlichungsplattform, um die herum sich ein Mix aus Präsenzen und Profilen im Web entwickelt und über die Jahre auch verändert hat. So spielt für mich derzeit der direkte Austausch auf Facebook mit die wichtigste Rolle. Google+ dagegen, um ein anderes Beispiel zu nennen, hat fast vollständig an Bedeutung verloren. Im Schnitt veröffentliche ich im PR-Doktor einen Beitrag pro Woche. Das Blog hat sich mit den Jahren und auch mit den Dialogen gewandelt; es ist immer fokussierter geworden, auf die Themen bezogen, mit denen ich mich beruflich besonders beschäftige. Mein eigener Anspruch ist es, den aktuellen Stand der Kommunikation in Deutschland abzubilden, aktuelle Diskussionen aufzugreifen und mir stellvertretend für meine Leser Neuigkeiten genau anzuschauen. Ich schreibe Ratgeberartikel und Tipps zu Themen aus PR und (digitaler) Kommunikation. Dafür schöpfe ich aus den Erfahrungen in meiner eigenen Beratungspraxis.

Auch wenn mein Blog nach wie vor allem aus geschriebenen Texten besteht, ist der PR-Doktor mit den Jahren multimedialer geworden. Video- und Audioformate sollen in nächster Zeit noch weiter ausgebaut werden.

Verschiedene Zielgruppen der Blogbeiträge

Dabei haben verschiedene Blogartikel auch unterschiedliche Zielgruppen. Wenn es in die Details der Online-Kommunikation geht, sind sie oft Teil eines fachlichen Austausches unter Kollegen. Mit anderen Beiträgen bringe ich Unternehmen, die noch nicht so Web-erfahren sind, die für sie noch neuen Medien näher; für sie bin ich eine Art Übersetzerin. Wieder andere Texte sollen klassische Werte, etwa aus dem Bereich Pressearbeit, an ein eher technisch orientiertes, internetaffines Publikum bringen. Das bedeutet einerseits zwar, dass nicht jeder Artikel für alle interessant ist. Andererseits ist es aber mein Anspruch, so zu schreiben und zu sprechen, dass die Beiträge zumindest für jeden unterhaltsam sind. Mein Stil, meine Art, mich Themen anzunähern, meine Arbeitsweise sind offensichtlich ganz gut aus dem abzulesen, was ich schreibe. Blogleser, denen ich irgendwann zum ersten Mal begegne, haben oft schon eine gute Vorstellung davon, wie ich »ticke«, also einen persönlichen Bezug.

Frequenz und Arbeitsaufwand

Ein Beitrag in der Woche – das hört sich zunächst einmal nicht nach besonders viel an, gemessen an dem, was beispielsweise journalistische Online-Magazine hervorbringen. Bei diesen steht jedoch in der Regel eine ganze Redaktion dahinter. Eine solche Frequenz ist daher schon anspruchsvoll. Deutlich mehr Zeit als das Schreiben beansprucht das Lesen von vielen anderen Blogs und Newsfeeds. Themenfindung und vor allem natürlich der intensive Austausch mit meinem Netzwerk in sozialen Netzwerken sind ebenfalls Teil der Zeitplanung. Dass ich in der Regel zumindest einen längeren Fachbeitrag pro Woche fertigbekomme, hat vor allem folgende Gründe: Zum einen verwerte ich Wissen, das ich mir sowieso aneignen muss, weil ich es für meine tägliche Arbeit brauche. Zugleich fließen die Erfahrungen aus dieser Arbeit ein. Aber auch deswegen geht mir das Schreiben flüssig von der Hand, weil ich mich dazu nicht verstellen muss. Ich schreibe so, wie ich denke und empfinde. Allerdings, und das ist der entscheidende Unterschied: Ich schreibe nicht alles, was ich denke und empfinde. Mein schreibendes Ich, die professionelle Schreibhaltung, die ich dafür einnehme, ist ausgerichtet auf meine Arbeit, auf mein Netzwerk, auf die wertvollen Inhalte, die das Blog liefern soll.

Satelliten auf der PR-Doktor-Umlaufbahn

Ausgehend vom PR-Doktor hatte ich mehrere kleinere Fachblogs entwickelt, mit kürzeren Beiträgen, die nicht in das Hauptblog passen. Diese habe ich vor einiger Zeit wieder stillgelegt, um mich nicht zu verzetteln, vor allem aber, weil andere Aktivitäten auf externen Plattformen mehr und mehr Zeit in Anspruch nehmen. So blogge ich gelegentlich auf externen Plattformen wie Medium.com oder schreibe als Brancheninsider bei XING.

Wieder an Fahrt aufgenommen hat mein persönlicher Newsletter[17]. Ich habe den Eindruck, dass Newsletter, die eine Zeitlang eher eine nicht so web-affine Zielgruppe ansprachen, inzwischen wieder an Bedeutung gewonnen haben, weil sie in der Flut von Informationen kompakte, in sich geschlossene Angebote darstellen. Dazu müssen sie allerdings einen erkennbaren Nutzen in sich tragen. In meinem Newsletter greife ich jeweils ein Thema aus meiner ganz persönlichen Sicht auf; dazu gibt es Hinweise auf neue Blogbeiträge, Veranstaltungsankündigungen und interessante Links. Als besonderen Zusatznutzen biete ich gelegentlich exklusive Downloads an, die gar nicht oder erst zeitversetzt im Blog erscheinen. Die Öffnungs- und Klickraten, die dieser Newsletter erzielt, zeigen zum einen, dass er von einem großen Teil der Abonnenten tatsächlich auch gelesen

---

17 Bestellformular für den Newsletter: http://www.kerstin-hoffmann.de/newsletter-kerstin

wird. Zum anderen weisen sie darauf hin, dass diese sich damit gezielt einen Überblick über die Themen im Blog verschaffen.

Mein Haupt-Blog hat mittlerweile mehr Überarbeitungen und Relaunches hinter sich als mein Büro Renovierungen. Es wird sich, mit allem anderen darum herum, weiterentwickeln. Vielleicht wird es in fünf oder zehn Jahren von etwas ganz anderem ersetzt worden sein. Aber die grundsätzliche Ausrichtung auf das Teilen von Wissen und auf den Austausch mit anderen wird, da bin ich ziemlich sicher, auch in Zukunft bleiben.

Rund um den PR-Doktor spinnt sich also ein Netz von externen Angeboten und Plattformen, ohne die das Blog nahezu unbekannt wäre. Am einfachsten stellen Sie es sich bildlich als Wissenszentrale in der Mitte vor, um die sich ein Netz von Präsenzen und Profilen im Web entspinnt. Dazu gehören natürlich auch ganz wesentlich die Verlinkungen und Hinweise von anderen Blogs und Personen, die meine Inhalte aufgreifen und weiterverbreiten.

Die Inhalte verbreiten sich, weil es offensichtlich viele Leser gibt, die diese schätzen und sie für interessant genug halten, um sie weiterzuverteilen. Der Abschnitt zur Psychologie des Weitersagens hat bereits einen kleinen Einblick in die Motive geliefert, aus denen heraus sie das tun.

Meine Präsenzen in sozialen Netzwerken

XING war mein erstes »soziales Netzwerk«, wobei es (damals unter dem Namen Open Business Club) diesen Namen noch gar nicht richtig verdiente. Twitter und Facebook kamen etwas später hinzu. Seither habe ich eine größere Zahl von Angeboten ausprobiert, einige dauerhaft integriert, andere nach einiger Zeit wieder aus dem Programm geworfen. Die Nutzung hat sich geändert, so wie sich die Angebote gewandelt haben. So habe ich eine Zeitlang Social-Bookmarking-Dienste[18] sehr intensiv genutzt, um Links zu sammeln. Mit dem Aufkommen von Google+ hatten sie für

---

18   Die Begriffe werden im Social-Media-Kapitel erklärt.

mich zunächst wieder an Bedeutung verloren. Heute ist dagegen Google+ für mich kaum noch relevant. Dafür nutze ich recht intensiv Bookmarking-Dienste wie Flipboard und Refind.

Tatsächlich sind viele meiner Bekannten nach wie vor skeptisch, was »dieses Facebook, Twitter und all das« angeht. Erst letztens hat mich jemand gefragt, ob ich denn keine echten Freunde hätte, dass ich mich immer dort herumtreiben müsse. Dabei war die Frage an sich schon absurd, denn sie wurde mir auf einer Party gestellt, und wir waren von sehr vielen Menschen umgeben, von denen etliche zu meinen Freunden und Bekannten zählten. Im Laufe des Abends hatte ich interessante neue Leute kennengelernt, die ich ganz sicher wiedertreffen würde. Etliche von ihnen fand ich direkt am nächsten Morgen bei Facebook oder XING wieder. Damit habe ich es viel leichter, Kontakt zu halten und den Austausch zu pflegen.

Umgekehrt machen es mir Social Networks leicht, überall auf der Welt andere Leute zu finden, die sich für ähnliche Dinge interessieren, mit denen ich mich beruflich austauschen kann oder die einfach genau auf meiner Wellenlänge liegen. Mein beruflicher und persönlicher Horizont hat sich dadurch in einer Weise erweitert, die ich nicht vorausgesehen hatte, als ich am 19. Mai 2008 meine erste Twitter-Nachricht schrieb. Dabei ist klar: Wer seine Freunde oder Geschäftspartner erstmals im Web trifft, braucht natürlich das gleiche Gespür und die gleiche soziale Intelligenz wie im richtigen Leben. Nicht jeder, der auf den ersten Blick interessant scheint, eignet sich zum besten Freund. Nicht aus jeder flüchtigen Begegnung wird gleich eine Zusammenarbeit für die nächsten paar Jahre.

Ein gutes Beispiel dafür, wie leicht es ist, Menschen direkt anzusprechen und für etwas zu begeistern, sind die Interviews in diesem Buch. Einige der Interviewpartner kenne ich bereits seit längerer Zeit, aber einige habe ich erst für das Projekt gezielt angesprochen. Früher hätte es unter Umständen Wochen und etliche Kontaktanbahnungen über Kontakte gebraucht, bis ich sie hätte fragen können. Jetzt ging das meistens direkt, denn mit fast allen war ich ohnehin bereits an der einen oder anderen Stelle virtuell verknüpft.

Ich habe über die sozialen Netzwerke so viele interessante Menschen kennengelernt, dass ich zumindest dienstlich kaum je verreise, ohne vorher mindestens einen Termin für einen Kaffee oder ein Abendessen mit jemandem aus meinem Netzwerk zu machen. Ich bin also in keiner Stadt mehr fremd. Das entspricht allerdings meinem realen Netzwerkverhalten aus der Vor-Social-Web-Zeit: Auch da habe ich schon gerne Kontakte gepflegt und Menschen besucht. Ich hatte nur weniger davon und nicht in allen Städten. Die Zahl der phyischen Begegnungen hat sich durch die oft zunächst virtuellen Bekanntschaften erhöht. Kontaktscheu war ich noch nie, aber so finde ich Menschen, die meine Interessen teilen, in einer Dichte, wie sie in meinem direkten Umfeld nicht gegeben ist. So viele, dass ich gar nicht immer alle treffen kann, mit denen ich gerne öfter reden würde.

2 Die eigene Ware und ihren Wert kennen

Sie kennen jetzt die wesentlichen Grundlagen, auf die es ankommt. Jetzt geht es darum, auf dieser Basis Ihre ganz eigene, einzigartige Wissensstrategie zu entwickeln. Die Zielfindungs- und Positionierungsphase soll Ihnen alle Grundlagen für Ihre eigene Strategie des verschenkten Wissens liefern. Sie arbeiten anhand von Arbeitsaufgaben und Checklisten heraus, wie und wo Sie sich als »DER Experte für ...« präsentieren und profilieren. Sie gewinnen ein sicheres Gefühl für die Sprache, die zu Ihnen passt, und für das authentische, glaubwürdige Image, das Sie vertreten. Sie machen sich Ihre Stärken und die Kommunikationsformen, in denen Sie besonders brillieren, bewusst. Sie wissen, wie Sie Ihr Netzwerk aufbauen und pflegen. Sie haben einen Überblick über die Zeit und die Ressourcen, die Sie investieren können und wollen.

Positionierung, Planung und Strategie der Wissensvermarktung

»Unsere Website muss dringend überarbeitet werden« oder »Wir wollen mit unserem Unternehmen in allen A-Medien erscheinen« oder »Wir müssen ganz dringend mehr Präsenz auf Facebook erreichen« oder »Wir brauchen eine Contentstrategie«: Das sind typische Aussagen, mit denen viele Neukunden erstmals an mich herantreten. Aber alles das sind Maßnahmen auf dem Weg zu bestimmten Unternehmenszielen – und nicht die Ziele selbst.

Ob ich nun mit den neuen Klienten ein komplett neues Kommunikationskonzept erarbeite oder ob wir direkt gezielt mit der Wissensstrategie starten, hängt von den Voraussetzungen ab. Die meisten Unternehmen fangen ja nicht bei null an, wenn sie erstmals zu mir kommen, sondern betreiben bereits erfolgreich Werbung und PR. Oft sind sie bereits aktiv in sozialen Netzwerken und wollen nun den nächsten Schritt gehen; beispielsweise ein Corporate Blog auf- oder ausbauen oder sich gezielter in bestimmten Social Media engagieren. Um Ihnen einen Überblick über den gesamten Prozess zu geben, stelle ich Ihnen hier ganz kurz auch die Basis-Schritte für die gesamte Kommunikation vor. Ich beginne mit den folgenden Fragen:

- Wo kommen wir her und wo stehen wir? – Bestandsaufnahme

- Wo wollen wir hin? – Ziele

Wenn das geklärt ist, brauchen wir für die Wissensstrategie vor allem die nächsten Schritte:

- Wen wollen wir erreichen? – Zielgruppen und Wunschkunden

- Worin sind wir einzigartig? – Alleinstellung/USP

- Was bieten wir unseren Zielgruppen?– Nutzen

- »Ich bin der Experte für … «

Wo kommen wir her? – Bestandsaufnahme

Eigentlich ist die Frage nach den Zielen eines Unternmens die erste und wichtigste, um den Kommunikationsstrategie-Prozess zu starten. Doch um zu wissen, wo Sie hinwollen, müssen Sie sich natürlich erst einmal klarmachen, wo Sie überhaupt stehen. Bildlich ausgedrückt: Sie können nicht von Hamburg nach München fahren, wenn Sie in Wirklichkeit in Köln sind. Um beispielsweise nach festgelegten Zeitabschnitten den Erfolg Ihrer Kommunikation zu messen, brauchen Sie den heutigen Stand und die Unternehmensentwicklung bis hierher. Dazu gehören die Entwicklung der Umsatz- und Gewinnzahlen der letzten fünf Jahre (oder seit Unternehmensgründung, wenn diese kürzer zurückliegt) einschließlich der Relation zwischen Umsatz und Gewinn. Ebenso sollten Sie sich die Frage stellen, mit welchen Zielen Sie gestartet sind – und inwiefern Sie diese bereits erreicht haben. Dabei ist es natürlich ein großer Unterschied, ob Ihr Unternehmen aus einigen hundert, aus zehn oder nur aus ein oder zwei Personen besteht. Im Prinzip ist die hier vorgestellte Strategie auf jedes Unternehmen anwendbar; im Detail variieren die Antworten auf die hier gestellten Fragen sehr stark, je nach Art, Größe und Organisationsstruktur einer Firma. Interessanterweise ist es auch in der Beratung größerer Unternehmen, die eine eigene Marketingabteilung und Fachleute mit viel Erfahrung in der Kommunikation haben, meistens sehr hilfreich, noch einmal diese ganz einfachen Grundlagen aufzugreifen.

Hilfreiche Fragen für eine Bestandsaufnahme:

* Wo kommen wir her?
* Wie haben sich unsere Umsatz- und Gewinnzahlen in den letzten fünf Jahren entwickelt?
* Wie sieht die Mitarbeiterentwicklung der letzten fünf Jahre aus?
* Mit welchen Zielen sind wir gestartet - und welche davon haben wir bereits erreicht?
* Was sind unsere bisherigen Erfolge?
* Worauf sind wir stolz?
* Was gelingt uns besonders gut?
* Was würden andere heute über uns sagen?

Wo wollen wir hin? – Ziele

Wenn Sie wissen, wo Sie stehen, schauen Sie sich bitte Ihre Ziele genauer an. Es geht natürlich in erster Linie um Ihre Unternehmensziele. Wenn Sie jedoch Einzelunternehmer sind und Ihre Firma sehr eng mit Ihrer Person identifiziert ist, dann kommen zusätzlich Ihre persönlichen Ziele ins Spiel. Ein mittelständisches Unternehmen kann auch dann weiter expandieren und die Auftragszahlen erhöhen, wenn ein Mitglied des Führungskreises ein Sabbatjahr einlegt. Entsprechend sind sowohl die Unternehmens- als auch die Kommunikationsziele dieser Firma nicht in gleichem Ausmaß an die persönliche Ausrichtung bestimmter Personen gebunden wie bei einem einzelnen Freiberufler oder dem projektleitenden Kopf eines Beratungsunternehmens. Eigentlich überflüssig zu sagen, dass Sie das sowohl in Ihrer Unternehmensstrategie als auch in Ihrer Kommunikation berücksichtigen müssen.

Typische Antworten auf die Frage nach Unternehmenszielen zu Beginn eines solchen Prozesses lauten oft ähnlich: mehr Umsatz, höhere Marktdurchdringung, weniger arbeiten bei gleichem Gewinn, bekannter werden. Das sind jedoch keine Ziele, auf die man sich konzeptionell und strategisch ausrichten kann. Sie bieten vor allem keine messbaren Werte, anhand derer Sie den Erfolg Ihrer Strategie überprüfen könnten. Daher sollten Sie Ihre Ziele so konkret und detailliert wie möglich beschreiben, und zwar kurz-, mittel- und langfristig. Was kurz- und was langfristig im Einzelfall als konkreter Zeitraum bedeutet, kann je nach Unternehmen und Geschäftsmodell stark variieren.

Ziel-Fragen

Beschreiben Sie Ihre unternehmerischen Ziele beispielsweise in Bezug auf:

- Unternehmensgröße
- Umsatzzahlen
- Gewinnzahlen
- Kundenzahlen
- Einzugsbereich
- Zahl der verkauften Produkte (Workshops, Vorträge, Beratungstage ...)
- Mitarbeiter (Zahlen, Funktionen, Qualifizierung)
- Standort und Räumlichkeiten

Faktoren, die für persönliche Ziele eine Rolle spielen:

Bitte ergänzen Sie die Liste um Faktoren, die für Sie besonders wichtig sind – Beispiele:

- Arbeitszeit (Tages-, Wochen-, Monatsarbeitszeit)
- Persönliches Einkommen
- Arbeitsumfeld
- Eigene Aufgaben
- Aufgaben, die Sie delegieren wollen

Wen wollen wir erreichen? – Wunschkunden

Von Handwerkern und Einzelhändlern lernen: Obgleich ich solche Unternehmen eher selten berate, habe ich oft festgestellt, dass diese ihre Zielgruppen besonders gut kennen. »Kleine« Handwerker, Dienstleister oder Inhaber von spezialisierten

Geschäften haben täglich direkt mit ihren Kunden zu tun. Statt nur in der Kundendatenbank haben sie die wichtigsten Daten und die Bedürfnisse ihrer Zielgruppe auch sehr genau im Kopf. Sie bekommen für ihre Arbeit direkte Rückmeldungen, und sie sind dann besonders gut, wenn sie ihren Kunden genau zuhören; und nicht nur diesen, sondern auch den weiteren Beteiligten. Dies sind beispielsweise Lieferanten, Multiplikatoren und das direkte Umfeld. Je größer das Unternehmen und je weiter dessen Aktionsradius, desto schwieriger wird natürlich diese Art des Bezugs zu allen Beteiligten. Ein gutes Customer-Relationship-Management, also die Verwaltung und Pflege der Kundenbeziehungen, findet deswegen nicht in den Köpfen einzelner Protagonisten statt, sondern ist professionell organisiert und vor allem objektiviert. So sind Informationen jederzeit reproduzierbar und auch für andere im Unternehmen nutzbar. Selbst in großen Betrieben sieht die Realität jedoch oft anders aus. Da hat jeder einzelne Vertriebler seine Potenziale und seine Kontakte im Kopf, und dieses Herrschaftswissen wird sorgfältig gehütet.

Es ist erstaunlich, dass selbst sehr erfolgreiche Berater oder Dienstleister auf die Frage, für wen denn ihr Angebot besonders gut geeignet ist, zunächst oft antworten: »Eigentlich für fast jeden.« Kerstin Friedrich beschreibt einleuchtend, »dass Spezialisten sehr viel besser leben als breit diversifizierte Unternehmen«:

»Erschreckenderweise ist selbst unter Freiberuflern noch erstaunlich häufig die Meinung vertreten, ein möglichst breites Wissen (sprich: Produkt-Spektrum) sei die sicherste Grundlage einer erfolgreichen Existenzsicherung. Denn das wird uns ja schon in der Schule eingetrichtert: wer viel weiß und alles kann, ist der Beste. (...) Der einzige Weg, der dramatisch wachsenden Komplexität unserer Welt zu begegnen, ist die Spezialisierung – und zwar <u>nicht</u> die landläufig bekannte Spezialisierung in Richtung Fach-Idiotie und Isolation, sondern eine neue, intelligente Form der Spezialisierung, die zu überlegenen Problemlösungen und optimale Integration in die Umwelt führt.«[1]

---

1   Kerstin Friedrich: *Erfolgreich durch Spezialisierung*, S. 14 f.

Wer jedem alles anbieten will, hat möglicherweise große Probleme, seine Botschaften treffsicher an die richtigen Empfänger zu bringen. Doch eignet sich zweifelsohne nicht jedes Angebot gleichermaßen für eine sehr spitze Ausrichtung auf eine Zielgruppe. Aber gerade dann ist es entscheidend, sich auf diejenigen Kunden, Interessenten und Empfehler auszurichten, die am besten zum eigenen Unternehmen passen – beispielsweise, weil sie die gleichen Werte teilen. Für die Kommunikationsstrategie ist es wichtig zu wissen, wo die potenziellen neuen Kunden und Multiplikatoren zu finden sind. Denn das entscheidet darüber, wo Sie als Anbieter Ihre Botschaften verteilen und in Austausch treten. Dabei spielen unterschiedliche Aspekte eine Rolle. Wenn Sie ein Blog zu einem bestimmten Thema schreiben, ist es natürlich deutschlandweit und international verfügbar. Aber was nützt Ihnen ein begeisterter potenzieller Kunde in Malaysia, wenn Sie Ihre Leistungen nicht über die Landesgrenzen von Baden-Württemberg hinaus erbringen können? Ist Letzteres der Fall, sollten Sie zwar überregionale Effekte »mitnehmen«, sich aber in Ihrer Ausrichtung ganz stark auf Ihren Einzugsbereich fokussieren. Das ist also ein Balanceakt zwischen globaler Kommunikation und regionaler Positionierung. Um zu wissen, wie und wo Sie publizieren, sollten Sie also möglichst genau beschreiben, wer Ihre Zielgruppen sind und wo sie sitzen.

Erfolgsentscheidend ist aber ebenso, dass Sie sich in Ihrer Kommunikation nicht nur direkt auf mögliche Kunden und Interessenten ausrichten. Gerade für die Strategie des geteilten Wissens sind zunächst Multiplikatoren viel wichtiger als die letztendlichen Auftraggeber. Zugleich werden bestehende Kunden aber auch wiederum zu Empfehlern und dadurch Mittler für weitere Aufträge. Nicht zu vergessen: Um über Ihr geteiltes Wissen einen neuen Kunden zu erreichen, der Sie bisher nicht kannte, müssen Sie eine vielfache Zahl an Multiplikatoren, Fans und Freunden aktivieren. Mehr noch: Durch deren Verlinkungen, Likes und Kommentare gewinnt ihr Angebot an Glaubwürdigkeit und Bedeutung. Dazu sollten die »Sendeinstrumente (...) den Bedürfnissen der Zielgruppen entsprechend sorgfältig ausgewählt und formal, inhaltlich und zeitlich aufeinander abgestimmt« sein.

»Die zentrale Idee ist, zuerst die herzustellende Beziehung zu definieren und dann das passende Kommunikationsinstrument auszuwählen.«[2] »Wer weiß, wer seine Kunden sind, kann sie gezielter und erfolgreicher ansprechen. Im Marketing gibt es das Konzept der *Marketing Persona*. Die Persona stellt einen Prototyp für eine Gruppe von Nutzern dar, mit konkret ausgeprägten Eigenschaften und einem konkreten Nutzungsverhalten.«[3]

Beispiele für Zielgruppen von Beratern und Dienstleistern:

Bitte legen Sie zunächst eine Liste aller Ihrer Zielgruppen an und beschreiben Sie diese genau. Wichtig: Es geht um die Zielgruppen, die Sie in Zukunft, im Hinblick auf Ihre Unternehmensziele, erreichen wollen – also nicht um Kundengruppen, die auf Dauer eher nicht mehr bedienen wollen.

- Bestehende Kunden/Auftraggeber
- Lieferanten/Auftragnehmer
- Wiederverkäufer (zum Beispiel Seminarveranstalter oder Auftragsvermittler)
- Redaktionen in Presse und elektronischen Medien
- Blogger
- Sonstige Multiplikatoren
- Empfehler in Ihrem Netzwerk

Fragen, die Ihnen helfen, Ihre Zielgruppen zu beschreiben:

Beschreiben Sie jede einzelne Gruppe einzeln möglichst genau.

- Wo sind sie zu finden? (Lokal? Regional? National? Global?)
- Was sind ihre Interessen und Bedürfnisse? (Ein Journalist oder Blogger sucht interessante Inhalte. Ein Empfehler sucht Anerkennung und Bestätigung. Ein Kunde braucht Lösungen für ein Problem.)
- Über welche Medien erreichen Sie sie am besten? (Website? Blog? Soziale Netzwerke? Presse? Vorträge?)

2   Claudia Mast: *Unternehmenskommunikation*, S. 55
3   Psychologische Studie: »Warum wir Inhalte im Netz teilen«. In: Trickr.de. http://trickr.de/?
    s=psychologie&x=19&y=12

Abschließend können Sie sowohl die Kundengruppen als auch die weiteren Zielgruppen noch gemäß ihrer Bedeutung für Ihre Ziele ordnen. Das erleichtert Ihnen später, wenn sich Kommunikationsinteressen widersprechen sollten, die Entscheidung. Ein Beispiel aus eigener Erfahrung: Ich weiß eine Menge darüber, was Unternehmensgründer für ihre Werbung und PR beachten müssen. Natürlich sind sowohl mein Blog wie auch dieses Buch für Gründer interessant. Aber: Gründer sind nicht meine Hauptzielgruppe, weil mein Beratungsangebot nicht auf sie zugeschnitten ist. Ich muss mich also, obgleich ich viel relevantes Wissen für eine bestimmte Gruppe habe, in meinen eigenen Themen, über die ich im Blog schreibe, auf eine andere Zielgruppe fokussieren: auf etablierte Unternehmen und auf größere Mittelständler, vorzugsweise im B2B-Bereich. Würde ich vor allem unter dem Label »Gründerthemen« publizieren, dann würde ich vermehrt solche Interessenten anziehen. Ich bekäme zu viele Anfragen, die ich nicht bewältigen könnte, und ich würde die Interessenten dann im ersten direkten Kontakt gleich wieder enttäuschen müssen. Für einen Existenzgründungsberater, der vielleicht sogar eine entsprechende Zulassung für Fördermittel hat, wären dagegen Themen mit einer solchen Ausrichtung genau das Richtige. Inhaltlich kann es dabei sogar große Überschneidungen geben in dem, was er schreibt und was ich publiziere. Entscheidend ist aber, wen wir damit jeweils hauptsächlich ansprechen.

Ein weiteres Beispiel: Einer meiner Kunden ist Coach und Trainer. Aus langjähriger Erfahrung in der Psychotherapie verfügt er über umfassendes Wissen zu diesem Thema. Er könnte ein Ratgeber-Blog für Privatpersonen schreiben, und er wäre damit ganz sicher auch sehr erfolgreich. Für seine beruflichen Ziele allerdings wäre das alles andere als förderlich. Denn er möchte in Zukunft verstärkt Firmenkunden ansprechen und in Organisationen arbeiten. Also punktet er vor allem mit Wissen aus professionellen Zusammenhängen. Er erspart sich so viele

Anrufe von Klienten, die er nicht mehr alle annehmen kann. Zugleich beweist er den Unternehmenskunden, die er gewinnen möchte, sein für sie interessantes Fachwissen und motiviert sie dadurch, Kontakt zu ihm aufzunehmen.

Worin sind wir einzigartig? – Alleinstellung

Sie wissen jetzt, wen Sie erreichen wollen– wer also Ihre idealen Interessenten, Kunden, Multiplikatoren sind. Auf Ihrem Weg Ihrer persönlichen Strategie mit dem Wissen und den Inhalten, die Sie kostenlos verbreiten wollen, müssen Sie noch herausarbeiten, was Sie einzigartig und unverwechselbar macht. In der Unternehmenskommunikation wird mittlerweile der USP (= Unique Selling Proposition; deutsch: Summe der Alleinstellungsmerkmale) oft als überholt beschrieben: Eine wirkliche Alleinstellung gäbe es in den seltensten Fällen. Viele Berater und Dienstleister meinen sogar selbst, wenn ich sie erstmals nach ihrer Alleinstellung frage: »Eigentlich haben wir keine. Das, was wir tun, tun sehr viele andere genauso.«

Doch gerade Berater oder Trainer sind ganz einzigartig, selbst wenn die angebotene Leistung auf den ersten Blick austauschbar erscheint. Denn das, was sie anbieten, ist sehr eng mit ihrer Person verbunden, und die ist unverwechselbar. In größeren Unternehmen gilt das analog für den Unternehmensgeist, das Team, die spezifische Beratungsqualität. Jeder Berater, jedes Unternehmen hat seinen eigenen Stil. Ein Auftragsabschluss hängt oft viel stärker mit der Beziehung zwischen Berater und Beratenem zusammen als mit den objektiven Produktmerkmalen. Das gilt für die meisten Branchen und Bereiche. Deswegen kann es viele Anbieter mit ähnlichen oder sogar nahezu identischen Leistungen geben, und doch hat jeder Einzelne genau die Kunden, die zu ihm passen. In diesem Schritt geht es darum, herauszuarbeiten, worin die Einzigartigkeit Ihres Angebotes besteht.

Hilfreiche Fragen, um Ihre Alleinstellung herauszuarbeiten:

- Was sind unsere persönlichen (auch kommunikativen) Stärken?
- Was hebt uns vom Wettbewerb ab?
- Was könnten wir in Zukunft besser machen als unsere direkten Mitbewerber?
- Was machen unsere Mitbewerber bisher besser – und wie könnten wir das ausgleichen?
- Was bieten nur wir in dieser Form und Kombination?
- Worin sind wir herausragend gut?

Was bieten wir unseren Zielgruppen? – Nutzen

Jetzt vollziehen Sie den Schritt vom »Ich« zum »Du«. Bisher haben Sie über sich selbst, über Ihre Ziele, Ihre Wunschkunden und Ihre Einzigartigkeit gesprochen. Nun geht es darum, Ihr Angebot in Bezug auf Ihre Zielgruppen zu beschreiben, und zwar im Hinblick darauf, was es diesen ganz konkret bringt. Dabei geht es, wie schon betont, nicht nur um die eigentlichen Wunschkunden, sondern auch um Meinungsbildner, Multiplikatoren, Empfehler. Wichtig ist es, diese unterschiedlichen Aspekte des Zielgruppen-Nutzens möglichst gut zu kennen und genau zu beschreiben. Denn dann können Sie die jeweiligen Bedürfnisse am besten erfüllen. Journalisten haben beispielsweise nicht das gleiche Interesse wie die Unternehmen, die in einer Publikation erscheinen wollen. Sie interessieren sich für das, was ihre Leser oder Zuschauer sehen wollen, und das ist ganz sicher keine Firmen-PR im redaktionellen Teil. Sie wollen interessante, spannende und möglichst einzigartige Geschichten und Inhalte mit Nachrichtenwert. Sie suchen nach – und das wird oft unterschätzt – Fachwissen und Hintergrundinformationen auch dann, wenn sie daraus nicht immer gleich eine Veröffentlichung machen wollen, in der der Name des Informationsgebers genannt ist.

Zufriedene Kunden oder Netzwerkpartner empfehlen Sie in den meisten Fällen nicht allein deswegen weiter, um Ihnen einen Gefallen zu tun. Sie haben auch etwas davon: Es gibt ihnen

Bedeutung, wertet sie auf oder zeigt – wenn es sich etwa um eine besonders hochwertige Dienstleistung handelt –, was sie sich leisten können.

Idealerweise haben Sie bereits die einzelnen Zielgruppen in der Reihenfolge der Bedeutung in Bezug auf Ihre eigenen Unternehmensziele aufgelistet. Jetzt beschreiben Sie bitte möglichst konkret, welchen Nutzen Sie diesen bieten. Oben habe ich Ihnen bereits einige Beispiele genannt. Spezifizieren Sie den Nutzen in Bezug auf Ihre Angebote ganz genau. Je detaillierter Ihre Liste ist, desto besser! Vieles davon können Sie wahrscheinlich aus Ihrer Auflistung der Alleinstellungsmerkmale übernehmen; wie trennscharf diese beiden Schritte beschrieben werden können, ist unterschiedlich. Entscheidend ist jetzt die Perspektive: Denken und formulieren Sie bitte wirklich konsequent aus der Sicht Ihrer Adressaten.

»Ich bin DER Experte für ...«

Jetzt haben Sie sich ausführlich damit befasst, wo Sie selbst hinwollen; wen Sie erreichen wollen; und was Sie Ihren Zielgruppen bieten. Nun geht es darum, dies selbstbewusst in eine möglichst griffige Formulierung zu fassen. Begreifen Sie diese Bitte als eine Art Arbeitstitel für den weiteren Prozess. Wahrscheinlich fallen Ihnen im weiteren Verlauf noch andere, bessere ein. Vielleicht finden Sie aber auch immer mehr Belege dafür, dass diese anfängliche Formulierung bereits die perfekte ist. Das bedeutet aber nicht, dass sie sich in Zukunft nie mehr ändern wird. Unternehmen und deren Außendarstellung entwickeln sich nach meiner Erfahrung auch und gerade im (digitalen) Austausch und mit der eigenen Contentstrategie, weiter.

Entscheidend ist, dass Sie aus dem zuvor Erarbeiteten eine klare Positionierung herausarbeiten. Diese bildet die Basis für alles Weitere: Ihren persönlichen Stil; die Medien und Veranstaltungen, in denen Sie Ihre Zielgruppen kontaktieren und sich mit ihnen austauschen; die Marktplätze, auf denen

Sie Ihre hochwertige »Ware« anbieten und verkaufen. Diese Expertenrolle ist Ihr virtuelles, publizistisches Ich: dasjenige, das aus Erfahrung und Fachkenntnis heraus hochwertiges Wissen teilt; als Geschenk zwar zunächst, aber dabei immer noch mit den eigenen Zielen und den wichtigen Zielgruppen im Blick. In größeren Unternehmen sollte jeder der beteiligten Wissensträger diese Frage einzeln beantworten. Anschließend erarbeiten Sie die Antwort für das gesamte Unternehmen im Team.

Bitte formulieren Sie möglichst kurz und griffig:

Ich bin DER Experte/DIE Expertin für

Was kostet es? Was bringt es ein? Ressourcen und (Zeit-)Budget

Eine zentrale Frage haben wir bisher noch gar nicht angesprochen, nämlich die nach den Ressourcen: Wie viel können Sie investieren? Wie viel Zeit und welches finanzielle Budget stehen Ihnen zur Verfügung? Wenn Sie anfänglich sehr viele Ressourcen investieren: Wie schnell muss Ihr Konzept erfolgreich sein, bevor Ihnen die Puste oder die Mittel ausgehen? Denn wenn Sie Wissen verbreiten, dann kostet das vor allem eines: Ihre Zeit. Die müssen Sie fest in Ihr Budget einkalkulieren, wenn Sie erfolgreich sein wollen. Denn würden Sie diese Zeit nicht in Ihre Wissensstrategie investieren, würden Sie in dieser Zeit Geld verdienen. Je nachdem, was Sie selbst leisten können und wollen, müssen Sie bestimmte Leistungen hinzukaufen. Das ist nicht nur eine Frage der eigenen Kapazitäten. Manches sollten Sie nur dann selbst erledigen, wenn Sie es wirklich gut können. Erstens ist nicht jeder ein Webdesigner oder begabter Schreiber. So sind Ihnen natürliche Grenzen gesetzt bezüglich dessen, was Sie ganz allein schaffen. Andererseits dürfen Sie aber auch nicht alles outsourcen. Ihre Beziehungen und persönlichen Gespräche können Sie nicht komplett an eine Agentur oder einen Berater delegieren.

Was sind Ihre Kennzahlen?

Ob Sie Ihre Strategie langsam neben Ihrem bisherigen Geschäft aufbauen oder sich voll darauf konzentrieren, etwa indem ein Mitarbeiter in Vollzeit daran arbeitet, hängt von Ihren wirtschaftlichen Voraussetzungen ab. Hier kommen auch die Zyklen der Akquise und des Netzwerkens zur Sprache: Wo liegen individuell für Sie die kritischen Massen? Wie viele Kontakte brauchen Sie in welcher Phase? Wann sollten Sie Ihren Akquisitionsaufwand eher wieder reduzieren, weil Sie sonst die Nachfrage nicht mehr befriedigen könnten? Sicherlich haben Sie bei Ihrer Umsatzplanung ausgerechnet, wie viel Sie arbeiten müssen, um den Gewinn zu erzielen, den Sie brauchen. Wenn Sie Ihr Unternehmen gerade erst gegründet haben, wissen Sie, wann Sie den »Break Even Point«, also den Punkt, wo Sie von der Verlust- in die Gewinnzone wechseln, erreicht haben müssen. Eines sollte Ihnen aber dabei von Anfang an klar sein: Content-Marketing ist keine Werbung und kein Direktmarketing. Sie kann verkaufsfördernde Maßnahmen unterstützen, aber sie darf nicht zu solchen allein mutieren. Denn das wäre eindeutig kontraproduktiv, wie Sie im Folgenden noch genauer erfahren werden.

Nach Lehrbuch sind wir früher davon ausgegangen, dass eine PR-Strategie nach einem bis anderthalb Jahren merkbare Früchte trägt, wenn sie bis dahin konsequent verfolgt wird. Ausnahmeerfolge wie beispielsweise ein einziger Zeitungsartikel, der enorme Nachfrage und damit den großen Durchbruch bewirkt, waren schon immer möglich, jedoch kaum planbar. Das Gleiche gilt für die in diesem Buch angesprochenen Formen: Es dauert seine Zeit, bis ein Netzwerk aufgebaut ist, bis relevante Meinungsbildner auf Sie aufmerksam werden und Ihre Botschaften weiterverbreiten. Daher sollten Sie sich genau anschauen, wo Sie starten. Vielleicht haben Sie sich ja in der sozialen Netzwerken oder in Ihrem persönlichen und geschäftlichen Umfeld bereits einen Status und eine gewisse Bekanntheit erarbeitet und beginnen daher gar nicht bei Null.

Wenn Sie den Aufwand kalkulieren, den Sie ab jetzt investieren wollen, dann lassen Sie sich bitte zu Beginn nicht allein von Ihrer Begeisterung davontragen. Fragen Sie sich vielmehr, wie realistisch es ist, dass Sie das Vorhaben auf Dauer durchhalten. Planen Sie Ihre Vorgehensweise bitte so, dass Ihnen nicht in der Akquisephase die Kapazitäten fehlen, bevor die ersten richtigen Kunden mit Ihnen Kontakt aufnehmen. Bauen Sie Ihre Strategie nachhaltig auf. Beginnen Sie Ihren Langstreckenlauf nicht mit einem Sprint.

Behandeln Sie sich selbst als Kunden

Ich weiß nicht, wie oft ich das Folgende schon von denjenigen meiner Auftraggeber gehört habe, mit denen ich an ihrem Content-Marketing und speziell an einer Strategie des geteilten Wissens arbeite:

»Am liebsten würde ich das sofort umsetzen. Aber gerade habe ich so viel für meine Kunden zu tun. Mal schauen, wann ich dazu komme. Sobald ich etwas Luft habe, fange ich sofort an.« Diese Form der »Zeitplanung« wäre fatal für Ihre Wissensstrategie, denn auf diese Weise kommen Sie nie wirklich in die Umsetzung. Und selbst wenn Sie einmal dabei sind, ist es ziemlich sicher, dass Sie alles stehen und liegen lassen, sobald Ihre Aufträge drängen. Klar: Es gibt immer einmal Zeiten, in denen ein dringendes Projekt Ihre ganze Aufmerksamkeit fordern wird; in denen Sie alles andere hintenanstellen müssen. Aber wenn Sie nicht aufpassen, wird das zur Gewohnheit und zum Dauerzustand. Oder, ganz ehrlich: Ist es das vielleicht bereits?

Eine solche Strategie, wie wir sie hier erarbeiten, braucht Durchhaltevermögen. Dazu gehören die konsequente Bestückung und Pflege Ihrer eigenen Plattformen und Kanäle. Nicht nur über Wochen, nicht nur über Monate, sondern über Jahre. Mein Rat: Betrachten Sie sich selbst als Kunden und behandeln Sie Ihre eigenen Projekte so, als würden Sie für jemand anderen gegen Honorar arbeiten. Sehen Sie es einmal aus einem anderen

Blickwinkel: Wenn Ihre volle Arbeitszeit – und gegebenenfalls die Ihrer Mitarbeiter – bereits mit bestehenden Projekten ausgelastet ist, können Sie ja auch keine weiteren Aufträge annehmen. Was tun Sie also? Entweder Sie machen Überstunden, was Sie auch nicht ewig durchhalten. Oder Sie lehnen den Auftrag ab, beziehungsweise vertrösten den Interessenten auf später. Oder Sie kaufen zusätzliche Kapazitäten ein, engagieren weitere Mitarbeiter, vergeben Einzelleistungen extern. Genau so sollten Sie auch vorgehen, wenn es darum geht, sich die Zeit für Ihr eigenes Wissensprojekt freizuhalten.

»Ja, aber ...«, erwidern einige Kunden dann. Was tun, wenn jemand mit einem großen Auftrag winkt oder wenn es vielleicht finanziell gerade etwas knapp ist? Gerade dann lohnt es sich, am Ball zu bleiben. Denn obgleich die Wissensstrategie sich nicht kurzfristig eins zu eins in »Investition = Gewinn« umrechnen lässt, so kann ich aus allen Erfahrungen und Beobachtungen sagen, dass sie sich mittel- bis langfristig mehr als rentiert, und zwar zusätzlich zu dem und gerade wegen des nicht pekuniär zu beziffernden Wertes, den Sie für Ihr Netzwerk und letztlich für sich selbst schaffen.

Natürlich sollten Sie dabei die Zyklen in Ihrem jeweiligen Geschäft berücksichtigen. Beginnen Sie nicht gerade in der arbeitsintensivsten Zeit des Jahres mit Ihrem Wissensprojekt. Nutzen Sie vielmehr bereits in der Zeitplanung solche Phasen, die nicht so arbeitsintensiv sind wie andere. »Ach ...«, höre ich da gleich wieder meine Kunden klagen, »bei uns ist aber das ganze Jahr gleich arbeitsintensiv. Es bleibt nie Zeit für etwas anderes.« – Nun, dann ist die Sache ja desto klarer: Wenn Sie eine Wissensstrategie aufbauen wollen, dann müssen Sie Budgets dafür festlegen und die entsprechende Zeit plus gegebenenfalls die Mittel für externe Unterstützung dafür veranschlagen. Mit dem finanziellen Budget ist es einfacher als mit der Zeit. Das können Sie betriebswirtschaftlich einplanen wie Ihr Werbebudget und andere Ausgaben. Für das Zeitbudget ist es, wie beschrieben, in den meisten Fällen nicht ganz so einfach. Hier sind einige Tipps, wie es besser klappt.

Wie schaffen Sie es, Ihre persönliche Wissensstrategie im Unternehmensalltag umzusetzen?

- **Planen Sie realistisch:** Zugegeben, das ist leichter gesagt als getan. Aber eine ehrliche Selbsteinschätzung beugt Stress und Enttäuschungen vor. Deswegen sollten Sie sich genau überlegen, welchen Aufwand Sie tatsächlich auf Dauer durchhalten können.
- **Planen Sie langfristig:** Was nützt es, wenn Sie in einer ruhigen Phase ein Blog starten, das Sie dann in stressigen Zeiten nicht mehr bestücken können? Oder wenn Sie viele Vortragstermine annehmen, so dass kaum noch Luft für die eigentliche Arbeit bleibt?
- **Reservieren Sie sich feste Termine:** Bestimmte Zeiten am Tag und in der Woche für Ihre Wissensstrategie freizuhalten, kann sehr hilfreich sein. Tragen Sie sie in Ihren Terminkalender ein und behandeln Sie sie wie Kundentermine, die nur im Notfall verschoben oder abgesagt werden dürfen.
- **Planen Sie externe Unterstützung mit ein:** Wir werden uns noch genauer anschauen, welche Aufgaben Sie selbst übernehmen und welche Sie besser an Dienstleister vergeben. Die externe Unterstützung muss nicht nur budgetiert werden. Sie gehört auch in die Zeitpläne mit hinein. Denn sie entscheidet mit darüber, was realisierbar ist und tatsächlich umgesetzt werden kann.
- **Machen Sie Zeitpläne:** Was soll wann fertig werden? Was passt wo in das Arbeitsjahr? Wer muss was tun, damit tatsächlich alles zur richtigen Zeit erscheint? Für welche anderen Veranstaltungen und Publikationen bieten Sie zu welchem Zeitpunkt am besten Themen an, damit diese berücksichtigt werden?
- **Schreiben Sie Themenpläne und Redaktionspläne:** Wissen ist nicht immer zeitlos. Bestimmte Themen kommen bei Ihrer Zielgruppe zu bestimmten Zeiten besonders gut an – und nützen damit auch Ihnen am meisten. Wenn Sie ein bestimmtes Beratungsthema zu einer bestimmten Zeit im Jahr besonders gut verkaufen können, denken Sie daran, rechtzeitig vorher dazu zu publizieren.
- **Entwerfen Sie mehrere Szenarien:** Da langfristige Planungen oft schwierig und Unternehmensentwicklungen nicht genau vorhersagbar sind, könnten Sie mehrere mögliche Szenarien mit unterschiedlich hohem, skalierbarem Aufwand planen.
- **Bauen Sie langsam auf:** Gehen Sie sich nicht selbst in die Überforderungsfalle. Auch wenn Ihre Planungen das gesamte Szenario umfassen, beginnen Sie lieber mit einem Modul daraus. Sammeln Sie Erfahrungen, und nehmen Sie dann erst das nächste hinzu.
- **Kündigen Sie nur an, was Sie auch durchhalten können:** Ein Blog oder einen Newsletter anzukündigen, kann durchaus ein wenig heilsamen Druck aufbauen, mit dem Sie sich dazu zwingen, die Sache auch tatsächlich zu realisieren. Aber

übertreiben Sie es nicht, sonst haben Sie am Ende viel Druck, wenige Ergebnisse, eigene Frustration – und Ihr Netzwerk reagiert enttäuscht.

- **Gleichen Sie Erfahrungen ab:** Ihre Pläne sollten Hand und Fuß haben, aber sind nicht für die Ewigkeit in Stein gemeißelt. Überprüfen Sie sie regelmäßig und korrigieren Sie gegebenenfalls. So wird Ihre Wissensstrategie mit der Zeit immer besser.

Ihr Wissen ist nicht einzigartig – Ihr Können schon

Wir leben in einer Zeit des frei verfügbaren Wissens. Fast alles, was man publizieren kann, hat auch schon einmal jemand anderes publiziert. Für nahezu alle Fragestellungen finden sich Antworten im Netz. Man braucht eigentlich keine Literatur mehr zu kaufen, wenn man bereit ist, sich die erforderlichen Informationen aus vielen verschiedenen Seiten herauszufiltern. Selbst wenn Sie überzeugt sind, dass Sie sich etwas bahnbrechend Neues gerade erst ausgedacht haben, sind vor Ihnen wahrscheinlich schon etliche andere auf eine ähnliche Idee gekommen.

Warum geben Menschen dennoch Geld für Bücher aus, obgleich sie sich die Inhalte genauso gut selbst ergoogeln und zusammensuchen können? Warum haben Sie Geld für dieses Buch ausgegeben, obgleich Sie wahrscheinlich – wenn Sie mein Blog und noch so etwa zwanzig andere über einen längeren Zeitraum lesen würden – über das gleiche Wissen kostenlos verfügen könnten? Wahrscheinlich würde es Ihnen sogar gelingen, mit der Zeit eine direkte Beziehung zumindest zu einem Teil der hier Interviewten aufzubauen; Sie könnten sie also selbst befragen, und das viel ausführlicher, als die Gespräche jeweils hier dargestellt sind. Sie bräuchten eben nur mehr Zeit dazu; viel mehr Zeit

Und das genau ist wahrscheinlich auch der Grund, warum Sie zu diesem Buch gegriffen haben: Es würde ungleich länger dauern, den gleichen Informationsgehalt aus der riesigen Daten- und Wissensflut zu destillieren, die Ihnen zur Verfügung steht.

Sie müssten unter Umständen erst einiges Hintergrundwissen erwerben, ehe Sie das Zuammengelesene richtig einordnen und verarbeiten könnten. Sie müssten Ihrer riesigen Sammlung eine Struktur verleihen. Und selbst dann wären Sie unter Umständen noch nicht in der Lage, daraus eine funktionierende Strategie zu entwickeln, weil Ihnen die persönlichen Erfahrungen dazu fehlen.

Wenn es Ihnen also selbst gelingt, ein Angebot zu etablieren, das ihren Lesern oder Zuhörern die genannten Aufgaben abnimmt, sind Sie in einer sehr guten Position. Ihre Empfänger bezahlen mit ihrer Aufmerksamkeit im Wesentlichen für drei Leistungen, die exklusiv sind, weil sie in dieser Form nur von Ihnen erbracht werden können:

1. Die entscheidende Auswahl

Sie ersparen es Ihren Empfängern, sich so gründlich in ein Thema einzuarbeiten, wie Sie es selbst getan haben. Sie nehmen es ihnen ab, in einer riesigen Datenflut genau die Informationen zu finden, die für sie relevant sind. Sie geben ihnen die Sicherheit, dass diese Daten von einem Experten bewertet, eingeordnet und auf Korrektheit überprüft sind. Zudem halten Sie sich stellvertretend für Ihre Empfänger auf dem neuesten Stand. Das können Sie deswegen so gut, weil es sich ja um Ihr Fachgebiet handelt, in dem Sie ohnehin *up to date* bleiben müssen. Zugleich ist diese Auswahl natürlich von Ihren persönlichen Vorlieben und Ihrer professionellen Ausrichtung geprägt. Niemand anders würde genau die gleichen Inhalte in genau dieser Zusammenstellung wählen.

Jetzt sagen Sie vielleicht: »Aber das trifft doch auf mich gar nicht zu. Ich scanne nicht das Internet nach aktuellem Wissen. Sondern ich vermittle das, was ich aufgrund meiner Ausbildung und meiner langjährigen Berufserfahrung weiß, und dieses Wissen ist sehr wohl einzigartig.« Ja, das ist es auch, aber nur deswegen, weil es eben den von Ihnen gewählten Ausschnitt aus dem gesamten verfügbaren Wissen zu Ihrem Thema darstellt, gefiltert und mit eigener Berufspraxis angereichert, also geprägt von Ihrem Können. Nicht das, was Sie vermitteln, ist wirklich exklusiv – außer in sehr wenigen Ausnahmefällen –, aber die Auswahl, die Sie treffen. Das gehört zu Ihrer Einzigartigkeit und Alleinstellung dazu, und es liefert Ihren Empfängern bereits eindeutige Signale. Denn welches Wissen Sie teilen, in welchem Umfang, in welcher Tiefe und mit welchen Schwerpunkten, sagt etwas über Ihre Art zu arbeiten aus. Auch wenn Ihre Interessenten sich darauf verlassen, dass Sie das auswählen, was diese brauchen, gewinnen sie anhand dessen schon erste Anhaltspunkte, ob Sie ein Dienstleister sind, der zu ihnen passt.

Das Gute, wenn Sie weitere Quellen hinzuziehen und verarbeiten: Ein Gutteil dieses Aufwands fällt ohnehin an, weil Sie es für sich tun müssen. Die eigentliche Arbeit besteht erst darin, es für andere aufzubereiten. Davon profitiert der Sender meistens mindestens so viel wie der Empfänger. Indem Sie es für Ihre Zielgruppe verwerten und erläutern, wird es Ihnen viel klarer. Wahrscheinlich macht diese Vorgehensweise es Ihnen leichter, dieses Wissen für sich selbst einzuordnen, zu verarbeiten und in Ihrer täglichen Arbeit einzusetzen. Schon deswegen, weil Sie nicht nur selektieren müssen, was für andere interessant ist, sondern es auch strukturieren müssen. Das ist die zweite Leistung, für die Ihre Empfänger gerne mit ihrer Aufmerksamkeit bezahlen. Sie geben ihnen:

2. Eine gute Struktur

Wenn Sie Ihre Auswahl zusammenstellen, filtern Sie zunächst aus einem riesigen Wust genau die Informationen heraus, die Ihre Leser interessieren. Doch indem Sie Ihren Wissensschatz weitergeben, verleihen Sie ihm zugleich eine Struktur. Das geschieht gleichsam automatisch, wenn Sie das Gesamtwissen in Portionen aufteilen; wenn Sie es in einer bestimmten Form oder für eine sehr spezifische Zielgruppe aufbereiten. Sie sortieren und setzen Prioritäten. Sie greifen wiederum auf Ihre Berufserfahrung zurück, um es einzuordnen. Sie setzen die einzelnen Wissensbausteine zueinander in Beziehung. Ganz sicher haben

Sie über die Jahre dazu bereits Ihre eigene Methode entwickelt. Das hat jeder, der in einem Beruf arbeitet, ganz gleich, ob er diese Methode klangvoll benennt, oder ob es sich dabei einfach um seine Art handelt, die fachspezifischen Aufgabenstellungen anzugehen. Auch hier ist also Ihr Können entscheidend für die Art der Aufbereitung. Auf die Weise, wie Sie das tun, wird es kein anderer anbieten, und die Interessenten, die zu Ihnen passen, werden genau das wertschätzen und deswegen Ihr verschenktes Wissen vielen anderen ähnlichen Angeboten vorziehen.

3. Ihre ganze persönliche Präsentationsweise

So wie jeder Mensch einzigartig ist, so hat auch jeder Mensch seine ganz eigene Art, die Dinge darzustellen, zu formulieren und zu präsentieren. Das fängt bei der Wortwahl und der Ausdruckweise an: Schreiben Sie eher humorvoll oder formulieren Sie ausgesprochen sachlich? Sind Sie eine »Rampensau« oder eher ein stiller, gründlicher Typ? Was zeichnet Ihr persönliches Auftreten aus? Wie stellen Sie sich auf Ihrer Website und in sozialen Netzwerken dar? Wie ist Ihre Spezialisierung innerhalb einer Gruppe ähnlicher Anbieter? Alles das spiegelt sich in der Art und Weise wider, wie Sie Ihr Wissen weitergeben. Es zeigt sich in Blogartikeln, YouTube-Videos und Instagram-Fotos, in Ihrer Vorliebe für bestimmte soziale Netzwerke und dem Stil, in dem Sie dort posten. Es macht das, was Sie verbreiten, einzigartig – selbst wenn es sich dabei um Inhalte handeln sollte, die auch bei anderen zu finden sind. Es sagt nicht nur aus, wie Sie Informationen präsentieren, sondern auch, wie Sie diese für Ihre Arbeit, für Ihre Beratung, für Ihre Dienstleistung verwerten. Auf diese Weise setzen Sie die wirkungsvollsten Signale, um die richtigen Kunden anzuziehen.

Du bist, wie du schreibst – schreibe, wie du sein willst

Wählen und bestimmen Sie bewusst das eigene Image: Welche Eigenschaften hat der Experte, der ich bin, welche Stärken, wie tritt sie oder er auf? Wie agiert meine öffentliche Persönlichkeit, wie fühlt sie sich an, was macht sie aus? Dazu gehört auch, die eigenen Kommunikationsstärken und die hierfür besonders geeigneten Medien zu finden und auszubauen – und die eigenen Grenzen zu erkennen! In diesem Kapitel werden wir zudem Fragen behandeln wie: Wann lohnt sich ein Ghostwriter? Wie viel Witz und Humor vertragen mein Thema und meine Branche?

Sprache, Image und Authentizität

Der Einfachheit halber gehen wir im Folgenden von einem einzelnen Experten/einer Expertin aus. Das Gleiche gilt natürlich auch für ein Team oder eine Gruppe von Wissensträgern. Denn Menschen lesen lieber etwas von konkreten Personen. In vielen Unternehmen steht deswegen in der Kommunikation ein bestimmtes Gesicht ganz vorne, etwa in der Online-Kommunikation.

In mittelständischen Unternehmen ist es oft der Geschäftsführer, der als Gesicht mit seinem Unternehmen identifiziert ist. Das gilt natürlich im Positiven wie im Negativen.

Wenn Sie als Person im Mittelpunkt der Wissensstrategie Ihres Unternehmens stehen, bedeutet das nicht zwangsläufig, dass Sie sich als Privatperson mit allen Ihren Eigenheiten öffentlich darstellen müssen. Ob sich Ihre Zielgruppe für Ihr Privatleben, Ihre Kinder oder Ihre vielleicht skurrilen Hobbys interessiert, ist eine Sache. Eine andere ist es, was Sie selbst preisgeben wollen. Aber auch nicht alles, was Sie selbst bereit sind zu teilen, interessiert Ihre Zielgruppen. Diese wollen keinesfalls alles erfahren, was Sie wissen. Wenn Sie Ihr Wissen sinnvoll verschenken wollen, dann sollten Sie es in einer Form teilen, die es Ihren Lesern, Zuhörern, Zuschauern leicht macht, es zu verwerten. Ein Beispiel: Wenn Sie es schaffen, regelmäßig komplexe Sachverhalte in wenigen Worten und gut nutzbar zu vermitteln, sparen Sie Ihren Lesern viel Zeit. Allein das ist ein Grund dafür, dass diese Ihre Nachrichtenströme und Kommunikationsplattformen aufmerksam beobachten werden. Wichtig

ist, dass die ausgewählte Person glaubwürdig ist. Der oder die
Betreffende sollte wirklich überzeugend für das Wissen stehen,
das er oder sie verteilt. Kommunikationsfachleute können dabei
unterstützen; ein guter Ghostwriter ist manchmal besser als ein
»Selbst-Schreiber«, dem Zeit, Lust oder Fähigkeiten dazu fehlen.
Aber das inhaltliche Potenzial sollte vorhanden und sozusagen
durch die Medien hindurch fühlbar sein.

Im Folgenden befassen wir uns zunächst mit dem, was Ihre
öffentliche Person ausmacht. Dann schauen wir uns an, wie
Sie kommunizieren. Anschließend befassen wir uns näher mit
den Medien und Kanälen, über die Sie Ihre Gesprächspartner,
Empfehler und Interessenten erreichen.

Die öffentliche Persönlichkeit des Experten

Denken Sie bitte vor allem daran, dass Content-Marketing für
Berater, Dienstleister, Trainer oder Speaker bis auf ganz wenige
Ausnahmen darauf ausgerichtet ist, dass Sie – oder jemand aus
Ihrem Unternehmen – Ihren Geschäftspartnern irgendwann im
realen Leben gegenüberstehen. Dann muss das virtuelle Bild mit
der Person übereinstimmen, und dann müssen Sie das leisten,
was Sie versprochen haben. Auch werden Sie in vielen Fällen auf
Vorträgen oder Veranstaltungen direkt mit anderen Menschen
interagieren. Da nützen Verhaltensmaßregeln und Reaktions-
schemen vom Reißbrett wirklich kaum. Natürlich können Sie,
etwa mit Hilfe von Coaching, Ihre Persönlichkeit entwickeln. Sie
können Schüchternheit ablegen oder Schlagfertigkeit trainieren.
Aber Sie sind immer noch der Mensch, der unmittelbar reagiert,
und diesem sollte der Experte entsprechen, den Sie darstellen.
Beobachten Sie sich selbst, holen Sie Feedback ein, ermitteln Sie
ein Fremdbild. Vielleicht setzen Sie sich mit einem Menschen
zusammen, dem Sie vertrauen. Als Team im Unternehmen
erarbeiten Sie es gemeinsam. Es geht darum, bewusst das eigene
Image zu entwickeln. Eines vorweg: Sie können jetzt nicht
ein- für allemal festlegen, wie Sie sich öffentlich darstellen
wollen. Das wird sich in dem Maße wandeln, in dem Sie Ihre

Strategie umsetzen. Sie meißeln es also nicht in Stein. Sie bleiben aufmerksam dafür, wo Sie vielleicht etwas verändern müssen. Aber Sie schaffen jetzt die entscheidenden Grundlagen.

Wie ›tickt‹ der Experte, der ich sein will?

Fragen Sie sich bitte (und auch wenn Sie es selbst sind, sprechen Sie jetzt ruhig von Ihrem Experten in der dritten Person):

- Welche Eigenschaften hat der Experte/die Expertin, der/die für das Wissen steht?
- In welchen Bereichen kennt er/sie sich besonders gut aus?
- Welche kommunikativen Stärken hat er/sie?
- Was sind seine/ihre persönlichen Stärken?
- Wie kommuniziert er/sie im direkten Kontakt?
- Was sind seine/ihre persönlichen Eigenheiten?
- Wie ist sein/ihr Charakter? (offensiv, sachlich, humorvoll, polarisierend, freundlich, bissig, mäßigend, provozierend ...)

Bleiben Sie authentisch!

Daran, wie jemand spricht und wie er Sachverhalte schriftlich in Worte fasst, kann man über den reinen Informationsgehalt hinaus vieles ablesen; zum Beispiel, was für ein Lerntyp er ist. Visuelle Typen »sehen« die Dinge anders, für auditive Typen »hört« sich etwas interessant oder seltsam an, der kinästhetische Typ dagegen »spürt«, worum es geht. Aber auch anderes lässt sich erkennen: Wer verquast und hochgestochen schreibt, der hat entweder den Sachverhalt für sich selbst nicht klar verstanden oder will vor allem anderen imponieren. Wer sich wirr ausdrückt, hat selten vorher seine Gedanken zum Thema geordnet.

Umgekehrt hilft Sprache aber auch dabei, eigene Gedanken zu ordnen, Bewusstsein zu entwickeln und eine eindeutigere Haltung anzunehmen. Beobachten Sie sich selbst einmal dabei, wie Sie Ihre Überlegungen und Schlussfolgerungen präsentieren. Entwickeln Sie anhand dessen, was Sie im vorigen Kapitel erarbeitet haben, ein wachsendes Gefühl dafür, wie Sie in Ihrer Expertenrolle herüberkommen. Wenn Sie schreiben, sprechen, öffentlich auftreten, stellen Sie sich die Frage, ob Sie so schreiben und sprechen wie der Experte, der Sie sein wollen. Das ist natürlich für Geschriebenes oder Aufgezeichnetes – etwa einen mitgeschnittenen Vortrag – einfacher als für spontane Dialoge. Achten Sie auf Ihre Ausdrucksweise. Am besten funktioniert das, indem Sie die Beiträge anderer besonders aufmerksam betrachten: Was würde ich denn gerne lesen? Welche Texte sind mir sympathisch? Was überzeugt mich, was stößt mich ab? Sie bleiben immer Sie selbst. Sie machen aus sich keinen anderen oder sogar besseren Menschen, indem Sie anders formulieren. Aber Sie vermeiden ein falsches, negatives Bild, indem Sie einfach öfter mal nichts sagen oder posten, bis Sie ganz sicher sind, was Sie sagen wollen.

Das Internet ist voll von freiwilligen Selbstzerstörungen, die mich oft wirklich erstaunen. Da beschäftigen Unternehmer oder bekannte Persönlichkeiten PR-Agenturen, Berater und Coaches, die mit ihnen über Jahre an ihrem Image arbeiten. Sie publizieren Wertvolles, treten öffentlichkeitswirksam bei Wohltätigkeitsveranstaltungen auf und unterstützen wirklich gute Anliegen. Dann trifft irgendwo, in irgendeinem Forum, auf irgendeiner Plattform jemand ihren wunden Punkt – und ab da ist kein Halten mehr. Sie wüten, zicken, geifern zurück, was das Zeug hält. Dabei denken sie nicht daran, dass sie kaum eine Kontrolle darüber haben, wie sich das weiterverbreitet.

Manche Foren sind beliebte Orte, an denen sich Menschen in Diskussionen gegenseitig aufschaukeln und dabei alles vergessen, was sie jemals über wertschätzenden Diskussionsstil gelernt haben.

Ich weiß nicht mehr, wer das gesagt hat, aber ich finde Folgendes ist ein sehr treffendes Bild: »Image ist wie Zahnpasta. Einmal aus der Tube gedrückt, kriegt man sie nicht mehr zurück.«

Der beste Schlüssel dazu, genau diejenigen in Ihrem Netzwerk und Kundenkreis anzusprechen, die zu Ihnen passen, ist Authentizität. Jeder kann sich für eine Weile verstellen. Das kostet jedoch viel Anstrengung und ist auf Dauer weit weniger erfolgreich, als sich so zu geben, wie man ist. Das ist voll und ganz in Ihrem eigenen Interesse. Sie kennen den Ratschlag für Vorstellungsgespräche: Wer sich verstellt, bekommt vielleicht den Job – aber er kann und wird auf Dauer in diesem Unternehmen nicht glücklich sein. Das gilt für den Umgang mit Kunden und Netzwerkpartnern ganz genauso. Niemand lässt sich auf Dauer täuschen.

Das bedeutet nicht, dass Sie nicht daran arbeiten sollten, sich zu verbessern. Wer eher scheu und zurückhaltend ist und es mit Hilfe eines Coachs schafft, souveräner zu werden, bleibt dabei authentisch. Aber wer etwa in sozialen Netzwerken oder bei öffentlichen Auftritten versucht, ein Bild zu erzeugen, das überhaupt nicht der Realität entspricht, wird spätestens dann unliebsam auffallen, wenn es zum ersten direkten, intensiven Kundenkontakt kommt. Denn dann müssen Sie das auch einlösen, was Sie versprochen haben. Daher sind Selbsterkenntnis und ein Wissen um das Fremdbild der erste Schritt zu einer authentischen Kommunikation. Das gilt für Medien ebenso wie für direkte zwischenmenschliche Kontakte.

Sie müssen nicht witzig sein!

Zugegeben: Botschaften mit Humor verbreiten sich im Netz besonders schnell. Deswegen las ich erst letztens in einem Ratgebertext über Social Media: »Posten Sie ruhig auch einmal etwas Humorvolles.« Solche Aussagen sind erleichternd für diejenigen, die sowieso Schwierigkeiten haben, dauerhaft ernst zu bleiben. Ich habe garantiert mehr flapsige Bemerkungen wieder gelöscht, als ich tatsächlich abgeschickt habe. Zu viel Blödelei muss nämlich nicht unbedingt bei allen gut ankommen, schlimmstenfalls setzt sie sogar ungewollte Merkspuren und kann vom fachlichen Wert der Gesamtaussage ablenken, wenn sie zum reinen Selbstzweck wird. Es sei denn natürlich, Sie wollen sich als Komiker profilieren. Sicher, gelegentliche gut gesetzte Pointen fallen positiv auf den Absender zurück. Doch diejenigen, denen das komische Fach nicht liegt, fühlen sich

von solchen Aufforderungen unter Stress gesetzt. Vielleicht
lassen sie sich sogar dazu verleiten, Dinge zu veröffentlichen,
die eher unfreiwillig komisch sind. Die gute Nachricht lautet: Es
gibt einen großen Bedarf nach gut strukturiertem, sachlichem
Wissen, auch ohne Unterhaltungseffekte. Konzentrieren Sie
sich auf Ihre Stärken, arbeiten Sie Ihre Inhalte gut heraus, und
Sie werden ganz sicher die Gesprächspartner, Empfehler und
Kunden anziehen, die zu Ihnen passen.

Regelrecht gefährlich wäre es sogar, wenn Sie jemand anderen
dafür engagieren würden, dass er Ihre Kanäle mit witzigen,
geistreichen Sprüchen bestückt. Denn dann haben Sie spätestens
im ersten Kontakt mit einem neuen Kunden ein echtes Problem.
Für den Fall, dass Sie sich von einem Schreiber unterstützen
lassen, achten Sie also darauf, dass er ein Gefühl dafür hat, wie
Sie sich ausdrücken und herüberkommen, und das auch in
Ihrem Auftrag texterisch umsetzen kann.

Mit der Zeit werden Sie feststellen, dass es erstens erleich-
ternder und zweitens mit etwas Übung auch einfacher ist,
so zu kommunizieren, wie Sie wirklich sind, anstatt an allzu
aufgesetzten Formulierungen zu feilen. Auch das Umfeld wird
positiv reagieren – beziehungsweise sich neu gruppieren. Sie
werden feststellen, dass sich eine gesunde Selektion einstellt.
Sie ziehen automatisch diejenigen an, die zu Ihnen passen und
die ähnliche Werte pflegen. Und Sie sortieren diejenigen aus,
mit denen Sie sowieso nichts verbindet.

Selbstbild und Fremdbild im digitalen Raum

Wer nicht aufmerksam und im positiven Sinne selbstkritisch
ist, nimmt gar nicht wahr, dass die eigenen Aussagen für
andere nicht so interessant sind wie für sie oder ihn selbst. Eine
gewisse professionelle Distanz zur eigenen Kommunikation
ist hilfreich, wenn es um den Sprachstil und die spezifische
Tonalität geht, die zum Unternehmen und zum Portfolio
passen. Für jemanden, der im Bereich Kommunikation tätig

ist, können humorvolle, sarkastische und satirische Beiträge sehr zielführend sein, vorausgesetzt natürlich, sie passen zu dem oder der Betreffenden. Aufgesetzter oder angelernter Stil kommt niemals gut herüber.

Es gibt jedoch Branchen, in denen seriöses Auftreten eine besonders große Rolle spielt, und, was noch entscheidender ist, die Leserschaft erwartet vielleicht gar keine Ironie beziehungsweise ist nicht in der Lage, sie zu erkennen. Ein Wirtschaftsanwalt oder Steuerberater darf sich nicht so viel Flapsigkeit leisten wie jemand aus der Unterhaltungsbranche; auch hier gibt es Ausnahmen, aber für eine solche Gratwanderung ist schon eine sehr hohe Sprachkompetenz erforderlich, und die Betreffenden nehmen in Kauf, dass sie viele Empfänger auch direkt wieder abschrecken. Mitentscheidend ist auch, wie Sie Ihre Kommunikationskanäle definieren: Wer rein sachliche Information verspricht, sollte nicht primär blödeln und unterhalten – und umgekehrt.

Fragen für zielgerichtete Kommunikation, die zu Ihnen passt:

- Wäre es nicht mein Unternehmen/Projekt/Produkt: Wäre ich motiviert, diesen Text zu lesen oder mir als Sprecher zuzuhören?
- Bringe ich die Inhalte empfängergerecht auf den Punkt – oder lasse ich mich zu »verschwurbeltem« Werbesprech und zu Worthülsen hinreißen?
- Sage ich, was Sache ist – oder mogele ich mich darum herum?
- Beabsichtige ich beim Sprechen oder Schreiben manchmal etwas, was ich mein Gegenüber lieber nicht so genau merken lassen will?
- Passt die Art, wie ich schreibe/spreche zu mir und zu meinem Portfolio?

Persönlich – aber auch privat?

Ein ganz wichtiges, besonders sensibles Thema ist die Frage der Privatheit im öffentlichen Auftreten. Es liegt an Ihnen, wie viel von sich Sie öffentlich preisgeben. Natürlich macht Persönliches das Bild rund und bunt, und die individuelle Schmerzgrenze liegt bei jedem woanders. Mein eigener Leitsatz lautet:

»Persönlich: ja. Privat: nein.« Mit anderen Worten: Ich kommuniziere sehr persönlich, subjektiv und direkt mit meinem

Netzwerk. Dazu gehören Meinungen, eindeutige Positionen und persönliche Eigenschaften, etwa die Freude an Wortspielen. Mit anderen Worten: Alles, was ich zeige, bin ich – aber ich zeige nicht alles, was ich bin. Natürlich bin ich, wie viele andere, längst eine gläserne Person. Datenschutz ist eine wichtige Sache, und Verstöße dagegen sollte man nicht verharmlosen. Dennoch wäre es der Mühe nicht wert, meine privaten Daten auf Facebook zu »knacken«, denn die Inhalte dort finden sich sowieso fast alle auch in öffentlichen Bereichen oder in meinem Blog.

Wobei ich ganz ehrlich zugebe: Die Kinderbilder und privaten Urlaubs-Schnappschüsse mehr oder weniger prominenter Menschen in meinem Umfeld schaue ich mir selbst auch sehr gerne an. Ich sehe, wie viel Resonanz sie bringen. Ein Foto des eigenen Nachwuchses, besonders von Neugeborenen, hat einen ungeschlagen hohen Popularitätsfaktor und liegt in puncto Reaktionen und Kommentare ganz vorne. Ganz abgesehen davon, dass ich keine eigenen Neugeborenen vorzuweisen habe, ist mir bei solchen Bildern aber zugleich immer etwas mulmig, weil die Abgebildeten noch nicht in der Lage sind, ihr Recht am eigenen Bild wahrzunehmen. Aber das ist meine ganz persönliche Auffassung.

Auch in Blogbeiträgen oder auf öffentlichen Vorträgen hat jeder seine eigene Strategie. Wichtig ist jedoch, dass Sie sich vorher überlegen, was Sie auf Dauer öffentlich über sich selbst wieder-finden wollen. Denn einmal Gesagtes oder Hochgeladenes ist oft nur schwer oder gar nicht zurückzunehmen. Vorsicht auch in scheinbar privaten und geschützten Bereichen: Was andere lesen oder gar kopieren können, können sie auch weitergeben.

Was ist Ihr bevorzugtes Medium?

In diesem Abschnitt geht es noch nicht um Plattformen oder konkrete Angebote im Internet. Es geht darum, was Ihr bevorzugtes Medium ist, sich mitzuteilen. Sind Sie eher ein schriftlicher Typ? Oder sprechen Sie besser, als Sie schreiben?

Dementsprechend sollten Sie auswählen, worüber Sie sich am besten profilieren.

Das Paradoxon beim authentischen Schreiben besteht nämlich darin, dass Sie umso besser und natürlich herüberkommen, je professioneller Sie schreiben können. Oft treffen Berufsschreiber besser die Tonalität einer Persönlichkeit, als wenn sich diese selbst an die Tasten setzen würde. Die allerbesten Texte lesen sich, als wären sie mal eben so hingeschrieben; tatsächlich steckt aber oft stunden- oder sogar tagelange Arbeit dahinter. Schreiben im Sinne von Wissen-Teilen ist aber etwas anderes als Texten für Werbung und PR. Wer seine Beiträge von jemand anderem in aalglattem Werbesprech verfassen lässt, tut sich ganz sicher selbst keinen Gefallen. Entscheidend ist aber in jedem Fall, dass Sie Ihr Wissen so herüber- und auf den Punkt bringen können, dass Ihre Leser den Gegenwert erhalten, den sie für ihre Aufmerksamkeit erwarten.

Wir befassen uns in diesem Buch in erster Linie oder zuerst mit dem schriftlichen Teilen von Wissen, einfach weil es die Grundlage für alle anderen Formen bildet. Auch Podcasts oder Vorträge muss man erst einmal schreiben. Auch brauchen Blogs allein schon um von Suchmaschinen gefunden zu werden, schriftliche Inhalte. Ideal ist es, wenn Sie einen Mix aus verschiedenen Medien anbieten, der den unterschiedlichen Bedürfnissen Ihrer Empfänger entgegen kommt. Selbst in einem Blog, das überwiegend aus Textbeiträgen besteht, macht sich das eine oder andere Video oder eine eingebundene Präsentation gut. Sie sind hervorragend dazu geeignet, ein lebendiges Bild zu vermitteln. Vor allem aber muss die »Darreichungsform« Ihren eigenen Vorlieben und Begabungen entsprechen. Es gibt Menschen, die nicht gerne schreiben, aber hervorragend sprechen – sogar aus dem Stand. Wenn Sie sowieso Vorträge halten, die aufgezeichnet werden, dann wäre es geradezu Verschwendung, diese nicht in Ihr Blog einzubinden und zugleich auch einen eigenen YouTube-Kanal zu bestücken.

Schreiben oder schreiben lassen? Der Realitäts-Check

Ob Sie Ihr Wissen selbst in Schriftform bringen, hängt von verschiedenen Faktoren ab. Hier sind die vier wichtigsten:

1. Haben Sie wirklich etwas zu sagen, das andere interessiert?

   Darüber, dass Sie über genügend relevantes Wissen verfügen, das Sie mit Ihrem Netzwerk teilen wollen, wollen wir an dieser Stelle nicht mehr diskutieren. Aber können Sie es auch auf den Punkt bringen und so strukturieren, dass es Ihren Lesern etwas bringt?

   (+) Ja: Jetzt kommt es noch darauf an, ob Sie auch gerne und gut schreiben.

   (–) Nein: Sie brauchen Unterstützung, um Ihre Inhalte auszuarbeiten. Entweder in Ihrem Team oder extern.

2. Schreiben Sie gerne?

   Gut sind Sie, wenn Sie auch Spaß an der Sache haben. Wer sich an den Computer quälen muss und die Aufgabe tagelang mit Bauchgrummeln vor sich herschiebt, sollte sich lieber auf das konzentrieren, was er mit Begeisterung besonders gut kann und das Schreiben anderen überlassen.

   (+) Ja: Dann müssen Sie noch herausfinden, ob Sie es nicht nur gerne, sondern auch gut machen.

   (–) Nein: Sie sollten über texterische Unterstützung nachdenken: Entweder ein Schreibtalent im eigenen Unternehmen oder ein Dienstleister.

3. Schreiben Sie gut?

   Begeisterung ist auf jeden Fall die beste Voraussetzung, aber sie allein reicht nicht. Um herauszufinden, wie Ihre Texte ankommen, sollten Sie sie an vertrauten Personen erproben, die sich gut in Ihre potenziellen Leser hineinversetzen können. Oder Sie holen sich den Rat eines Experten – allerdings besser nicht desjenigen, der gegebenenfalls das Schreiben für Sie übernehmen sollte. Seine Urteilskraft (sollte nicht, aber) könnte von eigenen Interessen getrübt sein.

   (+) Ja: Ihre Testleser sind begeistert? Dann legen Sie doch gleich los. Vorausgesetzt, Sie sind sicher, dass Sie das auch auf Dauer durchhalten.

   (–) Nein: Sie haben zwei Möglichkeiten: auf Dauer an jemand anderen vergeben. Oder vorerst jemanden beauftragen, dabei aber eng am Schreibprozess beteiligt bleiben, so dass Sie es mehr und mehr selbst lernen. Wann Sie so weit sind, sollten Sie aber besser auch wieder mit wertschätzendem Feedback durch andere herausfinden.

4. Halten Sie das auf Dauer durch?

   Nichts ist schlimmer, als mit großem Schwung loszulegen und die Sache dann nicht konsequent fortzusetzen. Es gibt mehr Blogs, deren letzter Beitrag Monate oder sogar Jahre zurückliegt, als regelmäßig gepflegte. Und auch ein Newsletter-Projekt, das angekündigt und gestartet wird, um dann zu »versanden«, macht auf Ihre Kunden nicht eben den besten Eindruck. Vor allem dann nicht, wenn es in Ihrer Branche auf Zuverlässigkeit und Kontinuität ankommt. Um auf Dauer hochwertige Beiträge produzieren zu können, müssen Sie sich Zeit freihalten. Sie müssen sich stets aufs Neue motivieren. Schaffen Sie das – nicht nur jetzt, sondern auch noch in einem oder zwei Jahren? (+) Ja: Prima. Jetzt steht Ihrem Projekt wirklich nichts mehr im Wege. (–) Nein: Und Sie möchten die Wissensstrategie trotzdem durchziehen? Dann planen Sie das Ganze bitte mit professioneller Hilfe und stellen Sie sicher, dass Sie dauerhaft die richtige Unterstützung erhalten.

»Menschen merken sich sehr genau, wer gute Inhalte liefert« – Interview mit Klaus Eck, Unternehmensberater und Speaker

Frage: Als »Prinzip kostenlos« 2012 erschien, steckte das Thema Content-Marketing in Deutschland noch ganz in den Anfängen. Seither hat sich viel verändert. Dabei ist die fachliche Diskussion hierzulande ohne Klaus Eck ja kaum denkbar. Wie schätzen Sie die Entwicklung seither ein? Ist das Thema in allen Unternehmen angekommen?

Klaus Eck: Seit 2012 hat sich sehr viel verändert. Social Media ist in einem Großteil der Unternehmen angekommen, auch kleine und mittlere Betriebe setzen – teils sehr erfolgreich – auf eine Präsenz im Social Web. Die Zahl derer, die sich sozialen Netzwerken verweigern, schwindet immer mehr. Das liegt zum einen sicher daran, dass Agenturen und Berater das Thema in die Unternehmen tragen. Zum anderen ist es auch so, dass die Mitarbeiter die neuen Medien privat meist ebenfalls sehr stark nutzen und dadurch die Kanäle in den Unternehmen etablieren.

Bei Content-Marketing selbst sieht die Entwicklung ähnlich aus. Unternehmen erkennen, dass sie ihre Stakeholder auf klassischen Wegen nicht mehr erreichen und Neues wagen müssen. Nutzer haben gelernt, Werbung intuitiv oder mit verschiedenen Tools auszublenden. Relevanter, hilfreicher oder unterhaltsamer Content hingegen wird gerne konsumiert.

Frage: Wie sind Sie eigentlich selbst auf die Idee gekommen zu bloggen? Spielte der Aspekt des (Selbst-)Marketings von Anfang an eine Rolle?

Klaus Eck: Personal Branding und eine digitale Identität, das waren Themen, die mich sehr früh fasziniert haben. Dennoch habe ich nicht von Anfang an an Content-Marketing gedacht. Zuallererst ging es mir darum – wie vielleicht vielen anderen Bloggern auch – ab 1999 meine Erfahrungen in einer Art Tagebuch festzuhalten. Das, was mich beschäftigte, mir begegnete, zu verarbeiten. Gewandelt hat sich das mit dem Start des PR-Bloggers in 2004, in einer Zeit, in der das Bloggen zunehmend professioneller wurde. Thematisch habe ich mich also von eher persönlichen Themen ab- und beruflichen Themen zugewandt.

Im Fokus stand dabei zu Beginn ganz allgemein der Begriff »Kommunikation«, weil mich das Themengebiet als ehemaligen Journalisten und Berater natürlich sehr fasziniert. Anschließend wandte ich mich vermehrt den sozialen Netzwerken zu und daraus resultierend dem Change-Gedanken. Und schließlich bin ich in gewisser Weise wieder dort angekommen, wo ich gestartet bin: bei den eigentlichen Inhalten, die Menschen beziehungsweise Stakeholder begeistern und faszinieren.

Frage: Wie hat sich Ihr eigenes Medien-, Blog- und Social-Media-Verhalten in den vergangenen fünf Jahren verändert? Welches sind heute die wichtigsten Plattformen für Sie selbst?

Klaus Eck: Ich probiere natürlich sehr gerne und sehr viel aus. Besonders, wenn neue Netzwerke an den Start gehen, freue ich mich aufs Testen. Allerdings kann ich auch sehr schnell entscheiden, ob ich ein Medium auf Dauer und vor allem intensiver nutzen möchte, oder nicht. Was heute – im Gegensatz zu vor fünf Jahren – natürlich noch mit hineinspielt, ist die Menge an Plattformen, aus der wir bewusst wählen sollten, wo wir aktiv sein wollen.

Für mich bedeutet das jedoch auch, dass ich mich hier in Selbstdisziplin übe, um nicht im *Content Shock* unterzugehen. Zu den Plattformen, auf die ich jedoch nicht verzichten möchte, zählt auf jeden Fall Twitter. Es ist toll für Recherche und schnelle Informationen. Außerdem darf natürlich in dieser

Liste Facebook nicht fehlen, da es verschiedenste Möglichkeiten bietet, über Content Interaktion zu erzeugen. Mein eigenes Blog, der PR-Blogger, zählt selbstverständlich auch dazu, weil es mich schon sehr lange begleitet. Darüber hinaus schätze ich das Medium als weitere Publikationsplattform sowie Flipboard, das mir die Möglichkeit bietet, Content in eigenen Magazinen zu kuratieren.

Frage: Kann man als Dienstleistungs- oder Beratungsunternehmen überhaupt noch am Markt erfolgreich bleiben, wenn man keine Contentstrategie hat?

Klaus Eck: Das ist eine schwierige Frage, bei der es sicher auf das einzelne Geschäftsmodell und die Branche ankommt. Je traditioneller die Branche geprägt ist, desto eher glauben Dienstleister und Berater, ohne Social Media auskommen zu können. Allerdings sollte sich niemand darauf ausruhen. Die Entwicklung hin zu Online- und Social-Media-Diensten lässt sich nicht mehr aufhalten. Es ist also nur eine Frage der Zeit, bis sich auch traditionelle Berater und Branchen mit Content-Strategie und Content-Marketing beschäftigen müssen. Wer keine Digitalisierungsstrategie hat, riskiert sehr schnell seine Geschäftsgrundlage.

Frage: In unserer Branche werden Sie dafür geschätzt, dass Sie offenbar überhaupt kein Problem mit Konkurrenzdenken haben. Selbst Mitbewerbern bieten Sie im PR-Blogger eine Publikationsplattform. Doch viele Entscheider in Unternehmen denken anders. Oft haben sie große Bedenken, ihr wertvolles Wissen öffentlich zu teilen, aus Angst, dass die Konkurrenz sich das zunutze macht. Was erwidern Sie, wenn Ihnen solche Vorbehalte begegnen?

Klaus Eck: Andere Inhalte sind ohnehin nur einen Klick entfernt. Wenn wir fremde Autoren auf unseren Plattformen publizieren lassen, vertiefen wir einerseits das Networking und können durch andere Themenwelten unser jeweiliges Spektrum ausbauen. Wir leben in Zeiten radikalen Wandels. Die *Sharing Economy* geht sogar so weit, dass ich mir kein eigenes Auto mehr kaufen oder umständlich leihen muss, wenn ich nur kurz eines benötige. Warum sollte ich dann nicht auch meinen Content anderen zugänglich machen oder anderen eine Plattform bieten, um ihre Inhalte zu kuratieren? Zudem merken sich Menschen sehr genau, wer gute Inhalte liefert, wer Catcontent teilt und wessen Inhalte permanent uninteressant sind. Ich baue mir also durch das Erstellen und Teilen relevanter Inhalte eine positive Reputation auf, die den Menschen im Gedächtnis bleibt.

Frage: Sie sind seit so vielen Jahren auf so vielen Kanälen aktiv. Wird Ihnen das nie zu viel?

Klaus Eck: Sicher werden laufend mehr Inhalte produziert, und mit der Anzahl an Plattformen steigt auch die Menge an Content. Dabei geht es mir wie jedem anderen auch: Meine Zeit ist sehr begrenzt – zu begrenzt, um all das lesen zu können, was ich gerne lesen würde. Was mir hilft, sind quasi eigene Social Media Guidelines. Der sicher wichtigste Punkt dabei ist, zu lernen, zügig zwischen relevantem und unwichtigem Content zu unterscheiden. Innerhalb der normalen Arbeitszeit lese ich nur das Notwendige. Doch was der persönlichen Weiterbildung dient und mich unterhält, das verbanne ich auf bewusste Pausenzeiten. Ohne feste Lesezeiten würde mir Social Media zu viel werden.

Frage: Wo klicken Sie im Web sofort weg? Welchen Content lesen, schauen, hören Sie am liebsten?

Klaus Eck: Wenn ich merke, dass mir jemand nur etwas verkaufen will, bin ich sehr schnell weg. Egal, ob es sich um offensichtliche oder verkappte Werbung handelt. Gleiches gilt für schlecht gemachte Inhalte. Viel lieber konsumiere ich stattdessen Content, der mir für meine tägliche Arbeit etwas bringt, der ansprechend gestaltet ist, mich vielleicht auch einmal schmunzeln lässt.

Was Unternehmen aber ebenfalls nicht unterschätzen sollten: Es kommt immer auf die Situation an, in der ein Inhalt auf den User trifft. Erreicht mich ein bestimmter Inhalt in der passenden Situation, bin ich offener dafür, als wenn ich mich gerade mit ganz anderen Themen beschäftige.

Es gibt viele Autoren, deren Artikel ich einfach lesen muss, weil ich sie mit ihren Inhalten inspirierend finde. Ich lese übrigens am liebsten umfangreiche Romane und Fachbücher, die mich intellektuell herausfordern.

Klaus Eck ist Geschäftsführer und Gründer der Content-Marketing-Agentur d.Tales. Der Berater und Keynotespeaker unterstützt seit mehr als 20 Jahren Marken bei der Digitalisierung ihrer Unternehmens-, Marketing- und Kommunikationsprozesse. Seit 2004 gibt er den PR-Blogger heraus, in dem er sich mit Trends in Kommunikation und Marketing auseinandersetzt. Außerdem ist er Lehrbeauftragter an der FH Joanneum in Graz und an der Hamburg Media School. www.d.tales.de

3 Wissen, wo und wie für wen: Die richtigen Kanäle und die passenden Inhalte

Sie haben sich bereits ausführlich mit Ihren Zielgruppen und Wunschkunden beschäftigt. Sie haben sich als Experte positioniert und wissen, wer Sie braucht und warum. Aber wie bringen Sie jetzt Ihr Wissen tatsächlich an Ihre Zielgruppen? Finden Sie heraus, was diese wirklich wissen wollen – und auch, was nicht! Dabei gilt: Versprechen Sie lieber zu wen g als zu viel. Im übertragenen Sinne: Überreichen Sie Ihren Lesern kein aufwändig verpacktes Geschenk, in dem diese dann wieder nur Socken finden.

Wissen für Wunschkunden: Was Ihre Zielgruppe wirklich interessiert

Die Frage muss also lauten: Was braucht mein Netzwerk? Und nicht allein: Was will ich verkaufen? Dafür müssen Sie aber erst einmal herausfinden, was Ihre Bezugsgruppen – Empfehler, Multiplikatoren, potenzielle Kunder. – interessiert. Im Wesentlichen wissen Sie das bereits anhand des bisher Erarbeiteten. Jetzt geht es darum, es für die verschiedenen Kanäle und Kommunikationsformen aufzubereiten, im richtigen Maß und zur richtigen Zeit weiterzugeben und Möglichkeiten für andere zu schaffen, es weiterzuverbreiten.

Ihr Fachwissen ist der Maßstab

Im Grunde wissen Sie ja längst, worüber publizieren wollen und können: Ihr Fachwissen; aber eben nicht alles davon, sondern genau das, was Ihre Wunsch-Bezugsgruppen interessiert. Wenn Sie Dax-30-Unternehmen als Kunden gewinnen wollen, dann sollten Sie nicht primär Tipps für Existenzgründer verbreiten und umgekehrt. Die Kunden, und das ist ganz wichtig, sind aber nur ein Teil der Wertschöpfungskette – oder eher: des Wertschöpfungsfeldes –, die Sie mit Ihren Inhalten erzeugen. Niemand hat ein Netzwerk, das nur aus Kunden besteht. Weitaus häufiger kommunizieren wir mit Kollegen, auch Mitbewerbern, und vielen verschiedenen Multiplikatoren.

Am besten gehen Sie anfangs von dem aus, bei dem Sie schon sicher wissen, dass es Ihre Kunden, Netzwerkpartner, Kollegen interessiert. Natürlich beobachten Sie gleichzeitig auch den Markt und viele andere Publikationen. In dem Maße, in dem Sie, etwa in sozialen Netzwerken, in Diskussionen einsteigen, gewinnen Sie immer mehr ein Gefühl dafür, was Sie am besten publizieren sollten und womit Sie die meiste Resonanz und das beste Feedback erzeugen. Verlassen Sie jedoch sich nicht allein auf harte Zahlen, etwa in Form von Zugriffen und Besuchen auf Ihrer Website. Es kann sein, dass der eine Beitrag viel weniger zahlenmäßige Resonanz erzeugt als ein anderer, dafür aber viel mehr relevante Entscheider erreicht und letztlich eine viele höhere Konversion erzeugt. Konversion ist ein Begriff aus dem Marketing, und er bezeichnet den messbaren Erfolg einer Maßnahme. Die Wissensstrategie ist kein Marketing. Wir sind mit ihr nie eingleisig unterwegs. Normalerweise können und sollten wir nicht in Kategorien wie »ein Blogbeitrag – so und so viel Umsatz« messen. Dennoch lassen sich langfristig durchaus bestimmte Tendenzen beobachten. Denn wenn wir darüber sprechen, wie wir mit geteiltem Wissen Bekanntheit und Gewinn steigern, geht es letztlich immer darum, wie viele Besucher, Netzwerkpartner, Seiten zu einer bestimmten Auftragsgröße führen.

Es geht um Menschen: von der Zielgruppe zum Einzelkontakt

Gerade wenn Sie erst beginnen, sich als Expertin/Experte zu profilieren, ist es immens wichtig, dass Sie mit anderen Menschen ins Gespräch kommen und im Gespräch bleiben. Fragen Sie andere ganz gezielt, was sie besonders interessiert oder wie eine bestimmte Veröffentlichung bei ihnen angekommen ist. Aber Vorsicht: Wenn Sie nur auf *fishing for compliments* aus sind, dann können Sie es auch gleich wieder sein lassen. Positives, lobendes Feedback ist wichtig und streichelt das Ego.

Wenn ich aber auf die vergangenen Jahre zurückschaue, dann sind es vor allem die Äußerungen gewesen, die ich zunächst als kräftige Schüsse vor den Bug empfunden habe, die mich weitergebracht haben. Nicht alle, natürlich: Auch wenn die meisten meiner Leser wirklich großartige, konstruktive Kommentare schreiben und geschrieben haben, so habe ich natürlich auch Beleidigungen und Unsachliches wegstecken müssen. Das bleibt gar nicht aus, und es tut durchaus auch manchmal weh. Denn wenn man viel Engagement und Herzblut in ein Projekt steckt, und jemand macht das dann einfach so herunter, empfindet man das natürlich als ungerecht.

Zunächst ist es hilfreich festzuhalten, dass dort, wo Menschen miteinander kommunizieren, immer das ganze Spektrum möglich ist. Und um die Kommunikation zwischen Menschen geht es. Sie publizieren nicht für sich selbst, nicht für eine abstrakte Leserschaft und auch nicht für bestimmte Umsatzziele. Sie schreiben für Menschen, und wenn Sie wollen, dass viele andere davon erfahren, interagieren und netzwerken Sie mit echten Menschen. Deswegen führt das Ganze auch immer wieder auf den Einzelkontakt hin.

Natürlich können Sie sich nicht mit jedem einzelnen Fan oder Kontakt in sozialen Netzwerken ausführlich und persönlich austauschen. Aber Sie sollten zumindest dafür offen sein, immer wieder direkte Kontakte aufzubauen und auch zu pflegen. Alle Wissensteiler, die ich für dieses Buch interviewt habe, sind hervorragende Netzwerker und begegnen selbst ihnen völlig Unbekannten, die neu in ihr Netzwerk treten, mit Freundlichkeit und Offenheit. So verhalten sich auch diejenigen, die sehr bekannt sind und bei denen man sich fragen könnte, wie sie eine solche Vielzahl an Kontakten überhaupt bewältigen. Aber wahrscheinlich ist genau das das Erfolgsgeheimnis, das sie (mit) auf ihre heutige Position gebracht hat; selbstverständlich zusammen mit ihrem besonderen Fachwissen und mit ihrer Begabung, ihr Wissen zu vermitteln.

Investieren Sie in Beziehungen, nicht in Inhalte

Ihr Hauptaugenmerk sollte auf den beteiligten Personen liegen. Noch einmal: Es geht um Kommunikation zwischen Menschen. Es geht darum, wie Sie sich authentisch, wertschätzend und gewinnbringend auch für die anderen in Ihrem Umfeld einbringen. Denken Sie also nicht primär darüber nach, was Sie herausholen wollen. Finden Sie heraus, was die Menschen brauchen, mit denen Sie vernetzt sind. Überlegen Sie, wie Sie diesen wirklich weiterhelfen können.

Daraus ergeben sich nicht nur die Inhalte, die Sie teilen und vermitteln; sondern auch die Art und Weise *wie*, in welcher Form und auf welchen Plattformen Sie diese Inhalte an andere weitergeben. Dabei sind die wichtigsten Werkzeuge immer noch gesunder Menschenverstand und Lebenserfahrung. Entscheidende Unterschiede in der Art der Vermittlung liegen beispielsweise darin, ob Sie komplexe Inhalte für Nicht-Fachleute zielgruppengerecht vereinfachen oer ob sie sich mit anderen in Fachkreisen austauschen.

Was bedeutet ›wirklich weiterhelfen‹?

Gehen wir noch einmal auf das Stichwort »wirklich weiterhelfen« ein, denn das ist für die gesamte Wissensstrategie von grundlegender Bedeutung. »Wirklich weiterhelfen« bedeutet eben *nicht*: gerade so viel preisgeben, dass Ihr Gegenüber neugierig auf Ihre Leistungen wird und Ihnen möglichst unmittelbar einen Auftrag erteilt. Wirklich weiterhelfen bedeutet: Der oder die Betreffende kann mit dem, was Sie teilen, etwas anfangen, auch ohne dass er noch einmal Kontakt mit Ihnen hat. Jeder, der Wissen verschenkt und das bereits über einen längeren Zeitraum, wird Ihnen bestätigen können, dass weit mehr dahintersteckt als das Anfüttern mit Teilinformationen. Echte Wissensteiler teilen aus Begeisterung für die Sache und aus dem persönlichen Interesse heraus, ein Thema weiterzubringen.

Das kann dazu führen, dass Sie vielleicht manchmal etwas hergeben, von dem Sie sich hinterher vielleicht wünschen, dass Sie es für sich behalten oder nur gegen Honorar preisgegeben hätten. Spätestens dann, wenn Sie Ihre großzügig geteilte Idee ohne Ihren Namen darunter im Buch eines anderen Autors umgesetzt sehen; wenn Sie erfahren, dass jemand den Ratgeber oder die Checkliste aus Ihrem Blog in eine beträchtliche Summe bei einer Kundenberatung umgesetzt hat; wenn Sie Ihr geistiges Eigentum kaum umgeschrieben in der Publikation eines Kollegen finden: Dann werden Sie daran zweifeln, ob es wirklich eine so gute Idee war, Ihr hochwertiges Wissen einfach so in die Welt hinauszugeben. Was Sie publizieren, um anderen zu helfen, hilft eben auch manchmal denjenigen, für die es gar nicht gedacht war, und zuweilen auf eine Weise, die Sie bestimmt nicht beabsichtigt hatten.

Kalkulieren Sie solche Effekte von Anfang an mit ein; ärgern Sie sich im Fall der Fälle meinetwegen kurz, aber lassen Sie es auch wieder los. Betrachten Sie das größere Bild: Wenn Sie gut sind, kommt weit mehr von dem, was Sie hinausgegeben haben, zu Ihnen zurück. Wenn Sie wirklich gut sind, kann kein anderer Berater selbst mit Ihren wertvollen Hinweisen das Format erreichen, das Sie haben.

Wenn Sie es nicht tun, dann tut es jemand anders

Im Zeitalter des offenen, geteilten Wissens gibt es kaum noch wirklich geheime Inhalte. Das bedeutet: Selbst wenn Sie Ihr eigenes Wissen zurückhalten, können Sie noch lange nicht verhindern, dass jemand anders Ähnliches veröffentlicht. Aber wenn Sie es nicht tun, können Sie ziemlich sicher sein, dass dann dieser andere die Aufmerksamkeit bekommt, die Sie auch hätten erzielen können. Wenn Sie auf die Veröffentlichung verzichten, verzichten Sie auf die Öffentlichkeitswirkung, ohne dass Sie jedoch zurückhalten könnten, was sowieso schon bekannt ist. Doch selbst wenn bestimmte Inhalte bereits im Netz stehen, ist die Chance noch nicht vergeben. Denn niemand anders schreibt oder spricht im gleichen Stil wie Sie.

Nicht jeder Interessent ist Ihr Wunschkunde: nur das richtige Wissen teilen

Lassen Sie mich noch einmal auf das eingehen, was ich bereits zu Beginn dieses Kapitels zu bedenken gab: Wenn Sie Dax-30-Unternehmen als Kunden gewinnen wollen, dann sollten Sie nicht primär Tipps für Existenzgründer verbreiten – und umgekehrt. Weitere Beispiele dafür sind etwa: Therapie oder Coaching für Privatpersonen, wenn man im B2B-Bereich arbeiten will; Fachwissen aus Branchen, in denen nicht Ihre Kern-Zielgruppe sitzt.

Mit anderen Worten: Nicht jeder Interessent, der auf Ihr kostenloses Wissen stößt, ist interessant für Sie als Kunde und ist vor allem bereit, Ihre Tagessätze zu bezahlen. Einerseits wollen Sie sich also darauf konzentrieren, wie Sie Ihrem Netzwerk bestmöglich weiterhelfen. Andererseits dürfen Sie dabei Ihre eigenen Ziele nicht aus dem Blick verlieren. Daran ist nichts Anstößiges, denn es ist immer ein Austausch zum beiderseitigen Nutzen. Niemand verlangt von Ihnen, dass Sie sich aufopfern. Im Gegenteil: Je erfolgreicher Sie unternehmerisch sind, desto mehr werden Ihre Gesprächspartner, Leser und Zuhörer auch in Zukunft von Ihrem Wissen profitieren.

Eine »Max-Strategie« eignet sich nicht für jeden

Wenn Sie nicht Google sind oder ein großes Unternehmen im Consumerbereich, können Sie es sich nicht leisten, eine Max-Strategie zu fahren.[1] Max-Strategie würde bedeuten: Sie sorgen dafür, dass Ihre Botschaften sich überallhin verbreiten und die maximal mögliche Nachfrage erzeugen. Sind Sie ein Großunternehmen, stellen Sie einfach so viele neue Mitarbeiter ein, wie Sie brauchen, um die Nachfrage zu befriedigen. Wenn Sie ein Massenprodukt herstellen, erhöhen Sie die Produktionskapazitäten. Sobald Sie aber eine Leistung verkaufen, deren Qualität sehr eng an Ihre eigene Person oder ein eingearbeitetes

---

1   Vgl. Anderson: Free, S. 146 ff

Team um Sie herum gebunden ist, können Sie sich auf diese Weise selbst ein Bein stellen.

Mehr noch: Wenn gar nicht die richtigen Interessenten anrufen, die auch wirklich als Kunden in Frage kommen, dann sind Sie und Ihre Mitarbeiter womöglich nur noch damit beschäftigt, Anrufe entgegenzunehmen. Sie kommen nicht mehr zum Arbeiten; geschweige denn dazu, neues Wissen zu teilen. Und jemanden einzustellen, um die gestiegene Zahl an Reaktionen zu beantworten, ist ja betriebswirtschaftlich auch nicht sinnvoll, weil Ihr Umsatz nicht zugleich mit der Nachfrage steigt. Generell geht es bei der Wissensstrategie also gar nicht zwangsläufig um große, allgemeine Berühmtheit und landesweite Anerkennung – es sei denn, Sie hätten ein Produkt, das für die Gesamtbevölkerung interessant ist. Viele Spezialisten haben jedoch sehr spezialisierte Zielgruppen in einem klar abgegrenzten Marktsegment. Diese wollen sie treffsicher erreichen, und nicht die großen Massen.

Aus diesen Gründen ist es so entscheidend, sich vorher genau zu überlegen, was Sie für wen publizieren. An den ersten Reaktionen lassen sich oft schon Tendenzen absehen, so dass Sie Ihre Strategie korrigieren können, falls erforderlich. Natürlich könnte sich auf diese Weise auch umgekehrt herausstellen, dass ein großer Bedarf in einem Bereich und bei einer Zielgruppe besteht, an den Sie bisher noch nicht gedacht hatten. Dann könnten Sie sich natürlich überlegen, Ihr Portfolio entsprechend auszubauen. Auch so etwas bringt die Arbeit an der Kommunikation an den Tag.

›Wieder nur Socken!‹ – Die Gefahren zu großer Versprechen

Einige von uns werden bis heute von solchen Kindheitserlebnissen verfolgt: Weihnachtsabend oder Geburtstagsfeier; Tante Elise oder Onkel Werner (bitte setzen Sie einen Verwandten Ihrer Wahl ein) kommt mit einem sorgfältig verpackten Geschenk, obendrauf vielleicht noch eine goldene Schleife, und überreicht es mit der großen Geste des edlen Spenders. Obwohl Sie es besser wissen müssten, wickeln Sie das Präsent in gespannter Erwartung aus. Doch nach der letzten Papierschicht gefriert Ihnen das Lächeln im Gesicht: Wieder nur Socken!

Ganz ähnlich kann es mit dem verschenkten Wissen aussehen; nur dass Sie sich jetzt in der Rolle des Gebers befinden. Wenn Sie es ähnlich anfassen wie Onkel Werner oder Tante Elise, sind die Folgen für Sie aber deutlich gravierender. Denn Ihre Beschenkten sollen letztendlich etwas von Ihnen kaufen oder Sie weiterempfehlen. Von Verwandten sagt man sich nicht so leicht los. Aber ein Leser oder Zuhörer, den Sie einmal enttäuscht haben, kommt so schnell nicht wieder; was noch der günstigere Fall ist. Im schlimmeren Fall äußert er sich öffentlich oder in seinem Umfeld abfällig über Sie, und wenn er ein guter Multiplikator und umfassend vernetzt ist, breitet sich das schnell aus. Gefährlich ist es daher beispielsweise, Gold in Form einer tollen Checkliste zu versprechen und dann Socken in Form einer dünnen Notiz mit altbekannten Plattitüden zu verschenken. So etwas kann – und wird! – negative Folgen für Ihre Reputation und damit letztlich für Ihren Umsatz haben. Es gibt beim verschenkten Wissen, um im Bild zu bleiben, zwei Paar Socken. Die einen sind zu dünn, die anderen tragen zu deutlich eine Werbebotschaft. In beiden Fällen werden die Erwartungen des Empfängers nicht erfüllt.

Werben, ohne zu werben

Werbebotschaften haben ihren Platz in der Kommunikation. Im Content-Marketing können sie sich aber extrem kontraproduktiv auswirken. Eine unbedacht platzierte zu werbliche Aussage kann einen hervorragenden Beitrag, der sehr viele Empfehler und Multiplikatoren aktiviert oder sogar gleich Kunden generiert hätte, vollständig entwerten. Das klingt paradox, folgt aber dem Prinzip, dass niemand gerne die Reklame eines anderen verbreitet und dass Kunden überzeugt werden wollen, nicht überredet oder manipuliert. So las ich beispielsweise einmal einen sehr guten Ratgeber-Artikel eines Werbetexters, in dem er beschrieb, wie man Mailings wirkungsvoll aufbaut. Ein wertvoller Beitrag mit beträchtlichem Nutzen, wäre nicht der letzte Satz gewesen, der in etwa lautete:» ... und wenn Sie richtig gute Mailings brauchen, dann rufen Sie mich an.« Sicher: Ein solcher Artikel macht aus einem ungeübten Schreiber ohnehin keinen Texter, und dieser Illusion gibt sich wohl auch niemand hin. Aber trotzdem darf der Leser auch nicht zu der einzigen Schlussfolgerung geführt werden, dass er es eben doch nicht selbst kann. Er will Nutzen sehen und nicht das Gefühl bekommen, dass er seine Zeit und Aufmerksamkeit einer reinen Werbeaktion gewidmet hat.

Der Empfänger muss also das Gefühl gewinnen, dass er wirklich ein Geschenk erhalten hat, das ihn weiterbringt. Er darf nicht am Ende erfahren, dass eine kostenpflichtige Folgehandlung nötig ist, damit ihm das zuvor Aufgenommen überhaupt etwas nützt. Gerade die Befriedigung seines Wissensdrangs erzeugt aber umgekehrt wie von selbst den Wunsch, mehr zu bekommen. Der Wunsch muss so stark sein, dass der Leser oder Zuschauer oder Gesprächspartner tatsächlich in Aktion tritt und bereit ist, angemessen für Ihre Leistungen zu bezahlen. Dafür müssen Sie genau die richtige Balance finden zwischen Eigen-PR und Neutralität.

Ihr Wissen ist kein geschenkter Gaul. Ihre Leser schauen ihm nämlich sehr genau ins Maul. Sie reagieren verärgert auf mangelnde Qualität und heiße Luft. Denn sie investieren Zeit und Aufmerksamkeit in das Lesen oder Anschauen Ihrer Beiträge. Das werden sie kein zweites Mal tun, wenn sie nicht das Versprochene finden. Hinzu kommt: Je interessanter ein Leser für Sie ist, desto weniger Zeit hat er wahrscheinlich. Wer den ganzen Tag frei hat, durch mäßig spannende Inhalte durchzuklicken oder zublättern, ist wahrscheinlich gar nicht so ein interessanter Kunde für Sie.

Virale Effekte und Kaufanreize

Stellen Sie sich vor, Sie lesen einen wirklich guten Ratgeber-Beitrag über ein Thema, das für Sie beruflich relevant ist. Er enthält für Sie einen deutlichen Nutzen. Nach dem Lesen wissen

Sie mehr als vorher. Wenn er gut ist, können Sie das Gelernte sofort umsetzen. Was bewirkt das bei Ihnen? – Zunächst einmal sind Sie dem Autor dankbar für diesen Input. Er hat Sie weitergebracht und Ihnen etwas Geldwertes geschenkt, ohne eine Gegenleistung zu verlangen. Das überzeugt Sie. In gewisser Weise fühlen Sie sich verpflichtet, eine Gegenleistung zu erbringen. Da Sie so überzeugt sind vom Wert des Beitrags, empfehlen Sie den Beitrag Ihren Freunden und Kollegen. Das tun Sie auch deswegen gerne, weil es den zusätzlichen Effekt hat, dass es Sie ebenfalls aufwertet. Ihre Netzwerkpartner sind Ihnen dankbar für den wertvollen Hinweis und tragen die Botschaft ihrerseits weiter. Als erster Empfehler lösen Sie auf diese Weise womöglich einen viralen Effekt aus.

Das ist aber nicht die einzige Wirkung dieses Fachbeitrags. Je mehr er Sie beeindruckt hat, je größer Ihre Dankbarkeit über den kostenlosen Input, desto wahrscheinlicher ist es, dass Sie den Autor als Auftragnehmer in Betracht ziehen, wenn Sie genau das brauchen, was er offensichtlich gut kann. Er ist ja bereits in Vorleistung getreten und hat eine Referenz abgeliefert. Gerade weil er nicht versucht hat, Sie als Kunden anzuwerben, sind Sie überzeugt. Er hat es offensichtlich nicht nötig, offensiv zu akquirieren. Das spricht zusätzlich für die Qualität seiner Leistung und überzeugt Sie noch mehr. Jemand verzichtet auf direkte Reklame und erzielt gerade damit den größten und besten Werbeeffekt. Sie kommen ganz von selbst auf die Idee, bei ihm anzufragen, ohne dass er Ihnen das allzu direkt suggeriert.

Was Sie also überzeugt, ist gerade das Nicht-Werbliche. Das war im Prinzip schon immer so: Denken Sie daran, wie viel glaubwürdiger Sie einen Zeitungsartikel über ein Unternehmen empfinden, im Gegensatz zu einer Anzeige. Dieser Effekt gewinnt jedoch in Zeiten kaum noch zu bewältigender medialer Berieselung weiter an Bedeutung. Der User, der durch das Netz surft und sehr viele Links angeboten bekommt, entscheidet in Sekundenbruchteilen, wo er sich mit seiner Aufmerksamkeit hinwendet.

Liefern Sie Substanz und echte Werte

Sie kennen diese Newsletter-Meldungen, Anzeigen, Postings in sozialen Netzwerken oder Online-Magazinen. Klassischerweise wird Ihnen kostenlos etwas angeboten, mit dem Sie selbst angeblich viel Geld verdienen können: tolle Ratgeber, wertvolle E-Books oder die beliebten Whitepaper. Viele Anbieter sind sehr gut in Ankündigungen in eigener Sache. Natürlich fragen Sie sich als Leser, warum jemand Ihnen so etwas schenken sollte. Aber erstens sind Sie neugierig. Und zweitens haben Sie auch schon den einen oder anderen Experten gefunden, der genau nach dem in diesem Buch beschriebenen Prinzip arbeitet; jemand, der Ihnen wirklich ohne Fußangeln großartige Geschenke macht. Also klicken Sie auf die Website oder fordern weiteres Info-Material an.

Wenn Sie sich dann mit Ihrer E-Mail-Adresse angemeldet und noch einmal per Klick die Empfangsgenehmigung gegeben haben, erhalten Sie irgendein Pamphlet von zweifelhaftem Wert, das die Versprechungen in keiner Weise einlöst. Wahrscheinlich empfangen Sie in Folge auch noch lästige Newsletter, deren Abmeldelink nicht funktioniert. Sie ärgern sich. Sie warnen Ihre Freunde davor. Sie blockieren den Anbieter in Ihren Social Networks oder werfen seine (digitalen) Werbebriefe in Zukunft einfach weg. Letzteres ist für ihn besonders übel, denn er erfährt niemals von Ihrer Missachtung (und der Tausender anderer), sondern investiert weiter munter in sein Direktmarketing und damit in Ihren Papierkorb.

Gleiches gilt natürlich ebenso für Veranstaltungen: Jemand lockt Sie mit einer großartigen Ankündigung zu einem Vortrag, und Sie sitzen herum und überlegen, wie Sie mit Anstand ganz schnell wieder herauskommen. Aber selbst wenn Sie sofort wieder gehen, bleibt der Ärger. Denn Sie sind angereist, haben Parkgebühr bezahlt, und vielleicht haben Sie auch noch Ihrem besten Freund abgesagt, der sich an diesem Abend ein Bier mit Ihnen treffen wollte. Oder Sie haben deswegen sogar einen Kundentermin verschoben.

Was bedeutet das also für Sie selbst im Umkehrschluss? Selbst wenn Ihnen für eigene Angebote noch so verlockende Formulierungen einfallen: Achten Sie darauf, dass Sie nur so viel versprechen, wie Sie auch einlösen können. Entweder Sie gestalten den Vortrag, den Beitrag oder die Publikation tatsächlich so großartig wie die Ankündigung. Oder Sie wählen für diese eine weniger plakative Formulierung. Natürlich werden im letzteren Fall deutlich weniger Menschen Ihr Angebot wahrnehmen – und nur solche, die wirklich interessiert sind. Das ist viel besser, als eine große Menge zu enttäuschen.

Üben Sie sich bitte darin, eine gerade formulierte Ankündigung von außen zu betrachten. Würde sie Ihr Interesse wecken, wenn Sie jemand anderes wären? Fänden Sie sie dann, näher betrachtet, immer noch attraktiv? Fragen Sie andere, denen Sie vertrauen, was diese dazu meinen. Wenn es Ihnen auf Dauer nicht gelingt, Zugkräftiges zu formulieren, haben Sie zwei Möglichkeiten. Entweder Sie holen sich Hilfe von außen, etwa von einem professionellen Texter. Oder Sie setzen Ihre Schwerpunkte woanders, nämlich dort, wo Sie wirklich gut sind.

Sie haben nur eine Chance

In fast allen Fällen gilt: Je interessanter ein Leser, Empfänger, potenzieller Kunde für Sie ist, desto weniger Zeit und Aufmerksamkeit hat er zu verschenken. Sie müssen ihn daher auf Anhieb »abholen«, seine Erwartungen erfüllen und seine Investition wertschätzen. Dafür haben Sie im Prinzip nur eine Chance. Jemand, der einmal enttäuscht wurde, kommt selten wieder. Damit ist derjenige für Sie verloren, und mit ihm sein gesamtes Netzwerk. Denn je unzufriedener jemand ist, desto wahrscheinlicher, dass er mit Kollegen, Geschäftspartner und Freunden darüber spricht. So etwas breitet sich schnell aus.

Sie kennen das selbst: Sie haben fünfmal schon einen neuen Computer gekauft, und weil immer alles glatt ging, haben Sie kein Wort darüber verloren. Es hat Sie niemand nach einer Empfehlung gefragt. Also fanden Sie es auch nicht notwendig, bei irgendwem davon zu schwärmen. Da es sich um keine sehr komplexe Dienstleistung handelte, hielten Sie den guten Service ohnehin für mehr oder weniger selbstverständlich. Aber dann geht einmal etwas schief, und plötzlich sprechen Sie überall im Freundeskreis über Ihre schlechten Erfahrungen mit dem Anbieter, und zwar auch ungefragt. Der Nächste aus Ihrem Netzwerk, der ebenfalls einen Computer braucht, überlegt es sich wahrscheinlich dreimal, ob er hier kauft oder nicht doch besser gleich woanders hingeht – und zwar selbst dann, wenn Ihr Computerfachgeschäft inzwischen alles ausgebügelt und Ihnen aus Kulanz eine Menge Zusatzleistungen geschenkt hat.

Haben Sie daher einmal einen Interessenten verloren, müssen Sie sich schon etwas Außergewöhnliches einfallen lassen, um ihn doch wieder einzufangen und dann auch noch dafür zu sorgen, dass sich das ebenfalls herumspricht. Das ist nicht unmöglich, aber viel schwieriger, als wenn Sie von Anfang an strategisch und überlegt an die Sache herangehen. Es gibt Umfragen zu diesem Thema, allerdings beziehen sich die meisten auf schlechten Service an bereits bestehenden Kunden. Sie liefern jedoch zumindest Anhaltspunkte für den Aufwand, den es kostet, einen abgewanderten Interessenten wieder zu aktivieren. Interessanterweise stehen hier emotionale Aspekte weit vor finanziellen Anreizen. »Der beste Kanal für einen Rückholversuch ist nach wie vor das persönliche Gespräch«, meint der »Ratgeber Kundenrückgewinnung« der BITKOM[2]. Für Sie als Experte mit einer hohen Reichweite über das Internet und über Multiplikatoren bedeutet das: mühsame Einzelarbeit statt hoher Reichweiten. Auch das spricht also dafür, es gleich richtig zu machen.

---

2 Anne Schüller: *Kundenrückgewinnung in fünf Schritten.* BITKOM Marketing Services. http://www.empfehlungsmarketing.cc/rw_e13v/schueller3/usr_documents/Bitkom.pdf

So nicht: Worst Practice

Auf einem großen Kongress, an dem ich teilnahm, hatte einer der Sponsoren einen Vortrag in einem Spezialgebiet angekündigt, das für einen Großteil des anwesenden Fachpublikums sehr wichtig war. Statt jedoch das Unternehmenslogo, das ohnehin auf allen Kongress-Medien sichtbar war, nur klein einzublenden und ansonsten mit Fachwissen zu punkten, begann er mit einer reinen Selbstdarstellung und rund zehnminütigem Werbesprech in eigener Sache. Hinzu kam methodische Schwäche: Er las den Vortrag komplett vom Blatt. Leider war der Sprachstil dieses Manuskripts schlechter als nur mittelmäßig: So hätte man ein amtliches Schriftstück verfassen können, mit langen Schachtelsätzen und vielen unhandlichen Substantiven. Ein guter Redenschreiber war da nicht am Werk gewesen.

»Wie ungeschickt!«, dachte ich fassungslos und schaute mich um: Da saßen geschätzt eintausend potenzielle Kunden. Jeder mit einer hervorragenden Vernetzung in der Kommunikationsszene und im Social Web. Und daraus wurden gerade aufgrund dieser Rede eintausend leicht bis stark verärgerte Zuhörer, die sich alle wünschten, sie hätten einen der hervorragenden anderen Parallel-Vorträge besucht, in die sie nun nicht mehr hineinkamen. Das Publikum verließ den Vortrag in Scharen. Auch später noch wurde er in sehr vielen Gesprächen als eines DER Negativbeispiele der Veranstaltung gehandelt. Ich hörte hinterher von mehreren Besuchern fast wortgleich: »Was das Unternehmen anbietet, ist eigentlich sehr gut und ich hatte schon über einen Auftrag nachgedacht. Aber jetzt gehe ich zu einem sympathischeren Dienstleister.«

Wer freien Content liefert, muss auch wirklich bereit sein, diesen zu verschenken. Sie können den Empfängern nichts ›unterjubeln‹. Sie können sich auf Dauer nicht wirklich verstellen. Verdeckte Absichten funktionieren nicht, allzu offensichtliche Reklame ebenfalls nicht.

Was nützt es mir - und den anderen?

Ehe Sie einen Beitrag, einen Vortrag oder eine kostenlose Publikation planen, fragen Sie sich bitte:

- Ziele: Was will ich selbst damit erreichen, was soll es mir bringen?
- Handlung: Was soll der Empfänger tun, nachdem er die Inhalte aufgenommen hat?
- Nutzen: Was enthält der Beitrag, für das der Empfänger dankbar sein kann, weil es ihn weiterbringt?
- Qualität: Löst der Beitrag das ein, was die Ankündigung verspricht?

Netzwerken als Basis für ein erfülltes Leben – Interview mit Sabine Asgodom, Erfolgscoach, Autorin und Speaker

Frage: Frau Asgodom, wie wichtig sind Ihnen Ihre Netzwerke?

Sabine Asgodom: Ich halte drei Ebenen des Netzwerkens für sinnvoll und nützlich – und lustig: Auf der einen Ebene formelle Netzwerke wie Berufsverbände oder Interessengruppen, auf der zweiten Ebene Social Media, und auf der dritten Ebene das informelle persönliche Netzwerk, sprich die Verbindung zu vielen Menschen, die man im Laufe seines Lebens so kennenlernt. Der amerikanische Psychologe Christopher Petersen antwortet auf jede Frage, was Psychologie ausmacht:»Other people matter!« Und davon bin ich auch überzeugt:»Die anderen Menschen sind wichtig.« Netzwerken ist die Basis für ein erfülltes Leben.

Frage: Wie netzwerken Sie, wie sieht Ihr persönlicher Stil aus?

Sabine Asgodom: Mir ist es immer schon leichtgefallen, Kontakt zu Menschen aufzubauen. Ich bin einfach offen und neugierig auf Menschen. Ich finde sie spannend, höre gern ihre Geschichten. Und es hat mir immer schon besonderen Spaß gemacht, die interessanten Menschen, die ich kenne, miteinander zu vernetzen. Ich glaube, ich kenne wirklich Hunderte (Tausende?) von Menschen, die ich empfehlen oder vermitteln kann. Ich glaube übrigens: Zum Netzwerken gehören ein offener freier Geist und eine klare Haltung. Nur dann kann ich wohlgemut auf andere Menschen zugehen.

Frage: Sie sind Mitglied in vielen Frauen-Netzwerken, als sehr präsent nehme ich Sie aber etwa in einer männerdominierten Vereinigung wie der GSA (German Speakers Association) wahr. Netzwerken Frauen denn anders?

Sabine Asgodom: Ich war Mitglied in einem halben Dutzend Frauennetzwerken, aber eher aus Unterstützungsgründen. Frauen lernen es erst noch, sich gegenseitig zu beraten, zu empfehlen oder zu buchen. In die GSA bin 2005 ich als einzige Frau in den Gründungsvorstand gekommen, jetzt haben sie dort einen Frauenanteil von geschätzt 40 Prozent. Das ist auch meinem Bemühen zu verdanken. Ja, Frauen netzwerken meistens anders. Frauen haben oft mehr Interesse am gemeinsamen Tun, gründen Regionalgruppen und halten sie am Laufen. Männer sind vor allem für ihren eigenen Nutzen in einem Netzwerk und um es auf ihre Website zu schreiben.

Frage: Wie behaupten Sie sich mitten unter den männlichen »Netzwerk-Alphatieren«?

Sabine Asgodom: Ich kümmere mich einfach nicht um sie, sondern mache, worauf ich Lust habe. Ich nutze zum Beispiel Facebook, um meine Vorträge und Seminare, und natürlich die Coach-Ausbildung bekannt zu machen. Ich hatte Ruckzuck in Facebook 5000 »Freunde«, worauf ich eine Fan-Seite eröffnen musste. Inzwischen habe ich die Zahl der FB-Freunde erheblich reduziert, weil ich die wirklichen Freunde gar nicht mehr gesehen habe. Und auf der Fan-Seite nähern wir uns den 10 000.

Mein Vorteil ist, glaube ich, dass ich meine Beiträge nicht von einer PR-Agentur schreiben lasse, sondern immer wieder selbst gern mit großer Freude für ein paar Minuten in Facebook gehe, und auch sehr persönliche (nicht private) Posts hineinstelle. Übrigens hat mir meine Facebook-Präsenz vor sechs Jahren das Angebot für eine regelmäßige Kolumne in der Frauenzeitschrift *Freundin DONNA* eingebracht. Also Netzwerken bringt wirklich was.

Frage: Brauchen Frauen spezielle Netzwerke, um erfolgreich zu sein?

Sabine Asgodom: Frauennetzwerke sind eine gute Möglichkeit, sich mit anderen Frauen auszutauschen, sich gemeinsam für etwas einzusetzen. Oder manchmal auch einfach, um sich nicht so einsam zu fühlen, vor allem wenn Frauen in reinen Männerdomänen arbeiten. Entscheider und Macher findet man sehr viel häufiger in gemischten Netzwerken. Ich rate Frauen übrigens immer und überall, ihr eigenes informelles Netzwerk zu stärken und zu pflegen. Netzwerken ist für Frauen eine gute Möglichkeit, sichtbarer zu werden. Gerade die fleißigen Frauen machen oft ihre Arbeit prima, aber keiner sieht sie, und zu wenige wichtige Menschen kennen sie.

Frage: Sie publizieren Ihr Wissen sehr großzügig im Netz und immer wieder sogar im Fernsehen. Und das, obgleich Sie längst viel mehr Anfragen erhalten als Sie selbst abarbeiten können. Warum tun Sie das?

Sabine Asgodom: Weil es mir Spaß macht! Weil ich es toll finde, selbstständig zu sein und Sachen ausprobieren zu können, die mir wichtig sind. Ich wollte die Diskussion über Coaching anregen und dies nicht einigen Psychologen überlassen. Deshalb haben mein Mann Siegfried Brockert, Diplom-Psychologe, und ich viele Jahre lang ein Internet-Magazin herausgegeben – *Coaching heute*. Im Internet kann man kein Geld verdienen, aber das Budget dafür muss halt aus einem anderen Topf kommen. Wir wollten auch helfen, dass andere Coaches »sichtbar« werden. Ich bin überzeugt davon, dass mir niemand etwas »wegnehmen« kann, wenn ich mein Wissen teile. Im Gegenteil.

Zum Thema Fernsehen: Ich bin überhaupt kein großer Plänemacher. Ich bin sicher, dass die Welt mir viel buntere Chancen bieten kann, als sie meine Fantasie hergibt. Wer hätte denn gedacht, dass eine 58-jährige, 1,62 cm kleine, ziemlich übergewichtige Frau die Chance auf eine eigene Fernsehsendung in einem öffentlich-rechtlichen Sender bekommt? Da hätte doch vorher niemand einen Fünfer drauf verwettet. Und es geht. Zwei Jahre lang hatte ich meine eigene Coaching-Sendung im BR. Und ich freue mich heute über jedes Interview, jeden Auftritt in Talkshows, zum Beispiel in der NDR-Talkshow. Ist das nicht der Wahnsinn?

Sabine Asgodom, Jahrgang 1953 und gelernte Journalistin, hat in den 25 Jahren ihrer Selbstständigkeit als Coach, Trainerin und Rednerin vor Hunderttausenden von Teilnehmern gesprochen. Viele ihrer 34 Bücher wurden Bestseller und wurden unter anderem ins Schwedische, Englische, Polnische, Italienische, Chinesische oder Koreanische übersetzt. Vor vier Jahren gründete sie die Asgodom-Coach-Akademie und hat rund 100 Coaches ausgebildet. www.asgodom.de

Vom Wert persönlicher Beziehungen: Netzwerken

Publikationen in Medien sind also nicht alles. Wer Menschen beraten will, muss bereits in der Akquisition zu wirklichem Austausch und zum Netzwerken finden. Wie das bei Ihnen konkret aussieht, hängt ebenso stark von Ihrem Portfolio ab wie von Ihren persönlichen Stärken. Manche Menschen sind sehr gut darin, intensiv Einzelkontakte zu pflegen; auf größeren Veranstaltungen fühlen sie sich dagegen unwohl und tun sich schwer, mit jemandem ins Gespräch zu kommen. Andere sind sehr extrovertiert und kontaktfreudig und kommen von jedem Empfang mit zehn Visitenkarten zurück; aber sie schreiben vielleicht ungern E-Mails oder tun sich mit sozialen Netzwerken schwer.

Einmal Netzwerk und zurück

Es ist eben nicht jeder ein geborener Netzwerker. Manche sind dagegen Naturtalente. Die anderen können es üben. Denn das beste Content-Marketing nützt Ihnen nicht viel, wenn Sie kein Netzwerk haben, das Ihre Inhalte weiter verbreitet. Ob Sie vor allem mittels sozialer Netzwerke mit anderen in Verbindung bleiben oder hauptsächlich auf Veranstaltungen Kontakte knüpfen, bleibt Ihren Vorlieben und besonderen Fähigkeiten überlassen. Eines aber sollten Sie auf jeden Fall üben: genau zuzuhören und sich für andere zu interessieren.

Es gibt Menschen, die es lieben, sich auf Kongressen, Vorträgen oder Unternehmer-Frühstücken zu tummeln. Manche von ihnen scheinen kaum je eine Stunde im eigenen Büro zu verbringen. Aber über ihr großes Netzwerk und ihre vielen guten Kontakte holen sie so viele Aufträge herein, dass ihr Team so gerade mit dem Abarbeiten nachkommt. Sie fahren lieber drei Stunden zu einer Präsentation beim Kunden als eine E-Mail zu schreiben. Und wenn sie die Abläufe innerhalb des Unternehmens gut organisiert haben, sind sie damit sehr erfolgreich.

Umgekehrt kenne ich viele Wissensträger, die sich fast nur im virtuellen Raum bewegen. Sie bloggen, twittern und sind bei Facebook unterwegs. Sie halten virtuos ein Netzwerk von manchmal tausenden Kontakten aktiv, sind aber eher selten auf Veranstaltungen unterwegs.

Die meisten Wissensteiler, die ich kenne, leben eine Mischform: Sie sind virtuell sehr gut vernetzt. Aber sie schaffen es immer wieder, ihre Kontakte auch in physische Begegnungen zu überführen: indem sie zumindest gelegentlich Veranstaltungen besuchen; indem sie neue Kontakte aus Social Networks einfach einmal anrufen; oder indem sie am Rande von Dienstreisen immer ein paar Termine für kurze Begegnungen machen.

Einer, der das in geradezu vorbildlicher Weise seit Jahren praktiziert, ist Klaus Eck, dessen Interview Sie ebenfalls in diesem Buch finden. Er kündigt vorher an, welche Städte er demnächst besuchen wird und fordert ausdrücklich dazu auf, sich bei ihm zu melden und sich mit ihm zu treffen. Beratungstermine am Rande von Kundenbesuchen oder Kongressen bietet er dabei genauso an, wie er sich mit bisher virtuellen Kontakten abends zum Essen verabredet, wenn er in einer anderen Stadt übernachtet. Kurze Mitteilungen von seinen nicht immer ganz hindernisfreien Bahnfahrten unterhalten sein Netzwerk und setzen, je nachdem, was ihm gerade so widerfährt, auch einiges Mitgefühl frei – etwa, wenn er mitten im Winter ewig auf einem ungeheizten Bahnsteig ausharren muss. Aber natürlich ist Klaus Eck nicht nur deswegen ein so begehrter Gesprächspartner, sondern darum, weil er ein bekannter Blogger und Buchautor ist. Zudem ist er ein angenehmes, wertschätzendes Gegenüber, jemand der gut zuhören kann. Erst die Summe dieser Eigenschaften macht ihn zu einem guten Netzwerker. So wie ihn gibt es viele andere, die aufgrund ihrer ganz individuellen Summe interessanter und persönlich angenehmer Eigenschaften in ihren Netzwerken beliebt sind und die es schaffen, diese Strahlkraft über alle Medien zu bewahren und zu vermitteln. Das ist überhaupt eine Erfahrung, die ich immer wieder mit Wissensteilern gemacht habe, auch und gerade mit sehr bekannten: Sie sind wirklich nett, interessiert und sehr freundlich im Umgang.

Weak Ties und *Strong Ties*: Wie pflegen Sie Ihre Beziehungen?

Wer seine Inhalte über Netzwerke verbreiten will, der tut gut daran, nicht nur an direkte Kontakte zu denken. Vielmehr wird derjenige besonders erfolgreich sein, dem es gelingt, die immer weitergehenden Verzweigungen im gesamten Netzwerk derjenigen zu aktivieren, die sich direkt um ihn herum bewegen. Der soziologische Begriff der »Weak Ties« und »Strong Ties« ist keinesfalls eine Erfindung der neuen Kommunikationsformen im 21. Jahrhundert. Bereits 1974 untersuchte ein amerikanischer Doktorand, wie Ingenieure in Boston an eine neue Stelle kamen: »Zu seiner Überraschung waren es nicht enge Freunde und auch nicht Stellenanzeigen, die den meisten zu einer neuen Arbeit verhalfen, sondern eher entferntere Bekannte, über die die Informationen über freie Arbeitsstellen flossen.«[3]

---

3   Stegbauer, Christian: Weak und Strong Ties – Freundschaft aus netzwerktheoretischer Perspektive. VS Verlag für Sozialwissenschaften, 2010. Kostenpflichtiger Download unter: http://link.springer.com/chapter/10.1007%2F978-3-531-92029-0_7

Der gleiche Mechanismus funktioniert natürlich genauso wie für die eigene Arbeitskraft für andere »Waren« und Dienstleistungen. Warum, das ist eigentlich jedem Netzwerker klar, der schon einmal einen Auftrag über jemanden bekommen hat, der jemanden kennt, der jemanden kennt ... Das direkte Umfeld verfügt über gemeinsame Informationen, und potenzielle Auftraggeber kennen Ihr Angebot bereits. Das eigentliche Potenzial liegt einerseits in den sich immer weiter verzweigenden Netzwerken Ihrer eigenen »Strong Ties«. Ebenso liegt es zum anderen in Ihren eigenen »Weak Ties«, also den Menschen, die Sie gar nicht mehr zu Ihrem unmittelbaren Freundeskreis oder engeren Netzwerk zählen, mit denen Sie gleichwohl direkt verbunden sind, etwa in sozialen Netzwerken. Dafür ist eine Erkenntnis ganz entscheidend: Beziehungen sind keinesfalls immer symmetrisch. Denken Sie nur einmal an Stars und daran, wie trügerisch nahe sich viele Fans ihrem Idol fühlen, obgleich dieses Idol von ihnen nicht einmal weiß. Solche Beziehungen finden Sie eben auch in virtuellen Netzwerken. In dem Maße, in dem Sie als Experte und Meinungsbildner an Bekanntheit gewinnen, desto mehr Menschen wird es geben, denen Sie vertrauter sind als diese Ihnen.

In diesen Momenten zeigt sich dann, wie sehr ein Netzwerker tatsächlich seine Kontakte und Multiplikatoren wertschätzt. Denn zumindest für die Dauer eines direkten Kontaktes sollte der »Weak Tie« zu einem »Strong Tie« mit echter menschlicher Verbindung werden. Das gelingt vor allem dann, wenn derjenige, der weniger über sein Gegenüber weiß, sich für dieses interessiert; wenn er zuhört und nachfragt. Aber mehr noch: Danach sollte sich etwas verändert haben. Der betreffende Kontakt ist jetzt nicht mehr nur ein Gesicht in einem großen Netzwerk, sondern eine Person, mit der Sie schon einmal gesprochen haben; jemand, den Sie beim nächsten Kontakt wiedererkennen. Die unterschiedlich empfundenen Distanzen haben sich einander angenähert. Wenn Sie wirklich große, bekannte Sprecher, Autoren, Meinungsbildner beobachten, werden Sie feststellen, mit welcher echten menschlichen Wärme diese zumindest für die Minuten eines Gespräches die Qualität eines »Strong Tie« erzeugen. So etwas gelingt nicht, wenn man aus reinem Kalkül heraus handelt. Ein gutes Beispiel für einen solchen Meinungsbildner ist der Wirtschaftsphilosoph Gunter Dueck, der auf einen meiner Kommentare bei Google+ antwortete, in dem ich ihn erwähnt hatte, und sofort intensiv und konstruktiv in die Materie einstieg. Von dort zu dem Interview, das Sie hier in diesem Buch lesen, war es dann nicht mehr sehr weit.

Das zeigt natürlich zugleich, wie leicht es uns die sozialen Netzwerke machen, Kontakt zu Menschen aufzunehmen, die früher viel schwerer direkt erreichbar gewesen wären. Ich bin überzeugt, dass ich »über jemanden, der jemanden kennt, der jemanden kennt« ebenfalls zu Professor Dueck vorgedrungen wäre. Aber die Mechanismen sind schneller und einfacher geworden.

Mitbewerber als Netzwerkpartner und Multiplikatoren

Hatten Sie in Ihrer Kindheit auch einen Spielkameraden, der seine Spielsachen mit niemandem teilen wollte, sondern sich davorgesetzt und sie ängstlich bewacht hat? Dieses Kind hatte zwar seine Autos und Bauklötze ganz für sich allein. Aber leider konnte es auch nicht mitspielen. Und dann gab es die anderen Kinder, die nie Süßigkeiten mitbrachten, aber immer bei den anderen mitnaschten; die das Kettcar ihres Freundes zu Schrott fuhren, aber irgendwie nie eigenes »Material« mitbrachten.

Beide Verhaltensweisen kann man auch bei vielen Erwachsenen beobachten. Es gibt immer noch Unternehmer, die in diesen Zeiten versuchen, ihren Wissensschatz zu hüten und bloß nicht zu viel preiszugeben, nicht einmal in fachlichen Diskussionen. Die Konkurrenz könnte ja davon erfahren und profitieren. Aber leider möchte dann auch umgekehrt oft kein anderer diese Wissensträger mitspielen lassen. Kaum einer empfiehlt sie weiter – jedenfalls kein Kollege und kein Mitbewerber, selbst wenn er eine Anfrage erhält, die nicht zu seinem Angebot passt oder die er aus Zeitgründen gerade nicht bedienen kann. Ebenso beobachtet man gerade im Social Web solche Mitläufer, die zwar mitreden, aber tunlichst vermeiden, Wertvolles aus eigener Produktion beizutragen. Oft hängen sie wie die Kletten an den Accounts erfolgreicherer, bekannterer Kollegen, platzieren dort ihre Kommentare und nutzen jede Gelegenheit, auf sich aufmerksam zu machen. Das mag ihnen das eine oder andere Mal sogar gelingen. Aber im Großen und Ganzen straft das Umfeld so etwas ab. Kollegen und Mitbewerber sind genervt. Und auch die potenziellen Kunden haben ein gutes Gespür dafür, wer sich wirklich einbringt und wer nur so tut, in Wirklichkeit aber nur jede Menge Wind macht.

Ich habe es an anderer Stelle schon einmal geschrieben: Ja, es gibt die Schmarotzer, die ungeniert mein Wissen aus dem Netz ziehen oder von Vorträgen mitnehmen und dann als ihr eigenes verkaufen. Ja, wenn ich davon erfahre, ärgere ich mich fürchterlich, und ich habe bei allzu dreistem Vorgehen auch das eine oder andere Mal schon rechtliche Schritte eingeleitet. Aber das bewegt weder mich noch irgendeinen anderen Wissensteiler, den ich kenne, dazu, in Zukunft unser Wissen zurückzuhalten. Wer Wissen verschenkt, verschenkt es zunächst bedingungslos. Er vertraut und hofft darauf, dass andere das nicht missbrauchen. Aber er weiß zugleich, dass das letztlich eine Illusion ist. Gerade kürzlich habe ich im Blog einer »Kollegin« wieder einen kompletten Artikel gefunden, der praktisch nur aus Versatzstücken meiner Publikationen bestand. Dennoch bin ich davon überzeugt, dass aber die paar Wissens-Schmarotzer nicht ins Gewicht fallen im Vergleich dazu, was der große gemeinsame Wissensschatz allen an Nutzen bringt, und schon gar nicht im Vergleich dazu, was mir das Wissen-Teilen an Erfolg zurückbringt. Deswegen sind meiner Ansicht nach das Netzwerken und der Austausch mit Kollegen in der Wissensstrategie mindestens so wichtig wie der Kontakt zu möglichen Auftraggebern.

Das Netzwerken können Sie üben

Nicht jeder Wissensträger ist von Anfang an ein geborener Netzwerker und ein Kommunikationstalent. Ich kenne Menschen, die hervorragend schreiben und auch im schriftlichen Austausch brillieren. Aber auf Veranstaltungen müsste man sie mit Gewalt zerren, und wenn sie doch mal auf einer herumstehen, dann merkt man ihnen sofort an, wie unbehaglich sie sich fühlen. Sicherlich ist es sinnvoll, im beruflichen Umgang die eigenen Stärken und Vorlieben in den Vordergrund zu stellen. Doch Sie können es üben, souveräner aufzutreten.Dafür gibt es Ratgeber, Kurse und Online-Seminare. Sie können aber einfach üben, indem Sie einfach öfter einmal jemanden begleiten, der das Netzwerken gut beherrscht. Sie müssen ihn nicht imitieren, aber aus der Beobachtung heraus können Sie mit der Zeit Ihren eigenen Stil entwickeln.

Sieben Schritte für schüchterne Netzwerker

Sie möchten auf Veranstaltungen netzwerken – aber Sie wissen nicht so richtig, wie das geht? Sie fühlen sich schüchtern und trauen sich nicht so recht, andere anzusprechen? Die sieben folgenden Schritte können Ihnen den Einstieg erleichtern.

1. **Orientieren:** Sie müssen gar nicht sofort jemanden finden, auf den Sie inspiriert einreden können. Lassen Sie sich Zeit, andere zu beobachten. Versuchen Sie, Stimmungen herauszufühlen. Nehmen Sie den Druck heraus, und nutzen Sie die erste Zeit, um sich einfach ein Bild zu machen.
2. **Zuhören:** Schließlich muss es auch Zuhörer geben, damit überhaupt jemand etwas sagen kann. Üben Sie aktives, wertschätzendes Zuhören. Das ist zuweilen viel wertvoller als die Selbstdarstellung, und Sie werden merken, dass Sie damit wirklich gute Kontakte gewinnen können.
3. **Langsam einsteigen:** Sie sind ganz sicher nicht der Einzige, der sich nicht immer so ganz traut. Schauen Sie sich um und entdecken Sie, wie viele andere eher am Rand stehen, sich nicht mit ihrer Botschaft in den Vordergrund spielen. Sprechen Sie für den Anfang diese Menschen an.
4. **Nicht zu viel von sich selbst erwarten:** Auch professionelle Netzwerker haben schlechte Tage. Nicht auf jedem Treffen ergeben sich interessante Gespräche. Wenn man das weiß, kann man die Sache lockerer angehen.
5. **Schrittweise steigern:** Sie müssen nicht auf der ersten Veranstaltung alle Ihre Visitenkarten unter die Leute bringen. Besuchen Sie öfter solche Treffen und nutzen Sie auch andere Gelegenheiten – Zugfahrten oder Flüge –, um zwanglos mit anderen ins Gespräch zu kommen.
6. **Sie selbst bleiben:** Vergleichen Sie sich nicht mit anderen, sondern agieren Sie so, wie Sie sich wohl fühlen. Hören Sie auf, sich für Ihre Schüchternheit selbst zu verurteilen. Bleiben Sie authentisch. Zurückhaltende Menschen sind

oft besonders gut darin, nur dann etwas zu sagen, wenn sie auch wirklich etwas beizutragen haben. Das ist eine Stärke, keine Schwäche!

7. **Zuhause üben:** Klingt vielleicht komisch, funktioniert aber: Treffen Sie sich doch einfach einmal mit ein paar Freunden und Kollegen und üben Sie das Sich-Vorstellen. Trockenübungen erleichtern den Echtbetrieb.

Small Talk ist das, was Sie selbst daraus machen

Oft höre ich Menschen sagen, dass sie bestimmte Veranstaltungen hassen, weil sie Small Talk ablehnen; weil sie einfach keine Lust haben, sich mit anderen über Belanglosigkeiten zu unterhalten. Doch Small Talk wird es ja nur, wenn Sie es selbst dazu machen, zum Beispiel indem Sie selbst keine interessierten, echten Fragen stellen oder nur Belangloses erzählen. Niemand verbietet Ihnen, sich wirklich für andere zu interessieren sowie wirklich etwas von sich preiszugeben. Sie werden feststellen, dass fast jeder Mensch auf wirkliches Interesse an seiner Person positiv reagiert und dass die meisten bereit sind, in tiefere Gespräche einzusteigen, sobald man sich selbst und ihnen die Möglichkeit dazu gewährt.

Die eigenen Stärken beim Netzwerken einsetzen

Dann gibt es aber natürlich Menschen, die es wirklich immer hassen, sich ins Getümmel zu stürzen, und die das auch nicht lernen können oder wollen. Wenn Sie sich als Wissensträger mit anderen austauschen wollen, kommen Sie aber nicht umhin, auf irgendeine Weise zu netzwerken. Finden Sie heraus, welche Form der Kontaktpflege Ihnen besonders liegt, Ihnen also leichtfällt und Spaß macht! Bauen Sie das aus.

Ich möchte Sie ermutigen, Ihren ganz eigenen Stil und die persönlich für Sie besonders gute Kombination verschiedener Formen des Netzwerkens zu entwickeln. Wenn Sie nicht mailen wollen, telefonieren Sie – und umgekehrt. Wenn Sie gerade keine Lust haben, vor die Tür zu gehen, laden Sie Ihre Kontakte öfter mal in ein Webinar ein oder organisieren Sie eine Skype-Konferenz. Oder denken Sie sich etwas ganz anderes aus. Alles ist gut, das sich für Sie gut anfühlt und Ihrem Netzwerk dient.

Lösen Sie das Dilemma, dass bestimmte Maßnahmen und Aktivitäten unverzichtbar sind, Sie sich aber andererseits nicht ständig quälen wollen, indem Sie mit den eigenen Stärken arbeiten. Ich habe in der Beratung sehr gute Erfahrung mit der von mir entwickelten, sehr einfachen »Präferenz-Matrix« gemacht. Hier zeigt sich nicht nur, wo die eigene Motivation ganz natürlich hinzeigt. Es eröffnen sich auch Möglichkeiten, über Information und geänderte Sichtweisen zu einer neuen Ausrichtung zu finden. Diese Matrix finden Sie in meinem Blog PR-Doktor mit einer Schritt-für-Schritt-Anleitung, wie Sie sie anwenden und dadurch zu genau der Kommunikationsstrategie finden, die zu Ihrer Personenmarke passt.[4]

»Wenn jeder für das Gute gibt, gewinnen alle« – Interview mit Greta Andreas, Speakeragentin und Positionierungsexpertin

Frage: Frau Andreas, Sie haben mir erzählt, dass Sie Seminare für Speaker geben, für die Sie selbst kein Honorar erhalten. Auch das ist ja eine Form des (in diesem Falle nicht-digitalen) Content-Marketings. Inwiefern profitieren Sie selbst davon? Welche eigenen Ziele verfolgen Sie damit?

Greta Andreas: Ja, ich engagiere mich im Rahmen einer professionellen Rednerausbildung. Da geht es um kongruente Positionierung. Die angehenden Profi-Speaker schärfen ihre Themen und erarbeiten sich im besten Fall ihr ›fitting Brand‹, ihr persönliches Speakerprofil. Vielversprechende Speaker scheitern oft daran, dass sie zu früh zu sehr nach außen auf das schauen, was ›der Markt‹ braucht oder Mitbewerber als Erfolg suggerieren. Sie investieren in Marketing, Webseiten, Videos, Produkte, bevor sie ihren eigenen Kern kennen und ihr

---

4 »Tu das, was deine Natur ist!« – Wie Sie Ihre Personenmarke zum Erfolg führen, ohne sich ständig quälen zu müssen http://www.kerstin-hoffmann.de/pr-doktor/2015/10/23/personenmarke-personal-branding-tool/ – Ein ausführliches Kapitel zu der Matrix finden Sie auch in meinem Buch »Lotsen in der Informationsflut« (erschienen 2017).

Personal Branding entwickelt haben. Dadurch verschwenden sie oft wertvolle Ressourcen (Geld, Zeit, Aufmerksamkeit). Weil ich diesen logischen Prozess der Erkenntnis, Entwicklung und Positionierung von innen nach außen für wesentlich halte, predige ich das überall – und eben auch pro bono, für das Gute.

»Für das Gute« halte ich übrigens trotz all des damit verbundenen Aufwandes eine TEDx-Lizenz. Knackige Kurzpräsentationen bei den internationalen TED Konferenzen – weltweit und gratis. Die Videos werden millionenfach geklickt – so wird ein großartiges, grenzüberschreitendes Netz geknüpft. Pro bono ist überhaupt das Stichwort: »für das Gute«. Wenn jeder etwas Gutes in das gemeinsame Feld zurückgibt, gewinnen alle.

Frage: Welche Rolle spielen soziale Netzwerke in Ihrer eigenen Kommunikation?

Greta Andreas: Im professionellen Bereich konzentriere ich mich auf die wenigen Netzwerke, die ich noch aktiv parallel handhaben kann: Facebook, LinkedIn, Twitter, Instagram. Um tumblr und reddit müsste ich mich mal kümmern; Pinterest und Snapchat gehören bei mir eher ins Private und Stayfriends fristet sein Dasein als Poesiealbum der Vergangenheit …

Facebook gehört für mich zum Alltag. Hier finden schneller, direkter Austausch und Vernetzung statt, hier kann ich Strömungen und Kommunikationstendenzen früh wahrnehmen und agieren. In manchem Thread kündigt sich schon ein Thema an, für das es dringend Speaker braucht. Oder anders herum: Via Facebook lerne ich Menschen mit spannenden Ansätzen und Ideen kennen, die sich selber vielleicht nicht als ›Speaker‹ bezeichnen würden, jedoch großartig zu bestimmten Fragestellungen Auskunft geben können. Dann entwickeln wir vielleicht ein Vortragsformat und – voilà! Oder es entstehen hochinteressante Diskussionen, die mir die Welt aus anderen Perspektiven nahebringen – was übrigens sowohl für den privaten als auch den professionellen Kontext gilt. Dies trenne ich nicht zu scharf, auch wenn es natürlich Listen gibt und nicht jeder Post für alle sichtbar ist.

Ein anderer Aspekt gewinnt derzeit an Bedeutung: das Politische im Alltäglichen. Wer bereit ist, seine Filterblase zu verlassen und sich nicht nur mit ähnlich orientierten Freunden austauscht, erlebt mitunter unangenehme Überraschungen. Counterspeechgruppen wie #ichbinhier treten für konstruktiven Dialog ein – und das zum Beispiel dürfen meine Kunden auch von mir erfahren.

Frage: Sprechen wir über Ihre Kunden und den Ebenenwechsel zwischen verschenkter und verkaufter Leistung. So gut wie jeder Vortragsredner hat wohl mit unbezahlten Vorträgen angefangen; selbst bekannte Redner treten immer noch gelegentlich pro bono auf. Wenn jedoch die verschenkte und die verkaufte Leistung identisch sind, wie schafft man den Sprung, und wo verläuft die Trennungslinie?

Greta Andreas: Es kann sehr gute Gründe geben, pro bono aufzutreten. Speaker sollten sich immer gezielt fragen: Wofür genau ist es gut, hier honorarfrei aufzutreten? Was wäre (m)ein angemessener Ausgleich, wenn schon kein monetärer? Erreiche ich ein für mich relevantes Publikum, das anders nur schwer zu erreichen ist? Kann ich experimentieren? Wie groß ist mein Aufwand? Ist dafür gesorgt, dass ich in guter Qualität präsentieren kann? Ist es hilfreich für Medienpräsenz? Ist es eine Möglichkeit, das nächste Level zu erreichen? Entspricht es meinen Werten, meiner Core-Kompetenz?

Zwingend notwendig ist die genaue, frühzeitige Klärung des Kontextes mit dem Veranstalter. Nur wenn dieser Ihr übliches Honorar und Ihre Wünsche kennt, wird er den Wert des gestifteten Beitrages angemessen schätzen und um Ausgleich bemüht sein. Oft wissen Veranstalter einfach gar nicht, welcher Ausgleich für den Redner spannend sein kann. Helfen Sie ihnen!

Frage: Womit schadet sich ein Redner selbst, wenn er die eigene Leistung verschenkt, und wo nützt es ihm?

Greta Andreas: Darin kann ein großer Gewinn liegen: ein tolles Speaker Video generieren, wertvolle Erkenntnisse und Einblicke gewinnen, fruchtbare Begegnungen erleben, zukunftsfähige

Kontakte knüpfen, eine Studie entwickeln, in eine neue Peergroup aufgenommen werden, Anschlussprogramme anbieten, die Strahlkraft einer großen Marke als Referenz nutzen. Oder ganz einfach ›nur‹ ein paar Tage in einem schönen Hotel verbringen, für welches der Veranstalter Kontingente hat.

Ein Redner schadet sich allerdings, wenn er unreflektiert seinen Vortrag auf beliebigen Marktplätzen unter Wert anbietet. Zu Anfang kann es hilfreich sein, viele Bühnen zu nutzen, um zu üben – notfalls eben auch honorarfrei. Doch auch hier gilt es, die oben genannten Fragen zu prüfen. Es kann sehr frustrierend sein, auf Messen im zugigen Gang zu stehen und ohne gescheite Technik den vorbeihastenden Besuchern etwas Relevantes mitgeben zu wollen.

Wenn Sie jedoch eingeladen werden, einen TED Talk zu halten: sofort zusagen! Und dann: üben, üben üben. Weltweit reißen sich Speaker darum, auf einer TED Bühne zu präsentieren und hoffen, dass der Glanz dieses Global Brands auf sie abstrahlt. Noch funktioniert dies sehr gut.

Greta Andreas ist Gründerin und Inhaberin der Agentur GoldenGap. Sie berät, managt und vermittelt Persönlichkeiten aus Wirtschaft, Wissenschaft und Medien. Autorin und Ghostwriterin, Expertenrat, Prüfungskommission und Dozentin des STI Professional Speaker Zertifikatslehrgangs »Professional Speaker GSA (SHB)«. Außerdem ist sie Lizenzinhaberin und Kuratorin des internationalen TEDx-Formates. www.goldengap.de

Wie Sie Ihr Wissen an Ihre Zielgruppen bringen

Bevor wir uns die Gelegenheiten anschauen, Wissen im Internet und in sozialen Netzwrrke zu teilen, möchte ich Ihnen einige weitere Möglichkeiten aufzeigen, wo Sie es platzieren und präsentieren können. Dabei fragen wir uns auch, ob und wie es gelingen kann, »Offliner« mittels Onlien-Medien zu erreichen. Wir betrachten verschiedene Möglichkeiten, wie Sie Ihr Wissen direkt beziehungsweise in verschiedenen Medien an die gewünschten Zielgruppen bringen.

Kunden mit Online-Inhalten offline erreichen

Sie sind davon überzeugt, dass Sie Ihre Kunden mit den digitalen Medien und speziell in sozialen Netzwerken nicht ansprechen können. Aber woher wissen Sie das? Es gibt kaum noch Menschen, die wirklich über keinen Internetanschluss verfügen. Selbst wer Facebook skeptisch gegenübersteht und noch nie etwas von Twitter gehört hat, nutzt Suchmaschinen, schlägt vielleicht gelegentlich etwas bei Wikipedia nach, bestellt ein Buch bei einem Online-Versender oder informiert sich auf Urlaubsbewertungsplattformen. Er oder sie setzt wahrscheinlich auch im beruflichen Umfeld Google ein, um Fragen zu klären oder sich über Dienstleister zu informieren. Das bedeutet: Selbst wenn ein potenzieller Kunde niemals direkt Ihr Facebook-Profil oder Ihre Fanpage anschaut oder Ihnen bei eine Twitter folgt, helfen Ihnen die sozialen Netzwerke dabei, dass er Sie findet, indem sie Verlinkungen erzeugen und, wie Twitter oder XING, auch Suchmaschinen-Ergebnisse auswerfen.

Ein weiteres Argument für die Nutzung solcher Medien sind die schon oft angesprochenen Multiplikatoren. Menschen, die mit Ihnen in sozialen Netzwerken verbunden sind, bilden wiederum Schnittstellen zu Menschen, die Aufträge zu vergeben haben – und wenn Sie Ihre virtuellen Kontakte von Ihrem Fachwissen überzeugen, werden diese Sie auch anderen empfehlen. Ich habe beispielsweise über mein Blog schon Anfragen von Interessenten bekommen, die nicht einmal wissen, was ein Blog ist, weil jeweils einer meiner regelmäßgen Leser mich warm empfohlen hat. Kollegen erwähnen mich in Workshops oder Vorträgen, wenn sie mein geteiltes Wissen oder ein Bild aus meinem Blog nutzen, um etwas zu veranschaulichen. Auch dann trägt also jemand etwas, das ich nur virtuell publiziert habe, in andere, nicht-virtuelle Situationen und trägt auf diese Weise zur Verbreitung meiner Inhalte und zu meiner Bekanntheit bei. Ich verfahre ja genauso mit Inhalten anderer Wissensträger, die ich in meine Vorträge und Workshops einbaue; natürlich immer mit Quellenangabe.

Auf solche Weise verteilen sich Online-Inhalte auch offline, und auf dieses Potenzial sollten Sie nicht verzichten.

SozialeNetzwerke sind nicht mehr optional

Nach wie vor gibt es Menschen, die noch überhaupt keine oder kaum Erfahrungen mit sozialen Netzwerken gesammelt haben. Manche verfügen vielleicht über ein XING-Profil, das sie aber nur sehr sporadisch anschauen. Auch im Jahr 2017 treffe ich immer wieder auf Unternehmen, die keinerlei Socia-Media-Präsenzen pflegen und häufig nicht einmal wissen, ob und wie andere im Web über sie sprechen.

Märkte wandeln sich, und mit ihnen das Medienverhalten der Menschen. Natürlich haben zu früheren Zeiten Netzwerken und Akquisition auch ohne digitale Medien funktioniert. Manche Unternehmer sind bis heute ohne alle diese Werkzeuge im Geschäftsleben erfolgreich und gewinnen immer noch neue Kunden gewinnen, auch wenn ihre Web-Präsenzen alles andere als zeitgemäß sind. Doch warum sollten Sie es sich so schwer machen, wenn es inzwischen auch einfacher geht? Vor allem aber: Wol len Sie es riskieren, den Anschluss zu verlieren, nur weil es im Moment noch auch anders funktioniert?

Wer Wissen teilen und andere Menschen mit seinen Inhalten erreichen will, kann sich der digitalen Entwicklung nicht verschließen. Persönliche Aversionen gegen zeitgemäße Medien beruhen häufig auf Vorurteilen, mangelnder Information oder Vorbehalten wegen der schier unüberschaubaren Vielfalt und Komplexität. Ein gesunder Respekt vor allzu leichtfertiger Social-Media-Nutzung ist sicherlich angesagt und daher eine professionelle, schrittweise Erarbeitung sinnvoll. Doch auch wenn nicht jedes Unternehmen sehr viele Seiten und Profile im Social Web haben muss, wenn die Ressourcen eines Einzelunternehmers für ein Content-Marketing begrenzt sind: Eine Contentstrategie ist heute, bis auf wenige Ausnahmen, im Rahmen einer professionellen Kommunikationsstrategie, nicht mehr verzichtbar. Es ist also keine Frage des »Ob« mehr, sondern des »Wie« und des »Wie viel«.

Was Sie *offline* tun können

Wenn Sie erst jetzt in die Welt der virtuellen Präsentation einsteigen: Vernetzen Sie Auftritte und physische Begegnungen mit Ihrem Angebot im Web. Als Erstes sollten Sie analysieren, wo Ihre Kunden – und wichtige Multiplikatoren – überhaupt unterwegs sind. Gehen sie in Vorträge? Lesen sie bestimmte Print-Publikationen? Lassen sie sich irgendwo beraten, wo Sie sich auch aktiv einbringen könnten?

Im Idealfall wird eine wachsende virtuelle Bekanntheit ohnehin dazu führen, dass Sie beispielsweise für Interviews oder sogar Vorträge angefragt werden. Wenn Sie sich zutrauen, öffentlich Ihr Wissen vorzutragen, dann sollten Sie das aktiv selbst fördern. Viele Vortragsredner beginnen im nicht-honorierten Bereich und erarbeiten sich auf diese Weise einen Ruf, der zu lukrativeren Aufträgen führt. Hinzu kommen Kongresse und Veranstaltungen, auf denen alle Referenten *pro bono* auftreten, die jedoch in der jeweiligen Branche ein Muss sind. Der erste Schritt wird sein, an Konferenzen teilzunehmen, sich zu orientieren und Kontakte zu knüpfen. Als Nächstes können Sie selbst Themen anbieten. Wenn Sie Ihre Sache gut machen, werden Veranstalter irgendwann auf Sie zukommen.

Wenn Sie ein solches Vorhaben verfolgen wollen, empfehle ich Ihnen unbe dingt, sich entsprechend weiterzubilden. Jedoch muss ja nicht jeder gleich zu einem hochbezahlten Keynote-Speaker avancieren. Um den bezahlten Bereich geht es ja in diesem ersten Schritt ohnehin noch nicht, sondern darum, Ihr Wissen auf Veranstaltungen mit anderen Menschen zu teilen. Dazu bieten sich Fachtagungen an, aber auch kleinere Anlässe, bei der Sie eine gewisse kritische Masse Ihrer Zielgruppe erreichen, damit sich der Aufwand lohnt. Sagen wir einmal,

Sie sind Rechtsanwalt und haben sich auf Baurecht spezialisiert. Dann können Sie dort auftreten, wo sich Architekten treffen und weiterbilden. Als Arzt können Sie Vorträge vor Selbsthilfegruppen oder auf Gesundheitsveranstaltungen halten. Für Berater und Trainer bieten sich Unternehmertreffen an, Marketingclubs oder Zusammenkünfte in einer Branche, auf die Sie sich fachlich spezialisiert haben.

Gerade damit werden Sie sichtbar und erfolgreich, wenn Sie auch im Web gut vernetzt sind und online auf solche Veranstaltungen hinweisen. Zugleich liefern Ihnen diese Aktivitäten immer zugleich gute Anlässe für neue Beiträge. Abgesehen von der Ankündigung sind das etwa Fachbeiträge rund um das Vortragsthema. Sie können von den Veranstaltungen selbst berichten. Es bietet sich an, dass Sie anschließend Ihre Präsentation auf Ihrer Website oder einer anderen Plattform anbieten oder beides, und wenn es eine Audio- oder Videoaufzeichung gibt, sollten Sie diese ebenfalls hochladen und verlinken.

Ich habe einen Klienten, der auf seiner Website einen redaktionellen Bereich mit aktuellen Nachrichten und Ratgeberbeiträgen pflegt. Dieser ist mit Blog-Software aufgesetzt, heißt aber nicht »Blog«, weil die Zielgruppe mit diesem Begriff nichts anfangen könnte. Einen großen Teil dieser Seiten füllt mein Kunde mit der Ankündigung eigener Vortragstermine, denn er ist ein viel gebuchter Redner. Sein großes Publikum ist ihm sehr dankbar, dass es weiß, wo es alle neuen Ankündigungen findet. Sowohl diejenigen, die seine Vorträge besuchten, als auch diejenigen, die keine Gelegenheit dazu haben, aber beispielsweise seine Bücher lesen, freuen sich, wenn er anschließend Aufzeichnungen oder die Präsentationen zu einem Vortrag online stellt. Andere Seiten aus dem gleichen Fachgebiet verlinken gerne hierher oder binden die Filme auf ihren eigenen Web-Präsenzen ein.

Empfehlungen von einem bestehenden Kunden zu einem potenziellen Neukunden sind nach wie vor wertvoller als jede allgemeine Werbung es je sein kann. Doch sollten Sie sich zugleich vergegenwärtigen, was die meisten Menschen tun, nachdem ihnen jemand einen Dienstleister, Berater oder anderen Anbieter empfohlen hat. Ein Großteil der Menschen wird zunächst nach dem betreffenden Unternehmen googeln. Vielleicht holen sie noch eine weitere Meinung ein. Aber wenn ihnen sonst keine Referenz zur Verfügung steht, ist ihr Besuch auf der betreffenden Website ihr erster direkter Kontakt mit dem empfohlenen Anbieter. Oft entscheidet dieser erste Eindruck darüber, ob der Interessent zu einem Kunden wird oder nicht: Wie gut entspricht die Website den Erwartungen? Hat sie die Qualität, die der Empfehler versprochen hat? Macht sie es dem Besucher leicht, Kontakt aufzunehmen – führt sie ihn regelrecht dorthin? Zudem ist die eigene Website eines Anbieters längst nicht mehr die relevanteste Quelle, um sich ein Bild von diesem zu machen. Google wirft oft zuerst Fundstücke zu anderen Quellen aus, etwa Bewertungsportalen oder Äußerungen und Publikationen anderer über diese Firma.

Daher sollten Sie zum einen wissen, wie über Sie und über Ihr Unternehmen im Web gesprochen wird. Zum anderen sollten Sie dafür sorgen, dass Ihre eigenen Seiten und Profile weit oben in den Suchergebnissen auftauchen. Letzteres ist heute fast nur noch mit hochwertigen Inhalten erreichbar, und dazu brauchen Sie eine Contentstrategie und einen wie auch immer aufgebauten eigenen redaktionellen Bereich. Was Ihnen im Hinblick auf Suchmaschinen nützt, ist immer auch nützlich für den Menschen. Jemand, der aufgrund einer Empfehlung zu Ihnen findet, hat anhand des von Ihnen publizierten Wissens sehr gute Möglichkeiten, Sie kennenzulernen. Er liest, wie Sie arbeiten. Er bekommt ein Gefühl für Ihren persönlichen Stil und Ihre Philosophie. Und wenn er zu dem Schluss kommt, dass es passt, fragt er bei Ihnen an. Passt es dagegen nicht, hören Sie gar nicht erst von ihm. Das spart beiden Seiten Zeit.

»Nicht versuchen, einen Fisch mit einem Schokoriegel zu locken« – Interview mit dem Chefarzt Dr. Gernot Langs

Frage: Ein bloggender Mediziner, erst recht ein bloggender Chefarzt: Das ist in Deutschland immer noch die Ausnahme. Auch in sozialen Netzwerken sind Klinikärzte ebenso wie Praxisinhaber eher unterrepräsentiert. Haben Sie eine Idee, woran das liegen könnte?

Gernot Langs: Viele werden eine Scheu davor haben, sich auf diesem Weg zu exponieren. Bloggen ist ja etwas sehr Persönliches: Es geht um Meinung, nicht (nur) um sachliche Inhalte. Ich höre auch immer mal wieder, dass sich Kollegen im Umgang mit sozialen Netzwerken nicht sicher genug fühlen und sich scheuen, hier Neues auszuprobieren. Auch der Zeitfaktor spielt eine Rolle. Bloggen klingt zwar leicht, ist aber ohne professionelle Unterstützung durch erfahrene Blogger oder Redakteure kaum gut »nebenher« hinzubekommen.

Frage: Wann haben Sie mit dem Bloggen begonnen und warum?

Gernot Langs: Ende 2016 habe ich angefangen, selbst zu bloggen. Das unkomplizierte Format, die Direktheit und die meinungsbildende Funktion von Blogs hat mich schon lange vorher begeistert. Ich lese gern Blogs, mag Diskussionen und nehme selbst gern Stellung zu Themen.

Frage: Mit »Psychosomatik online« richten Sie sich ausdrücklich an andere Experten. Welche Kommunikations- und strategischen Ziele erreichen Sie damit? Welchen Stellenwert nimmt das Blog im gesamten Kommunikationsmix der Schön Klinik Gruppe ein?

Gernot Langs: Es gab bislang kein vergleichbares Kommunikationsmedium, das einen ähnlich fachspezifischen und zugleich unkomplizierten, aktiven Wissenstransfer ermöglicht. Unser Ziel ist es, eine lebendige Expertencommunity zu etablieren, die auf »Psychosomatik online« miteinander – auch kontrovers – diskutiert und sich über berufliche oder berufsnahe Themen austauscht. Der manchmal hemdsärmelige Ton und die einfachen Zugangswege sind absolut gewollt, und das Blogformat ist dafür ideal. Wir möchten ein für alle Seiten starkes Netzwerk aufbauen und nicht zuletzt neue Zuweiser gewinnen.

Das Blog ist dabei eine logische Fortführung unserer Online-Strategie. Ein professionell aufgestelltes Team betreut unsere digitalen Kommunikationskanäle und entwickelt sie permanent weiter. Auch im therapeutischen Kontext öffnen wir uns übrigens seit längerem für digitale Instrumente: Beispielsweise haben wir erfolgreich eine psychotherapeutische Online-Therapie für Menschen mit Depressionen etabliert und führen Studien durch zur Einbindung von Apps in die Behandlung.

Frage: Welche Angebote gibt es darüber hinaus? Welche Inhalte veröffentlichen Sie dort, und wie nützt das Ihren Zielgruppen und Ihnen selbst?

Gernot Langs: Im Bereich Online-Kommunikation haben wir neben dem Expertenblog drei zielgruppenspezifische Facebook-Seiten (eine deutsche mit mittlerweile 30 000 Fans, eine internationale mit 15 000 Fans und ein Karriere-Profil mit 6 000 Fans), einen eigenen Youtube-Kanal und je einen Account bei Twitter, Instagram und Google+. Zugeschnitten auf die jeweiligen Zielgruppen bieten wir den Usern Informationen, Service, Praktisches und Unterhaltsames. Unsere Facebook-Fans beispielsweise erfahren von neuen Behandlungsangeboten, lesen, wie sie ihren Rücken gesund trainieren, sehen beeindruckende Videos von oder mit Patienten oder bekommen Einblick in eher ungewöhnliche Therapieerfahrungen zum Beispiel mit unseren Therapiebegleithunden.

Wir haben die Erfahrung gemacht, dass überzeugte und begeisterte Patienten neben unseren Mitarbeitern sehr starke Multiplikatoren in unserer Außenwirkung sind – ob nun online oder offline. Schon bei Büchern oder Fernsehern kauft man gern das, was andere empfehlen. Wenn es um die eigene Gesundheit geht, sind die meisten noch empfänglicher für Empfehlungen und Erfahrungen anderer.

Frage: Gewinnen Sie über Blogs, Social Media oder speziell Facebook Patienten?

Gernot Langs: In der Regel lässt sich nicht eins zu eins nachweisen, über welche Kommunikationsmaßnahme wir letztlich wie viele Patienten gewinnen. Unsere Auswertungen zeigen, dass Onlinekampagnen und Social-Media-Aktionen Instrumente mit sehr großem Potenzial sind. Allerdings nur dann, wenn die jeweilige Maßnahme auch so passgenau wie möglich auf Thema, Zielgruppe und Kanal zugeschnitten ist. Sie versuchen ja auch nicht, einen Fisch mit einem Schokoriegel zu locken. So wie es keine erfolgreiche Psychotherapie nach Schema F geben kann, ist Onlinekommunikation auch keine »one fits all«-Lösung. Schon im Vergleich von psychosomatischen und somatischen Patienten und erst recht bei einzelnen Krankheitsbildern und Altersgruppen ergeben sich zum Teil völlig unterschiedliche Medien-Nutzungsverhalten.

Frage: Welche sozialen Netzwerke nutzen Sie als Person besonders aktiv – und warum?

Gernot Langs: Facebook ist für mich eine tolle Möglichkeit, um mich mit Freundinnen und Freunden weltweit zu vernetzen. Darüber hinaus bin ich in verschiedenen Foren Mitglied, dabei steht für mich in erster Linie die konstruktive und fruchtbare Diskussion im Vordergrund.

Frage: Welche Rolle spielen für Sie das persönliche Netzwerken und die persönliche Präsenz auf Veranstaltungen im Vergleich zu digitalen Aktivitäten?

Gernot Langs: Ich halte beides für wichtig – soziale Netzwerke sind Teil unseres Alltags geworden und mich dieser Entwicklung gegenüber zu verschließen, wäre für mich eine vertane Chance. Dabei ersetzt nicht das eine das andere, sondern ergänzt sich gegenseitig: Über soziale Netzwerke lassen sich gut Kontakte halten und umgekehrt lassen sich nach Erstkontakten in sozialen Netzwerken Menschen auch »im realen Leben« kennenlernen.

Frage: Finden Sie, dass jeder Mediziner bloggen und auf Facebook präsent sein sollte?

Gernot Langs: Das lässt sich nicht verordnen – entweder es passt zu einem oder nicht. Jeder sollte für sich selbst entscheiden, ob er bereit dafür ist, sich zu exponieren oder sogar zu exhibitionieren. Aber wie bei vielem gibt es ja nicht nur ein Entweder-oder. Bevor man das »Risiko« eingeht, einen eigenen Blog zu starten oder einen Facebook-Account anzulegen, kann man in Foren aktiv mitdiskutieren oder Blogbeiträge kommentieren.

Univ.-Doz. Dr. Gernot Langs, Jahrgang 1961, ist Chefarzt in der Schön Klinik Bad Bramstedt, Mitglied in diversen psychotherapeutischen und psychiatrischen Fachgesellschaften und bekennender Social-Media-Nutzer. Zu seinen beruflichen Schwerpunkten zählen Depressionen und Burnout, Schmerzerkrankungen, Angststörungen und Somatoforme Störungen. www.schoen-kliniken.de

4 Ihre Wissenszentrale im Web

In diesem Kapitel befassen wir uns zunächst mit grundlegenden Überlegungen zum Aufbau Ihrer zentralen Wisensplattform. Wir gehen auf technische Fragestellungen ein, damit Sie entscheiden können, an we cher Stelle Sie gegebenenfalls weitere Unterstützung brauchen. Wir schauen uns genauer an, wie in welcher Form und in welcher Frequenz Sie Ihre Inhalte veröffentlichen, damit Sie Ihre Ziele und Zielgruppen erreichen.

Wenn Sie nicht alles allein machen können oder wollen, finden Sie abschließend Checklisten und Tipps für die Suche nach geeigneten Profis.

Die eigene Plattform planen und aufbauen

Auch wenn Sie an Gesprächen und Interaktionen auf den Plattformen teilnehmen sollten, auf denen sich Ihre Netzwerk und Ihre Zielgruppen befinden: eine eigene Plattform als zentraler sogenannter»Content-Hub«, von dem alles ausgeht, ist im Content-Marketing und eben auch in der Wissensstrategie unverzichtbar. Diese Plattform stellt sozusagen Ihre Wissenszentrale dar, den zentralen Knotenpunkt, an dem zugleich alle Ihre externen Profile und Seiten zusammenlaufen. Für die meisten Unternehmen ist die eigene Website ohnehin heute das zentrale Kommunikations- und Kontaktmedium. Für Kunden und Interessenten ist die Website, neben den Kontakt und Gesprächsmöglichkeiten in sozialen Netzwerken, oft die erste Anlaufstelle. Dafür muss sie ansprechend gestaltet sein und gut funktionieren. Dabei geht es um die strategische Planung ebenso wie um Design, Suchmaschinenoptimierung oder geeignete Texte.

Wie das im Einzelfall aussieht, ist höchst individuell. Für Ihre Strategie des verschenkten Wissens brauchen Sie aber auf jeden Fall eine Website, auf der Sie Ihre Inhalte gut teilen können, also deutlich mehr als einfach eine Unternehmensdarstellung. Statische Websites, wie es sie früher gab, sind schon lange nicht mehr zeitgemäß. Vor einigen Jahren noch richtete im Normalfall eine Agentur eine Website einmal ein und stellte auch die Texte online. Es gab eine Korrekturphase wie bei einem Print-Produkt, dann blieb die Seite meist jahrelang unverändert, bis zum nächsten Relaunch[1]. Denn jedes Wort, das nachträglich geändert werden sollte, musste vom Webdesigner eingebaut werden. Heute kann das jeder mit wenig Aufwand selbst machen, wenn die Website entsprechend mit einem Content-Management-System (CMS) gebaut ist. Auch der klassische große Relaunch alle paar Jahre wird mehr und mehr von dynamischer Weiterentwicklung ersetzt.

Auch wenn wir an anderer Stelle bereits über die gesamte Kommunikationsstrategie gesprochen haben und mit dem Start einer Contentstrategie fast immer auch eine Überarbeitung aller Web-Präsenzen sinnvoll erscheint: An dieser Stelle möchte ich mich auf den Teilbereich der Website-Neukonzeption konzentrieren, der die Basis für Ihre Strategie des geteilten Wissens bildet: ein Blog oder Magazin oder, neutral ausgedrückt, Ihr redaktioneller Bereich.

Im Folgenden schauen wir uns alle Schritte an, die erforderlich sind, bis Sie ein solches Online-Magazin in Betrieb nehmen: von der Technik über die Namensfindung bis zur Planung und Realisierung. Vielleicht haben Sie bereits ein solches redaktionelles Angebot oder arbeiten bereits mit einem CMS, um etwa News zu veröffentlichen? Dann helfen Ihnen die folgenden Kriterien, dieses auszubauen und besser auf Ihre Wissensstrategie abzustimmen.

»Blog« oder nicht Blog?

»Bei Vorträgen bitte ich immer die Zuschauer, die Hand zu heben, wenn sie Blogs lesen. Ich bin immer wieder überrascht, dass nur etwa 20 bis 30 Prozent der Marketing- und PR-Leute Blogs lesen«, meint der amerikanische Online-Marketing-Guru

---

1 Bei der grundlegenden Überarbeitung eines Webauftritts spricht man von einem Relaunch.

David Meerman Scott. Ich denke, in Deutschland sieht es ähnlich aus. Immer noch hat bei vielen Menschen der Begriff »Blog« einen nerdigen Beigeschmack, oder es wird in die Ecke privater Tagebücher geschoben. In den vergangenen es sogar noch ein höherer Prozentsatz, der behaupten würde, keine Blogs zu kennen. ABER: Viele Blogs heißen heute einfach nicht mehr so. Manche Einzel-Anbieter bauen Präsenzen im Netz auf, die es durchaus mit Verlagspublikationen aufnehmen können.

Man muss die redaktionelle Plattform einer Firma nicht »Blog« nennen. Als Arbeitsbegriff ist es dennoch hilfreich. Wer das Prinzip einer solchen Webpräsenz versteht, auf der alle aktuellen Inhalte zusammenlaufen, sieht sehr schnell ein, warum heutzutage eigentlich jede Firma eine Contentstrategie braucht. Während etliche Unternehmen bereits seit Jahren vorbildliche, gut gepflegte Unternehmensblogs als Zentrum ihrer Contentstrategie und ihres Content-Marketings betreiben, trauen sich andere nach wie vor nicht an das Thema heran. Häufig fürchtet man den Aufwand, der dadurch entsteht. Bei näherem Hinsehen zeigt sich zudem schnell, dass eine Veränderung in der Kommunikation fast immer Folgen für die Strukturen im ganzen Unternehmen mit sich bringt.

Doch Wegschauen ist keine gute Idee: Unternehmen, deren Prozesse keinen schnellen digitalen Austausch auf eigenen Seiten und im Social Web zulassen, müssen sich generell dringend Gedanken über ihre Zukunftsfähigkeit machen. Die Arbeit an einem Onlinemagazin kann daher auch dazu dienen, die gesamte Kommunikation auf eine zeitgemäße Basis zu stellen. Für Einzelselbstständige, die über kein riesiges Marketingbudget verfügen und eben keine eigene Werbeabteilung haben, spielt eine solche Wissenszentrale im Kommunikationsmix eine noch viel größere Rolle und entscheidet womöglich über den gesamten Akquisitionserfolg.

Ob Sie also um Ihre Wissenszentrale herum Ihre komplette Präsenz im Internet neu konzipieren, oder ob Sie ein Blog zusätzlich zu Ihrer bereits vorhandenen Website aufbauen, hängt von Ihren derzeitigen Gegebenheiten ab. Für den Bereich, in dem Sie Ihr Wissen mit Ihrer Zielgruppe teilen, schauen wir uns jetzt diesen Blogbereich näher an. Eine Vernetzung mit Ihren bestehenden Präsenzen ist auf jeden Fall sinnvoll. Sie könnten die jeweils neuesten Beiträge aus Ihrem Blog auf der Startseite Ihrer Firmen-Website anzeigen lassen. Sie könnten aber auch das geteilte Wissen Ihres Blogs zur Hauptseite Ihrer gesamten Web-Präsenz machen, um die herum Sie nur einige weitere Seiten mit feststehenden Informationen zu Ihrem Unternehmen aufbauen. Viele einzelne Berater und Trainer handhaben das inzwischen so.

Wer bloggt für das Unternehmen?

Für Einzelunternehmer stehen das eigene Contentmarketing sowie die Aktivitäten in Social Media oft im Mittelpunkt der gesamten Kommunikation. Die Herausforderungen in Sachen eigene Arbeitszeit sind daher keinesfalls gering. Mehr hierzu im Kapitel über die Ressourcenplanung. Doch wie sieht es in größeren Unternehmen aus, in denen mehrere potenzielle Wissensteiler arbeiten? Einige kurze Gedanken hierzu.

Je größer das Unternehmen, für das Sie die Wissensstrategie aufbauen, desto sorgfältiger sollte die Auswahl der Wissensträger geschehen, die sich aktiv daran beteiligen. Das muss frühzeitig im Strategieprozess stattfinden. Die größte Schwierigkeit besteht meiner Erfahrung nach vor allem in mittelständischen Unternehmen ohne eigene Kommunikationsabteilung darin, die Mitarbeiter zu regelmäßigen Beiträgen zu motivieren. In der Regel sind sie mit ihrer eigenen Arbeit bereits mehr als ausgelastet. Im Gegensatz zu einem einzelnen Freiberufler oder Berater investieren sie auf diese Weise aus ihrer eigenen Sicht nicht unmittelbar in die Steigerung ihres Einkommens. Deswegen muss die Unternehmensleitung verstehen, dass die Betreffenden einen direkten, geldwerten Beitrag zum Marketing leisten und es ihnen entsprechend leicht machen, sich einzubringen – und das ganz sicher nicht in Form weiterer, unbezahlter Überstunden.

In größeren Unternehmen ist daher die Kommunikationsabteilung dafür da, die entsprechenden Strukturen zu schaffen und das Geplante auch umzusetzen. Sie sorgt dafür, dass gegebenenfalls externe Autoren das Fachwissen abfragen und in lesbare Beiträge verwandeln, damit etwa ein hochqualifizierter Techniker nicht Stunden seiner wertvollen Arbeitszeit damit verbringt, nach den richtigen Formulierungen für einen Sachverhalt zu suchen.

Am besten gelingt das natürlich, wenn die einzelnen Fachleute in der Firma begreifen, dass sie damit zugleich etwas für ihre eigene Reputation tun. Das jedoch wiederum könnte von der Geschäftsführung kritisch gesehen werden, denn auf diese Weise werden Köpfe im Unternehmen sichtbar. Es ist ein längerer Prozess der Bewusstseinsbildung und eine Kosten-Nutzen-Abwägung, bis sich die Erkenntnis durchgesetzt hat, dass sichtbare Mitarbeiter ihrem Arbeitgeber mehr nützen als schaden.[2]

»Ein Blog ist kein stupider Verkaufstrichter« – Interview mit Rouven Kasten, Leiter Digitale Kommunikation einer Bank

Frage: »Verschenke, was du weißt, um zu verkaufen, was du kannst«: Inwiefern kann eine Bank von dieser Art des Content-Marketings profitieren?

Rouven Kasten: Die besondere Expertise der GLS Bank und ihrer Berater in unseren Kernbranchen Bildung, Soziales, Ernährung, Wohnen, Erneuerbare Energie und nachhaltige Wirtschaft ist für uns ein Wissen, auf dem wir aufbauen können. Viele Kunden und Kreditnehmer können davon bereits im Vorfeld einer Beratung

---

2 Auf das Thema Mitarbeiter als Markenbotschafter gehe ich ausführlich in meinem Buch »Lotsen in der Informationsflut. Erfolgreiche Kommunikationsstrategien mit starken Markenbotschaftern aus dem Unternehmen« (2017) ein.

profitieren. Am Ende geht es dann vielleicht gar nicht mehr nur noch um den Kredit, sondern auch um Netzwerke und gegenseitige Hilfe aus der GLS-Gemeinschaft.

Frage: Funktioniert das Content-Marketing mittels Blog und Social Media? Bringt es neue Kunden?

Rouven Kasten: Ja, auf jeden Fall! Erst kürzlich habe ich mit jemandem gesprochen, der wortwörtlich sagte: »Ich kenne eure Bank durch das Blog, nicht durch die Webseite!« Das ist ein großes Kompliment für die Arbeit, die darin steckt. Wir haben über die Jahre viele tolle Kontakte knüpfen können, die sicher über andere Medien nicht zustande gekommen wären. Daher besuchen wir auch, neben herkömmlichen Kongressen, BarCamps. Hier können wir ganz anders mit Menschen aus der digitalen Welt in direkten Kontakt kommen. Aus vielen dieser Kontakte und aus deren Netzwerk sind Kunden entstanden.

Frage: Seit wann gibt es das Blog der GLS Bank, und welches sind die Kommunikationsziele?

Rouven Kasten: Am Anfang stand ein Bankmitarbeiter, zugleich enthusiastischer Blogger, der mit Herzblut schrieb: Hannes Korten. Für ihn war es vor zehn Jahren nur eine logische Konsequenz, das Potenzial eines Blogs auch für die Unternehmenskommunikation auszuschöpfen. Seit dem Start im November 2008 sind fast 900 Artikel aus den unterschiedlichsten Bereichen der Bank, aber auch von Kunden und Mitarbeitern selbst erschienen.

Ziel war es immer, das Wirken und die besondere Expertise der Bank darzustellen. Die GLS Bank unterscheidet sich im Namen selbst kaum von anderen konventionellen Banken. Unser Blog soll dies aufbrechen und ein Medium für Inhalte sein, die auf einer klassischen Webseite vielleicht nichts zu suchen haben.

Frage: Wie ist das Blog an soziale Netzwerke angebunden? Welche Rolle spielen multimediale Formen, etwa Videos?

Rouven Kasten: Sämtliche Artikel werden in der Regel in den Netzwerken Facebook, Twitter, Google+, XING, LinkedIn und ello geteilt. Wir stellen gerade fest, dass in den Business-Netzwerken sehr viel passiert. Dort wachsen die Leserzahlen schneller als etwa auf Facebook. Hier scheinen wir einen echten Nerv getroffen zu haben. Vor zwei Jahren haben wir das Tool Pageflow eingeführt. Mit Pageflow lässt sich über soziale Netzwerke hinweg thematisch eine Geschichte erzählen. Das Ganze kann man mit Bild, Video und Audio sehr gut unterstützen, die Handhabung ist einfach. Elemente daraus verwenden wir wiederum im Blog, um die Artikel auch den Lesern dort zukommen zu lassen. Der spannende Content aus dem gedruckten Magazin wurde bisher kaum weiterverwendet, das soll sich künftig ändern.

Frage: Wie viele Mitarbeiter sind daran beteiligt?

Rouven Kasten: Erst vor einem Jahr haben wir die Abteilung Presse und Marketing zusammengeschlossen und richten uns nun nach dem Newsdesk-Prinzip aus. Ein Content-Team liefert uns die Inhalte, die wir dann im Blog und in den sozialen Netzwerken aufarbeiten. Am Blog selbst arbeiten derzeit drei Personen, plus Werkstudentin und Gastautoren. Eine feste Kooperation mit Bloggern gibt es seit vielen Jahren. Schreiben kann aber auch jeder aus dem Unternehmen, von der Putzkraft bis zum Vorstand.

Frage: Wie schwierig oder wie einfach ist es für Sie, im Unternehmen Verständnis und Unterstützung für das Content-Marketing zu bekommen?

Rouven Kasten: Das wird bei uns schon sehr lange gelebt. Wir haben durch den Vorstand, der sich selbst für die Chancen der Digitalisierung stark macht, einen enormen Rückhalt. Die Akzeptanz unserer Arbeit und das Wissen um die Verlagerung von Finanzdiensten in die digitale Welt tragen dazu bei. Die Arbeit an Webseite, Blog oder Social Media ist längst etabliert und die Kommunikation richtet sich stark danach aus, auch der

Kundendialog verlagert sich stetig vom Telefon dorthin. Dabei gilt es natürlich Dinge wie Datenschutz und Bankgeheimnis zu wahren, daher können wir auch nicht alle Dienste nutzen.

Frage: Sollte jede Bank ein Blog haben?

Rouven Kasten: Vielleicht sollte jedes Unternehmen und nicht nur jede Bank ein Blog haben. Allerdings sollte man es wirklich ernst meinen und das Blog nicht nur als Maßnahme zur Suchmaschinenoptimierung oder als Lead-Generierungsmaschine sehen. Ich glaube, viele Unternehmen begeben sich gerade jetzt dort auf einen falschen Pfad. Das Bloggen muss wirklich gewollt sein. Wenn man das Blog als stupiden Verkaufstrichter betrachtet, merkt der Leser dies schnell und man wird, glaube ich, nicht wirklich akzeptiert. Das GLS Blog ist von Menschen, für Menschen und nicht für Personas oder Zielgruppen gedacht.

Rouven Kasten arbeitet seit über 20 Jahren im und mit dem Internet. Nach einigen Agenturstationen und einer intensiven Zeit der Selbständigkeit beriet er unter anderem den WDR, ERGO und die Gothaer. Seit 2015 ist er bei der öko-sozialen GLS Bank für den Bereich Digitale Kommunikation zuständig. Darüber hinaus ist er Dozent und Speaker für Social Media-Themen und organisiert BarCamps für den Kultursektor. www.gls.de

Wie soll es denn heißen?

Ein entscheidender, nicht zu unterschätzender Faktor für den Erfolg Ihrer Wissens-Plattform ist der Name. Allgemeine Ratschläge, wie ein solcher passender Name zu finden ist, kann es nicht geben, und natürlich ist es nicht der Name allein, der über den Erfolg entscheidet. Doch wenn es Ihnen gelingt, Ihr Blog oder Online-Magazin zu einer Marke zu machen, dann ist das schon die halbe Miete. Ist allerdings Ihr Unternehmensname bereits eine gut eingeführte Marke, dann könnte es sich lohnen, den Blognamen diesem Markennamen unterzuordnen. Das Folgende gilt selbstverständlich nur dann, wenn Sie nicht bereits ein eingeführtes Blog haben, das Sie mit den Tipps aus diesem Buch lediglich ausbauen oder mit einem neuen Konzept versehen wollen.

Für mein Blog hat sich der Name *PR-Doktor*, der mir irgendwann zufällig in den Sinn kam, als wirklicher Glücksgriff erwiesen. Wie Sie schon eingangs gelesen haben, habe ich mit meinem Blog mehrere Namenswechsel und Adresswechsel vollzogen. Aber der Erfolg hat sich erst mit dem Namen PR-Doktor, und ich wäre verrückt, wenn ich, zumindest unter den gegenwärtigen Bedingungen, irgendetwas daran ändern würde. Für mich erfüllt der Name meines Blogs gleich mehrere günstige Bedingungen: Er sagt etwas über den Nutzen, den der Leser erwarten kann. Er ist originell. Er ist leicht zu merken und in identischer Schreibweise auch als URL verfügbar.

Ein nachgerade geniales Beispiel für einen Blognamen ist die »Karrierebibel«[3] meines geschätzten Kollegen Jochen Mai. Es handelt sich hier um ein sehr vielseitiges Angebot rund um den Beruf; gelesen wird es von Studierenden auf der Suche nach einem ersten Job ebenso wie von Personalverantwortlichen in großen Konzernen. Ganz sicher sind die hochwertigen Inhalte der Grund, warum es so erfolgreich ist, aber ebenso sicher hat der Name wesentlichen Anteil am Erfolg. Ein anderes gutes Beispiel ist der »PR-Blogger« von Klaus Eck, der ja hier in einem Interview zu Wort kommt. Mit dem Namen und den hochwertigen Inhalten hat Klaus Eck einen Standard gesetzt, erfolgreich ist sein Blog aber deswegen, weil er dieses Versprechen schon über so viele Jahre einlöst.

Aber bitte versuchen Sie jetzt nicht, um jeden Preis eine besonders originelle Bezeichnung für Ihr Angebot zu kreieren. Viele Blogs tragen schlicht und einfach den Namen ihres Betreibers, und das kann für Wissensträger sogar sehr sinnvoll sein, weil sie damit dazu beitragen, dass sie selbst als Marke wahrgenommen werden. Selbstverständlich könnten Sie, wenn

---

3   http://www.karrierebibel.de

Ihnen irgendwann etwas noch Treffenderes einfällt, den Namen Ihres Blogs jederzeit wieder ändern. Besser ist, wenn Sie sich einmal entscheiden und dann dabei bleiben, solange nicht wirklich gewichtige Gründe für eine Änderung sprechen. Sie sollten immer bedenken, dass Sie ja Aufwand investiert haben, um den Namen bekannt zu machen. Wenn Sie also planen, Ihr Blog zu einer erfolgreichen Marke zu machen, dann überlegen Sie sich besser gleich zu Beginn, mit welchem Namen Sie das auf Dauer schaffen.

Ehe Sie also in das Brainstorming für den perfekten Namen eintauchen, sollten Sie sich darüber klar werden, welche Vorstellungen und Assoziationen jemand spontan entwickeln soll, der ihn liest, und wie Sie mit dem Namen etwas über Inhalte und Nutzen des Blogs aussagen können. Auch ist es sinnvoll, in diesem Zusammenhang viele mögliche Domainnamen auf ihre Verfügbarkeit zu prüfen und sich, wenn der ideale Name nicht mehr zu haben ist, eine alternative Vorgehensweise zu überlegen. Denken Sie auch daran, sich gegebenenfalls mehrere Domainnamen zu sichern. Dass Sie zudem keine fremden Markenrechte verletzen sollten, versteht sich. Auch hier empfiehlt sich gründliche Recherche, gegebenenfalls mit professioneller Unterstützung.

Der Blognamen-Check

Nehmen Sie sich für die Namensfindung ausreichend Zeit und Ruhe. Leisten Sie sich ein ausführliches Brainstorming, am besten im Team oder mit der Unterstützung von Freunden und Kollegen. Die folgenden Fragen sollen Ihnen bei dieser Namensfindung helfen:

- Welchen Nutzen soll Ihr Blogname transportieren?
- Was soll ein Leser assoziieren, der den Namen zum ersten Mal hört oder liest?
- Wie stellen Sie einen Bezug zu Ihrem Thema/ Ihrer Branche her?
- Welche Begriffe assoziieren Sie spontan mit Ihrer Kernkompetenz?
- Welche Begriffe sind in Ihrer Zielgruppe besonders positiv besetzt?
- Welche Stichworte passen zu Ihren Inhalten?

- Wie wollen Sie die Form benennen – Blog, Magazin, noch etwas anderes?
- Wie heißen Blogs, Magazine, Websites Ihrer Mitbewerber (von denen Sie sich gegebenenfalls abgrenzen wollen)?
- Wie passen die Namen, die in Frage kommen, zu Ihrem bisherigen Auftritt?

Lokal, regional, national oder global?

Auch lokal und regional tätige Unternehmen, gleich welcher Größe, verfügen mittlerweile so gut wie immer über mindestens eine eigene Internetpräsenz. Kunden vor Ort erwarten natürlich eine Website, auf der alles Wesentliche steht und auf der sie den Kundennutzen erkennen können. Schnell auffindbare Kontaktdaten und gegebenenfalls Öffnungszeiten oder eine Anfahrtskizze gehören dazu.

»Local SEO«, also lokale Suchmaschinenoptimierung, ist ein eigenes Fachgebiet, mit dem Sie sich in diesem Fall ausführlich auseinandersetzen sollten. Dazu gehört, die Möglichkeiten, die Google selbst unter »My Business« anbietet, auszuschöpfen.[4] Auch Facebook bietet zahlreiche Möglichkeiten sich lokal zu positionieren.

Darüber hinaus sollten ortsgebundene Anbieter auch in ihrer Wissensstrategie einen deutlichen lokalen Schwerpunkt setzen. Natürlich sind die Inhalte einer Web-Präsenz, ebenso wie Profile und Einträge in sozialen Netzwerken, weltweit sichtbar. Zusammen mit einem Ortsnamen kann ein ansonsten sehr häufig verwendeter Begriff bei Google sehr gut ranken. Dann müssen Sie aber darauf achten, dass Sie den Ortsnamen auch in Ihren Inhalten verwenden. Entsprechende inhaltliche Bezüge und eine gute Vernetzung mit anderen Unternehmen sowie Medien vor Ort gehören dazu.

Darüber hinaus habe ich es aber auch schon öfter erlebt, dass etwa ein Dienstleister, der sich auf diese Weise eine Reputation

---

4 https://www.google.de/business/

erarbeitet, seinen Einzugsbereich ganz von selbst erweitert. Ob Sie Anfragen für Vorträge oder Beratung in anderen Städten nachkommen wollen, ist Ihre Entscheidung und hängt auch von der Art Ihres Angebotes ab. Aber vielleicht werden Sie es irgendwann zum ersten Mal erleben, dass eine Klientin, ein Mandant, eine Patientin, ein Coachee aus einigen hundert Kilometern Entfernung anreist und sich ein Hotelzimmer nimmt, um sich gerade von Ihnen beraten zu lassen.

Im Social Web gibt es einige gute Beispiele für Inhaber von regional tätigen Unternehmen, die mittlerweile eine hohe überregionale Bekanntheit erlangt haben, obgleich ihr Angebot es mit sich bringt, dass sie nur im direkten Umkreis tätig sind. Sie alle haben das über eine eigene Website geschafft, über das Bloggen, über die Weiterverbreitung und das Netzwerken im Social Web. Was Sie nämlich schnell feststellen werden: Das eigene Teilen von Wissen ist auch eine hervorragende Methode, den eigenen Horizont zu erweitern. Denn Sie werden ganz automatisch in Kontakt mit anderen Wissensteilern kommen. So können sich Dialoge, regelmäßiger Austausch oder sogar Kooperationen ergeben. Warum nicht die eigene Website erweitern und mit vielen regionalen Angeboten eine bundesweite Plattform schaffen, auf der Ratsuchende problemlos einen Anbieter in ihrem unmittelbaren Umfeld finden?

Welche Kommunikationsziele erreicht ein (Corporate) Blog?

Corporate Blogs können viele verschiedene Aufgabenbereiche abdecken. Auf Ziele und Vorteile einer Strategie des Content-Marketings mit geteiltem Wissen sind wir bereits im Vorigen detailliert eingegangen. Hier sind einige Beispiele, welche Ziele Sie mit einem eigenen Blog oder Magazin, eingebettet in einen Kommunikations- und Social-Media-Mix erreichen können. Selbstverständlich müssen nicht immer alle Punkte zutreffen, und es gibt andererseits auch weitere.

- Aktivität auf eine bisher eher statische Website bringen,
- Aufmerksamkeit erzielen,
- Bekanntheit steigern,
- Reputation aufbauen und verbessern,
- Multiplikatoren aktivieren,
- Meinungsbildner überzeugen,
- Kunden gewinnen,
- Kunden binden,
- Teilnehmer für Veranstaltungen generieren,
- Austausch und Netzwerken innerhalb der Branche pflegen,
- Werbekampagnen begleiten,
- Marketing und Vertrieb unterstützen,
- Pressearbeit unterstützen,
- Profilierung als Arbeitgeber fördern,
- Bestehende Mitarbeiter in die Kommunikation einbinden.[5]

»Transparenz kommt an« – Interview mit der Karriereberaterin Svenja Hofert

Frage: In Ihren Blogs Svenja-Hofert.de und Teamworks teilen Sie seit 2006 beziehungsweise 2014 wertvolles Wissen mit Ihren Lesern. Wie motivieren Sie sich selbst über einen so langen Zeitraum, immer wieder etwas zu publizieren, und wie finden Sie immer neue Themen?

Svenja Hofert: Ich verändere mich und die Themen in einem gewissen Rahmen immer wieder, weil ich mich schnell langweile.

---

5 Diese Liste sowie zahlreiche Beispiele gelungener Unternehmensblogs finden Sie in meinem Beitrag im UPLOAD-Magazin: »Best Practice Corporate Blogs: Wie gut stehen deutsche Unternehmen da?« https://upload-magazin.de/blog/10714-best-practice-corporate-blogs/»

Deshalb lerne und lese ich viel. Ich verändere auch meine Kundengruppen immer wieder. Dadurch bekomme ich ständig neue Impulse, die ich dann in den Blogs aufbereite und teile. Weil ich mich selbst so stark verändere, habe ich keine Angst, dass mir das jemand nachmachen könnte. In dem Moment, indem ich ein Thema eingeführt habe, bin ich schon beim nächsten. Dafür bin ich bekannt, in den letzten Jahren eher als Influencerin als – wie früher – für den breiten Massenmarkt, und das ist auch so gewollt.

Frage: Wie hat sich Ihr Kommunikationsmix in den vergangenen fünf Jahren verändert – und wie steht das im Zusammenhang mit der Weiterentwicklung Ihres professionellen Angebots?

Svenja Hofert: Ich bin intuitiv und weiß einfach, wo sich Trends hin entwickeln. Ich denke es kommt durch meine vielen Einflussquellen. Ein wichtiges Ziel war für mich, selbst mehr in der Strategie zu arbeiten, weil ich das kann und weil ich mir dadurch Freiräume schaffe. Ich baue auch gerne andere auf: angestellte Mitarbeiter und auch Freie. Meine Strategie ist vor allem darauf ausgerichtet, Angebote skalierbarer zu machen. In diesem Zusammenhang habe ich vor einigen Jahren mit Teamworks GTQ GmbH zum zweiten Mal eine Teamgründung gewagt, und dieses Mal hat es auch geklappt, weil ich aus Fehlern gelernt habe. Der Geschäftspartner muss die eigenen Stärken ergänzen, man muss sich bedingungslos respektieren.

So bin ich die »Außenministerin«, und mein Kollege kümmert sich ums Innere. Durch Mitarbeiter und Ausbildungen können wir wachsen. Auch hier gilt das *Prinzip kostenlos*. Wir bauen Leute auf, die wir gut finden, schenken ihnen unser Wissen und Tools. Andere fordern für sowas Lizenzgebühren. So habe ich einen Stärken-Navigator entwickelt, den jeder verwenden und im Internet auch kostenlos absolvieren kann. Es gibt ein »AgilMosaik«, Wertekarten, Poster und und und. Die Begeisterung dafür ist mir mehr wert als die Lizenzgebühr. Ich glaube, am Ende bringt uns das weiter. Vor allem habe ich ein gutes Gefühl, denn ich mag diese Abzocke nicht, die andere betreiben. Integrität mit unternehmerischem Denken zu verbinden ist mir wichtig.

Frage: In welchen Social Networks sind Sie besonders aktiv?

Ich habe Instagram dazugenommen und Whatsapp, aber ich betreibe es immer weniger professionell. Ich lege mehr Wert auf sehr guten Content, so haben wir einige Wikipedia-Verlinkungen bekommen. Ehrlich gesagt, das bringt mehr. Persönlich mag ich Twitter am meisten, das liegt daran, dass ich eher informationsorientiert bin, bei Facebook ist mir einfach zu viel Selbstdarstellung und oft Postings ohne wirklichen Inhalt.

Frage: Welche Rolle spielen multimediale Formen für Sie, beispielsweise Videos, Podcasts, Webinare?

Svenja Hofert: Mit Videos experimentiere ich seit einiger Zeit. Das ist ein Lernfeld. Ich lerne vor allem, dass das ähnlich wie ein Blog nicht perfekt sein muss, sondern sich ruhig evolutionär entwickeln darf. Dieser Gedanke fiel mir beim Video schwerer als bei anderen Themen. Viele Marketer meinen, dass man das Textniveau dann auch auf andere Medien übertragen muss. Ich dagegen bin von der Experimentierkultur überzeugt. Ich setze auf dauernde Optimierung anstatt darauf, etwas von Anfang an gut zu machen. Webinare sind ein ähnliches Thema. Die waren am Anfang nicht besonders gut, aber inzwischen werde ich dafür sehr gelobt – besonders für meine dichten Inhalte und mein 30-Minuten-Format.

Ich orientiere mich auch nie an anderen, sondern ich schreite selbstlernend voran. Das war immer mein Prinzip und ist es auch bei diesen neuen Formaten. Dann ist es im Webinar eben mal dunkel oder das Handy hat geklingelt – es bringt mich nicht um und die Teilnehmer auch nicht. Aber jedes Mal habe ich dazu gelernt: Aha, du musst das Handy wegpacken. Aha, mach das Licht an. Undsoweiter. So werden die Webinare, die natürlich auch kostenlos sind, immer besser. Ich habe auch gelernt, die Werbebotschaften auszuklammern und in optionale zehn Minuten ans Ende zu verlagern. Da sage ich immer: »Wer jetzt noch Lust hat, kann dabeibleiben, wenn ich unsere Ausbildung vorstelle.« Und siehe da: Acht von zehn bleiben dran. Die Transparenz kommt an.

Frage: Was ist Ihre Ausrichtung, Ihre Zielsetzung im Web und in sozialen Netzwerken?

Svenja Hofert: Eben auf Ziele zu verzichten. Ich kenne den großen Bogen, das reicht mir. Alles, was ich erreicht habe, habe ich meiner Neugier zu verdanken. Diese hat mir gesagt, geh dahin, ohne daraus ein Ziel zu machen. Ich habe mir dann aber immer gut überlegt, was es bedeutet, dahin zu gehen. Visionen gab es also. Aber keine Ziele. Mein Kollege ist da ganz anders, aber er sieht, dass meine Vorgehensweise funktioniert.

Frage: Sie sind regelmäßige Kolumnistin für das Online-Magazin KarriereSpiegel, und das ebenfalls seit vielen Jahren. Bringt Ihnen das Aufträge?

Svenja Hofert: Einige Jahre war es sicher extrem hilfreich. Viele kennen mich daher. Man schreibt mir dadurch auch Kompetenz zu. Es unterstreicht ein Image, aber es verhindert auch Aufträge. Durch die Präsenz dort, komme ich weniger in konkurrierende Medien. Die sehen mich dann als »Frau Spiegel Online«.

Aber am Ende lege ich inzwischen mehr Wert darauf, richtig guten Content in meinen eigenen Medien zu publizieren. Das ist dann auch mehr meine Marke. Ich kann da auch etwas komplexer werden und noch querer denken. Da ich jede Werbung ablehne, sind mir Klicks völlig egal. Das macht auch frei.

Svenja Hofert hat in den letzten 20 Jahren mehr als 35 Bücher geschrieben, darunter einige Bestseller und Standardwerke. Sie hat mehrere Firmen aufgebaut, darunter ihre Karriereberatung Karriere & Entwicklung. Mit Thorsten Visbal führt sie das Weiterbildungsinstitut Teamworks GTQ GmbH. Immer spielte bei ihrer Aufbauarbeit der »Content« eine zentrale Rolle. Heute bildet Hofert in erster Linie Coachs, Berater und Führungskräfte aus. www.teamworks-gmbh.de

Umsetzung: der Aufbau Ihres Blogs

Nachdem wir uns mit den strategischen Erwägungen und der Ausrichtung Ihrer Plattform befasst haben, starten wir in die Umsetzung. Um die folgenden Abschnitte zu verstehen, möchte ich Sie ermutigen, zwischen den Leseabschnitten zumindest einige Praxisbeispiele näher zu betrachten. Gute Beispiele bilden die Blogs der Interviewpartner aus diesem Buch.[6] Auch wenn selbst die umfangreichste Beschreibung keine individuelle Erarbeitung ersetzt, liefere ich Ihnen im Folgenden Anregungen und Stichworte, die Sie bei der Konzeption und Realisierung Ihrer Wissensplattform unterstützen sollen. Blogs sehen sehr unterschiedlich aus, und auch die Funktionen wandeln sich schnell. Das Folgende soll Ihnen daher vor allem erste Anhaltspunkte liefern und Ihnen auch helfen, die Inhalte anderer Angebote einzuschätzen und für sich zu bewerten.

Ein Blog wie ein Magazin betrachten

Wenn jemand noch gar keine Vorstellung hat, wie ein Blog oder Unternehmensmagazin mit hochwertigen Inhalten aufgebaut ist, ziehe ich gerne den Vergleich zu Magazinen wie *Spiegel online*. Natürlich steht dort, ebenso wie bei anderen Magazinen und Tageszeitungen im Netz, ein ganzes Redaktionsteam dahinter. Schon deswegen wird dort eine Zahl von Beiträgen erreicht, an die Sie als einzelner Autor oder als kleines Team, das nicht hauptberuflich schreibt, niemals herankommen werden. Aber das soll ja auch gar nicht das Ziel sein. Dennoch sind solche journalistischen Online-Magazine gute Beispiele, weil hier ebenfalls regelmäßig neue Artikel erscheinen, die nach Kategorien (Themen/Ressorts) aufgeteilt sind. Es werden Videos veröffentlicht. Die einzelnen Autoren nutzen ein Content-Management-System, um ihre Beiträge einzustellen. Schauen wir uns mit dem Magazin-Konzept im Hinterkopf dessen Aufbau und Komponenten einmal näher an.

---

6 Die Websites der Interviewpartner finden Sie im Anhang dieses Buches.

Die Startseite

Jedes Blog hat eine Hauptseite oder Startseite. Vereinfacht gesagt besteht diese Hauptseite aus dem Content-Bereich, also den Artikeln, sowie dem Rahmen mit dem Header (Kopfbereich), mit Informationen über das Blog, Suchfeld, Einbindung externer Angebote und weiterer Funktionen; auch ein Footer (Fußleiste) kann dazugehören.

Diese kann ganz unterschiedlich aussehen, und die Seh- und Nutzergewohnheiten haben sich in den vergangenen Jahren sehr weiterentwickelt. Dies ist nicht zuletzt der Tatsache geschuldet, dass die mobile Nutzung eine immer größere Rolle spielt. Ein Blog, das auf einem Smartphone nicht oder nicht vernünftig abrufbar ist, sollte heute nicht mehr denkbar sein. OnePager und große Bildkacheln haben traditionelle Gestaltungen mit vielen Spalten und Seitennavigationen abgelöst. Darüber hinaus ist das Bild sehr heterogen, auch in Unternehmensblogs. Manche sind auf der Startseite nach Themen beziehungsweise Kategorien gegliedert. Andere wiederum zeigen eine chronologische Aufstellung der neuesten Beiträge. Bei einigen Blogs sind Neuigkeiten aus Social Media wie in einem Social-Media-Newsroom eingebunden. Vielleicht läuft noch ein Film mit einer Kurzvorstellung auf der Hauptseite. Zu allem dazu finden sich hier vielleicht Anzeigen und Banner.[7] Für welche Form und Ausgestaltung Sie sich ist eine Frage der individuellen Erarbeitung. Dabei sollten Sie sich jedoch verdeutlichen, dass Ihr Blog oder Magazin auf unterschiedlichen Geräten sehr unterschiedlich aussieht (und gut aussehen muss!).

Zudem werden wahrscheinlich die meisten Besucher Ihres Blogs direkt einem Link oder Verweis auf einen einzelnen Artikel folgen – also niemals als Erstes auf die Startseite gelangen. Daher muss jede Unterseite und jede einzelne Artikelansicht für sich genommen funktionieren und alle Elemente enthalten, anhand derer sich ein Besucher auf Ihrer Web-Präsenz zurechtfindet.

---

7   »Best Practice Corporate Blogs: Wie gut stehen deutsche Unternehmen da?« https://upload-magazin.de/blog/10714-best-practice-corporate-blogs/

Die Artikelansicht

Wer über einen Direktlink kommt oder auf der Blog-Startseite auf die Überschrift oder die Kurzzusammenfassung eines einzelnen Beitrags klickt, gelangt auf die Einzelansicht, die den vollständigen Inhalte liefert. In der Regel, wenn auch nicht in allen Fällen, bleibt der Rahmen des Blogs darum herum bestehen. Ganz einfach kommt der Besucher von hier aus auf die Hauptseite zurück.

Weitere Unterseiten

Neben den einzelnen Artikelseiten kann ein Blog weitere Unterseiten und Landingpages zu verschiedenen Themen enthalten, sowohl solche, die regelmäßig ergänzt werden, als auch solche, die feststehen – also allenfalls nach Bedarf geändert werden. Zu den weiteren Seiten gehören jeden Fall formale Seiten wie Impressum und Datenschutzerklärung. Hinzukommen könnten ein »About« (»Über uns«), ein Kontaktformular oder weitere Service-Angebote wie beispielsweise ein Download-Bereich.

Die richtige Basis: technische Grundlagen

Wenn Sie Ihre Wissenszentrale – Ihr Blog, Ihr Magazin, Ihren redaktionellen Bereich – neu aufbauen, dann sorgen Sie bitte dafür, dass technisch von Anfang an alles stimmt. Wenn Sie selbst in diesen Fragen nicht zufällig wirklich gut Bescheid wissen, holen Sie sich dazu besser fachliche Unterstützung. Die Wahl des passenden Content-Management-Systems, des Webhosters und andere technische Fragen sind nicht allein für Ihren Bedienkomfort entscheidend. Sie bestimmen mit, wie stabil Ihre Seite später läuft, wie sicher sie ist, wie suchmaschinenoptimiert und wie schnell sie lädt. Aber die Möglichkeiten von späteren gestalterischen und technischen Änderungen sollten von vornherein bedacht werden.

Das passende Content-Management-System

Es gibt zahlreiche Content-Management-Systeme, sowohl frei erhältliche als auch kostenpflichtige. WordPress, bei dem die Software selbst nichts kostet, mit dem ich selbst in meinen eigenen Blogs ausschließlich arbeite, ist sehr weit verbreitet.

Kostenpflichtig sind natürlich Einrichtung, Gestaltung, Webhosting, Wartung und Pflege. Hier sind die Honorare von Dienstleistern sehr unterschiedlich, und die Bandbreite des Aufwandes ist sehr groß. Massenhoster bieten vorinstallierte Lösungen auch für eigenen Webspace unter eigener Domain an. Hier sollten Sie sich unbedingt vor dem Start ausführlich informieren, beraten lassen und Angebote einholen.

Die Grundfunktionen von Blog-Software sind ähnlich. Ein Content-Management-System, das die genannten Optionen nicht bietet, ist für ein Blog, wie wir es hier planen, nicht geeignet. Hier ist eine Liste der Funktionen, über die Ihr CMS mindestens verfügen sollte, damit es für ein Blog geeignet ist. In Systemen wie WordPress sind diese standardmäßig enthalten, müssen aber natürlich technisch korrekt eingerichtet werden.

Das sollte Ihr Content-Management-System können[8]

- ein ansprechendes, zeitgemäßes Template (»Theme«), das zu Ihrem Corporate Design passt beziehungsweise sich an dieses anpassen lässt
- Mobiltauglichkeit
- dynamische Startseiten (z. B. Kacheln nach Kategorien, Artikelvorschau, Artikelbilder)
- variierbare Navigation/flexible Menüs
- Kategorien und Schlagwörter
- flexibel einzusetzende Überschriftenformate (H1 bis mindestens H4)
- die Möglichkeit, Seiten und beliebig viele Unterseiten anzulegen
- Möglichkeit, passwortgeschützte Unterseiten/Beiträge anzulegen
- Gestaltungselemente, z. B. Infokästen, hervorgehobene Zitate etc. (je nach Bedarf und Konzeption)
- Einbindung externer Inhalte (i. e. Videos, Bilder etc.)

---

8   Die Liste erhebt keinen Anspruch auf Vollständigkeit. Bitte lassen Sie sich, wenn Sie sich nicht selbst sehr gut damit auskennen, unbedingt beraten!

- Anbindung an externe Plattformen (z. B. Profile in Social Media) bzw. Verlinkung dazu
- Share-Buttons für Social Media und deren rechtskonforme Umsetzung
- »sprechende«/Keyword-URLS
- Gesamt-RSS und Kategorien-RSS
- Blog-Statistik (z. B. Anbindung an Google Analytics oder Piwik) und deren rechtskonforme Umsetzung
- Plugin zur SEO-/Keyword-Optimierung, auch pro Beitrag
- verschiedene Benutzer-Rollen
- Versionierung der Beiträge (mit Wiederherstellfunktion)
- Anbindung an eigene Profile in sozialen Netzwerken
- Kommentarfunktion, auch moderiert
- Kommentare pro Beitrag abschaltbar
- Footer
- Newsletter-Funktion
- Autorenkästen
- Kontaktformular

Auf die meisten Funktionen und Begriffe gehe ich in den folgenden Abschnitten noch näher ein.

Bitte unter eigener Domain!

Es gibt zahlreiche Angebote, auf denen man kostenlos eigene Blogs einrichten und betreiben kann, etwa Tumblr. Auch Word-Press gibt es einmal als Software, um sie auf eigenem Webspace zu installieren. Man kann auch direkt auf WordPress.com ein dort gehostetes Blog betreiben. Business-Netzwerke wie XING und LinkedIn bieten umfangreiche Möglichkeiten, direkt auf der Plattform zu bloggen. Facebook hat die »Notizen« zu blogähnlichem Umfang ausgebaut. Auch Angebote wie Medium.com bieten sich durchaus auch für Wissensteiler an, die hier einen größeren Leser- und Zuschauerkreis erreichen wollen. Die Vorteile sind offensichtlich: Es gibt so gut wie keinen Installationsaufwand, und auch die Pflege der Präsenz macht, abgesehen von gelegentlichen Datensicherungen, die man auch automatisieren kann, wenig Arbeit. Der Webspace, also der Platz, den Ihre Inhalte auf dem Server beanspruchen, kostet dort nichts, und es sind so gut wie keine technischen Kenntnisse erforderlich. Solche Blogging-Plattformen sind eine feine Sache: als zusätzliche Option, um Inhalte weiter zu verbreiten, für private Blogs, zum Ausprobieren, für gemeinnützige

Gemeinschaftsprojekte, für das Sammeln von Links, für das Management kleiner Projekte, die kaum Traffic erzeugen, und für viele andere Zwecke. Es ist großartig, dass sie kostenlos zur Verfügung stehen.

Aber für Unternehmen und Selbstständige kann eine Präsenz auf einer solchen Plattform auch erhebliche Nachteile haben, insbesondere, wenn sie gerne viele Besucher auf ihre Website bekommen möchten. Sie schenken nämlich den Plattform-Anbietern die Verlinkungen zu Ihren Blogbeiträgen, und die Zugriffszahlen kommen ihnen allenfalls mittelbar zugute. Sie vergeben sich also die Vorteile für die Suchmaschinenopti-mierung, die eigene, aktuelle Inhalte bieten. Zudem ist die Erfolgsmessung in vielerlei Hinsicht schwieriger. Man sieht zwar auch, wer die Seite besucht hat und woher er gekommen ist. Aber die Feinauswertung eines eigenen Statistiktools, ausschließlich auf eine Website bezogen, bieten solche Plattformen in der Regel nicht. Ist man also Freiberufler oder Unternehmer und hat eine Website mit dem eigenen Angebot im Netz, tut man gut daran, wenn man schon Arbeit und Zeit in sein Blog investiert, auch die eigene Website davon profitieren zu lassen. Darüber hinaus hat es auch Image-Vorteile: Eine eigene Adresse sieht für die meisten professioneller aus als ein »meinblog.wordpress.com«. Zur Wissenszentrale unter eigener Domain, dort wo auch die Unternehmenswebsite liegt, gibt es also aus meiner Sicht keine echte Alternative. Was Sie darum herum zusätzlich aufbauen, hängt vom Gesamtkonzept und vor allem auch von Ihren Ressourcen ab.

Die Gestaltung muss zum Inhalt passen

Wenn Sie eine Website zum ersten Mal besuchen: Was nehmen Sie als Erstes wahr? Wahrscheinlich nicht so sehr die gestalte-rischen Details und weniger die Einzelheiten der womöglich hochwertigen Inhalte, sondern den Gesamteindruck. Das funktioniert ganz ähnlich, wie sich bei der ersten Begegnung mit einem Menschen in den ersten Sekunden ein Eindruck bildet, der darüber entscheidet, ob und wie Sie sich mit dieser Person näher auseinandersetzen.

Das bedeutet, dass Sie dem Besucher auf den ersten Blick signalisieren sollten, dass ihn hier ein wertvolles Angebot erwartet. »Wertvoll« ist nichts Absolutes, sondern bedeutet: zur Zielgruppe passend, diese unmittelbar ansprechend. Sowohl in der Gesamtgestaltung als auch in Gestaltungsdetails und Struktur sollten Sie sich also auf diese ausrichten.

Wenn Sie zu Discount-Preisen arbeiten, kann es unmittelbar zielführend sein, wenn Ihre Seite auf den ersten Blick signalisiert: »Billig!« Wenn hinter einem Blog eine anspruchsvolle Beratungsleistung steht, ist eine solche Erscheinung jedoch nicht im Sinne der Unternehmensziele. Viele Besucher würden die Seite gleich wieder verlassen, weil ihnen entgeht, welcher Schatz sich hier hinter einem »trashigen« Design verbirgt.

Ich bin immer wieder erstaunt, wie viele teure Berater, die selbst Maßanzüge tragen, ihren Blogs im übertragenen Sinne »Billigklamotten« anziehen. Sie basteln selbst etwas hin, was sie anderswo gesehen haben, aber in einer Weise, dass selbst einen durchschnittlich begabten Gestalter das Grausen packt. Tun Sie so etwas bitte nicht! Wenn Sie nicht gerade wirklich selbst gut im Webdesign sind: Denken Sie darüber nach, welche Gewinne Sie mit Ihrer Wissensstrategie ansteuern. Und dann nehmen Sie Geld in die Hand und beauftragen Sie einen Designer, und zwar selbst dann – und gerade dann! –, wenn Sie sich einer vorgefertigten Gestaltungslösung bedienen.

Es gibt beispielsweise bei WordPress unzählige vorgefertigte sogenannte Themes, also komplette Seitengestaltungen, die Sie mehr oder weniger nur noch installieren und mit Inhalt füllen müssen. Ein Teil davon ist kostenfrei nutzbar. Darüber hinaus gibt es Premium-Themes, die man zuerst kaufen muss. Kostenpflichtige Themes sind dann empfehlenswert, wenn ganz spezielle Funktionen oder außer gewöhnliche Design-Elemente gesucht werden. Ich nutze für meine Blogs und Seiten sowohl kostenfreie als auch kostenpflichtige Lösungen, aber keine davon hat genau die Gestalt, in der ich sie ursprünglich heruntergeladen habe. Das hat mehrere Gründe:

- **Das Design muss zu Ihrem Unternehmen passen:** Ihr Blog soll an Ihr Corporate Design angepasst sein; wenn Sie als Einzelunternehmer oder Gründer noch keines haben, ist jetzt eine gute Gelegenheit, sich einen professionellen Briefkopf, Visitenkarten und gegebenenfalls weitere Gestaltungsvorlagen entwerfen zu lassen.

- **Ihr Blog soll auf den ersten Blick unverwechselbar sein:** Das bedeutet, Sie wollen Ihre ganz spezielle Leistung nicht in einem optischen Umfeld präsentieren, das bereits viele andere Angebote haben. Einige Themes sind sehr beliebt und weit verbreitet. Mit wenigen Handgriffen erhalten sie eine Optik, die allein bei Ihnen zu finden ist.

- **Ihr Design muss Ihre funktionalen Ansprüche erfüllen:** Blogs sind wie Häuser. Bestimmte »Funktionsräume« können für Menschen mit ähnlicher Lebensweise nahezu gleich gestaltet werden. Aber es gibt bestimmte individuelle Bedürfnisse, die jeder gerne anders hätte. Auch die Einrichtung einer Wohnung wählt jeder nach dem eigenen Geschmack. Die Anpassung eines vorhandenen Themes folgt also sowohl ästhetischen als auch funktionalen Anforderungen.

Selbstverständlich können Sie sich auch ein individuelles Template bauen lassen. Aber für diesen Fall sollten Sie sich gründlich versichern, dass der Anbieter etwas von der Sache versteht und Ihre Wünsche umsetzen kann. Lassen Sie sich Arbeitsbeispiele zeigen! Es gibt auch Programme, mit denen Sie nach dem WYSIWYG-Prinzip (What you see is what you get[9].) eigene Templates für Websites und Blogs bauen können. Aber Vorsicht: Dafür reichen ästhetisches Empfinden und ein gutes Händchen

---

9   »Du bekommst, was du siehst.« Übersetzung von der Autorin.

für Gestaltung nicht aus. Man muss sich schon genau mit den funktionalen Anforderungen für ein Blog auskennen und wissen, was technisch dahintersteckt. Die optische Anmutung, die überzeugende Ästhetik machen in Wirklichkeit nur einen kleinen Teil eines gut funktionierenden, auch mobiltauglichen Blog-Templates aus.

Benutzerfreundlichkeit: Die Form folgt der Funktion

Usability[10] lautet der Fachausdruck für die Benutzerfreundlichkeit einer Website. Um eine solche Site aufzubauen, braucht man technische Kenntnisse beziehungsweise jemanden, der über solche Kenntnisse verfügt. Darüber hinaus sollte jedem einleuchten, dass beispielsweise schwache Kontraste oder sehr unruhige Flächen es dem Leser erschweren, sich zurechtzufinden und schnell zu den für ihn relevanten Inhalten zu gelangen.

Aufteilung Ihrer Blog-Startseite

Es gibt Studien darüber, in welcher Reihenfolge Menschen eine Website betrachten, was sie aufgrund welcher Signale tun und wo sie schließlich landen. Sie können davon ausgehen, dass gute Blog-Designs sich auch an der Usability orientieren. Aber die Feinaufteilung obliegt Ihnen beziehungsweise Ihrem Gestalter. Machen Sie sich klar, was Sie bezwecken wollen, bevor Sie entscheiden, was Sie an welcher Stelle platzieren. Ein Beispiel aus eigener Erfahrung: Je höher ich das Bestellformular für den Newsletter in der Seitenleiste meines Blogs platziere, desto mehr neue Abonnenten melden sich täglich an. Doch dafür müssen andere Handlungsimpulse hintenanstehen.

Sie setzen also mit der Positionierung jedes einzelnen Elementes auf Ihrer Seite Prioritäten. Überprüfen Sie diese bitte regelmäßig.

---

10 Usability in: Wikipedia, die freie Enzyklopädie. http://de.wikipedia.org/wiki/Benutzer freundlichkeit

Wenn die Reaktionen, die Sie sich wünschen, nicht so erfolgen, wie Sie sich das vorgestellt haben, hilft nur: nach den Ursachen forschen; überarbeiten; verschiedene Varianten ausprobieren.

Menü-Bezeichnungen

Wo sich die Buttons der Navigationsleiste befinden, ist eine Sache des Designs. Texterische Kreativität sollte sich nicht ausgerechnet in der Navigation austoben. Hier gibt es bestimmte Begriffe, die sich eingebürgert haben und dem Besucher die Orientierung erleichtern. Deswegen sollte die Seite mit den Kontaktdaten und dem Kontaktformular auch »Kontakt« heißen. Wenn Sie eine Anfahrtsbeschreibung bereithalten, nennen Sie diese besser »Anfahrt« als »Finden«. Für eine Seite »Über uns« gibt es etliche mögliche Bezeichnungen, von »Unternehmen« bis zu »Wir« oder, je nach Umfeld, das englische »About«. Wenn jemand nach Leistungen sucht, will er auch »Leistungen«, »Angebot« oder »Portfolio« finden. Wer sich nach Referenzen umschaut, ist auch mit »Kundenstimmen« oder einer »Kundenliste« zufrieden. Aber schon bei »Projekte« ist er vielleicht nicht ganz sicher, was sich dahinter verbirgt, und wenn er es sehr eilig hat, klickt er unter Umständen eher weg als darauf. Besonders witzige Varianten werden vielleicht den einen oder anderen Klick erzeugen oder sogar ein Schmunzeln, benutzerfreundlich sind sie dennoch nicht.

Redundanz

Bieten Sie Ihren Lesern für einige besonders entscheidende Elemente ruhig mehrere Möglichkeiten an. Beispielsweise kann ein Link zum Kontaktformular ruhig in der Navigation und in der Fußleiste zu finden sein. Verbindungen zu sozialen Netzwerken, mit denen ein Leser per Klick ihren Beitrag weiterverbreiten kann, können Sie vor und nach dem Text anbieten, wenn Sie das wollen. Den Link zu einem externen Angebot könnten Sie sowohl in ein Bild einbauen als auch in einen Text. All das ist immer ein Balanceakt zwischen zu viel und zu wenig, den Sie für den Einzelfall schaffen müssen.

Geschriebene Texte

Benutzerfreundlichkeit bezieht sich nicht alleine auf die optische Gestaltung, sondern auch darauf, wie Sie Ihre Inhalte formulieren und präsentieren. Damit Ihre Texte wirklich gelesen werden, sollten sie flüssig und verständlich formuliert sein. Menschen nehmen Inhalte am Bildschirm anders auf als von Papier. Oft ist die Aufmerksamkeit reduziert. Sätze sollten insgesamt kürzer sein als in Print-Produkten, Textabschnitte gut gegliedert, Überschriften auf einen Blick herüberbringen, worum es geht. Zudem sollten Sie Ihre Web-Texte interaktiv gestalten, mit Verweisen und Verlinkungen. Wenn es auf der Seite für den Leser Möglichkeiten gibt, sich zu äußern, zu kommentieren oder eine Folgehandlung auszuführen, sollten Sie nicht nur mittels der Gestaltung, sondern auch im Text dazu hinführen. Auch für die Suchmaschinenrelevanz spielt der Lesbarkeitsindex eine Rolle. WordPress-Plugins wie »Yoast SEO« werten die Lesbarkeit aus und liefern Verbesserungsvorschläge. Letztlich sollte aber die Ausrichtung auf den Leser im Mittelpunkt stehen.

Farben und Kontraste

Dunkle Schrift, heller, einfarbiger oder zumindest ruhiger Hintergrund – das ist die sicherste Variante, damit Ihre Texte gut lesbar sind. Texte sollten nicht blinken oder sich bewegen. Viele moderne Templates bieten auch helle Schrift auf dunklem Grund an. Dies ist jedoch im Sinne einer barrierearmen Seite weniger empfehlenswert. Gute Lesbarkeit ist wichtiger als ein besonders schickes Design!

Mobiltauglichkeit

Bedenken Sie beim Aufbau Ihrer Web-Präsenz, dass viele Leser es auf ihren mobilen Geräten aufrufen werden, auf einem Tablet-Computer oder einem Smartphone – und dass es auch dort gut lesbar und navigierbar sein soll. Mobiltauglichkeit ist heute nicht mehr optional. Versichern Sie sich, dass Ihr Dienstleister dies gewährleistet.

Barrierefreiheit

Das Thema Barrierefreiheit ist ein großer Themenkomplex, auf den wir hier nicht im Detail eingehen können. Eigentlich kann man immer nur von Barrierearmut sprechen, weil völlige Barrierefreiheit praktisch nicht zu erreichen ist. Um zu erreichen, dass ein Blog oder eine Website auch für Menschen mit Behinderungen und Einschränkungen gut geeignet ist, ist eine Reihe von Bedingungen zu erfüllen. Die meisten davon gehören ohnehin zu einer professionell gebauten Seite. Fragen Sie Ihren Webdesigner danach.

Die erste Info muss sitzen: Rahmen und Elemente Ihres Blogs

Spätestens wenn Design, Funktionen und all formalen Fragen geklärt sind, müssen Sie sich Gedanken um den Rahmen machen. Er besteht aus Texten und Gestaltungselementen.

Der gestalterische Rahmen

Der Header

Der Kopfbereich ist meist das Erste, was ein neuer Besucher wahrnimmt. Hier steht der Blogname, und der Header führt sozusagen die Gestaltung der gesamten Seite an. Dazu gehören auch der Untertitel und gegebenenfalls ein Slogan, die dem Leser sofort signalisieren:

- Worum geht es in dem Blog, was kann der Besucher erwarten?

- Welchen Nutzen bietet das Blog dem Besucher?

Sie sollten darauf achten, dass aus dem Untertitel oder Slogan Ihrer Wissensplattform hervorgeht, was Ihre Expertise ist, wodurch Sie sich also besonders auszeichnen. Brainstormen Sie im Team, mit Kollegen oder lassen Sie sich professionell unterstützen.

Navigation

Die Navigation ist eines der wichtigsten Elemente jeder Website, denn sie führt den Besucher durch das Angebot und zeigt ihm auf den ersten Blick, was er an welcher Stelle findet. Im Abschnitt über die Usability habe ich schon einiges dazu gesagt, wie man Buttons am besten benennt. Jetzt geht es darum, welche Elemente die Navigationsleiste Ihres Blogs enthalten sollte. Allgemeiner Rat dazu ist so gut wie unmöglich. In Zeiten von »Mobile first« haben sich auch die Anforderungen an Menüs verändert.

Dass Sie irgendwo auf Ihrer Seite zu Ihrem Impressum und zru Datenschutzerklärung verlinken müssen, gehört zu den selbstverständlichen Anforderungen an Websites deutscher Anbieter. Ebenso sollten Sie es den Besuchern leichtmachen, zu Kontaktmöglichkeiten zu gelangen. Ob und wie Sie zu weiteren Unterseiten oder weiteren Web-Präsenzen verlinken, hängt von Ihrem Kommunikationsmix und der Struktur Ihrer Seiten im Web ab.

Bei vielen Blogs und Magazinen generiert sich die Navigation automatisch aus den verschiedenen Kategorien, den Themen, denen die Beiträge zuzuordnen sind. Das ist auch wieder vergleichbar mit einem Magazin oder Tageszeitungen im Netz, wo Sie über die Navigationsleiste direkt ein Ressort anwählen können, beispielsweise

»Wissenschaft«, »Politik« oder »Vermischtes«. Je komplexer und vielseitiger Ihre Themen sind und je häufiger Sie publizieren, desto mehr lohnt sich eine solche Aufteilung. Sie könnten aber beispielsweise auch nach Zielgruppen differenzieren. Ganz gleich, wie Sie es nennen: Ein »Über uns« oder »About« gehört in jedes Blog. Denn jeder, der den Autor oder die Autoren eines Blogs noch nicht kennt, will wissen, mit wem er es zu tun hat.

Der textliche Rahmen

Einen Namen für Ihr Online-Magazin haben Sie schon. Sie wissen auch, welches Wissen Sie künftig in Ihren Beiträgen vermitteln wollen. Doch damit allein motivieren Sie einen neuen Besucher noch nicht dazu, zu verweilen und sich näher mit Ihren Inhalten zu befassen. Sie müssen ihm also möglichst auf den ersten Blick zeigen, was ihn erwartet und welchen Nutzen er davon hat. Die Rahmen-Texte rund um die eigentlichen Beiträge müssen noch weitere Funktionen erfüllen. Beispielsweise sollen sie Ihren Leser zu weiteren Handlungen motivieren, etwa Ihren Newsletter zu abonnieren, sich mit Ihnen in Social Networks zu verbinden oder Ihre Unternehmens-Seite zu besuchen. Übersichtlich und damit schnell zu erfassen, soll das Ganze auch noch sein. Und schließlich gibt es noch einige formale Informationen, die in jedes Blog gehören. Schauen wir uns die Startseite Ihres Blogs mit den dazugehörigen Inhalten einmal näher an.

Kurzer Infotext

Auf die Startseite Ihres Blogs passt ein kurzer (!) einführender Text. Er führt das aus, was Sie im Untertitel und/oder Slogan bereits angerissen haben. Dieser kurze Absatz kann ebenfalls wieder ein Teaser zu einer weiterführenden Seite sein, auf der Sie dann ausholen – kann, muss aber nicht. Wenn es Ihnen gelingt, das Wesentliche in wenigen Sätzen herüberzubringen: umso besser. Die Tonalität darf ruhig etwas in Richtung eines Imagetextes gehen, aber vergessen Sie bitte nicht, dass er sich auf das Blog und auf dessen Wert für den Leser ausrichtet. Verzichten Sie auf allzu werbliche Attribute. Konzentrieren Sie sich mehr auf den Nutzen für den Empfänger als auf Selbstaussagen. Ein kurzer, sachlicher Hinweis auf Ihr Beratungsangebot ist durchaus erlaubt. Sie wollen es Ihren Besuchern ja auch nicht zu schwer machen, bei Ihnen nachzufragen.

Kontaktdaten

Machen Sie es Ihren Besuchern leicht, Kontakt mit Ihnen aufzunehmen, indem Sie einen Kontakt-Button in der Navigation haben und am besten auch die wichtigsten Kontaktdaten auf allen Unterseiten, etwa im Footer.

Besondere Angebote

Die Hauptseite Ihres Blogs ist auch dazu geeignet, besondere Angebote herauszustellen, beispielsweise Downloads, Aktionen oder Termine. Ebenso können Sie sie nutzen, um besondere Angebote zu promoten oder zu Partnern zu verlinken. Das müssen nicht unbedingt rein textliche Hinweise sein, ebenso können Sie Banner oder Bilder einbauen. Wo Sie das genau platzieren, hängt vom Design ab. Viele Blogs haben Seiten- und Fußleisten für solche Zwecke.

Weitere Textelemente

Auch die Gestaltungselemente Ihres Blog-Rahmens enthalten teilweise kurze Texte. Beispielsweise die Vorstellung Ihres Newsletters, den Hinweis auf Abo-Funktionen oder den Teaser für weitere Unterseiten. Mehr zum Newsletter innerhalb einer Wissensstrategie finden Sie in einem eigenen Kapitel zu diesem Thema.

Weitere Bestandteile

Nicht allein mit Text, sondern auch mit weiteren Elementen eines Blogs sorgen Sie für Information, Handlungsaufforderungen sowie für Verknüpfungen mit dem virtuellen und realen Netzwerk, das wir uns rund um Ihre Wissenszentrale herum vorstellen. Dazu gehören beispielsweise Verlinkungen zu Ihren Profilen in sozialen Netzwerken. Im Folgenden nenne ich beispielhaft die aus meiner Sicht wichtigsten Elemente. Ihr Blog-System bietet Ihnen weitere an.

RSS-Feed

RSS ist eine Abkürzung für das englische *Really Simple Syndication*. Wenn Sie diesen Service einrichten, stellen Sie Ihren Besuchern mit dem RSS-Feed automatisch einen Nachrichtenstrom zur Verfügung, den diese abonnieren können. Erscheint ein neuer Beitrag, erhalten sie eine Aktualisierungsmeldung in den dynamischen Lesezeichen Ihres Browsers oder in dem RSS-Reader, mit dem Sie den Feed abonniert haben. Solche Programme zum Abruf und zum Sammeln mehrerer Feeds gibt es sowohl kostenlos zum Download auf den Computer als auch in Form von Online-Plattformen. RSS-Feeds lassen sich in Angebote zur Content Curation, wie etwa Flipboard, sowie in Social-Media-Dashboards wie Buffer oder Social Pilot integrieren. Manche Plattformen, wie XING, bieten die Integration von RSS-Feeds an, um Links zu neuen Artikel automatisch zu veröffentlichen.

E-Mail-Abo

Die RSS-Technologie bietet noch mehr Möglichkeiten als ein einfaches Abo-Angebot. Über Newsletter-Plugins können Sie beispielsweise einen automatischen E-Mail-Dienst einrichten. Wer diesen abonniert, bekommt den ganzen Artikel oder, je nachdem, wie Sie es einstellen, einen Teaser als E-Mail zugesandt. Allerdings hängt es von Ihrem Newsletter-Konzept ab, ob Sie dies automatisieren wollen. Mehr dazu im Abschnitt über Newsletter.

Suchfeld

Ein Suchfeld ist keine Pflicht, aber meiner Meinung nach gehört eine Volltextsuche in den Rahmen jedes Blogs, damit die Benutzer gezielt bestimmte Themen und Begriffe finden können. Ich nutze übrigens die Volltextsuche meines Blogs selbst oft, um schnell Artikel zu finden, die ich vor längerer Zeit publiziert habe – um sie in neuen Beiträgen zu zitieren oder um sie in der Beratung meinen Kunden zu zeigen.

Schlagwörter

Wenn Sie einen Blogbeitrag schreiben, dann ordnen Sie diesem jeweils Stich- oder Schlagwörter, so genannte »Tags« zu. Das dient der Orientierung des Lesers ebenso wie der Suchmaschinenoptimierung. Aus diesen Schlagwörtern können Sie gegebenfalls automatisch eine »Wolke«, eine sogenannte Tagcloud erzeugen und diese in den Rahmen ihres Blogs einbinden. Angezeigt werden dann die häufigsten Schlagwörter, und der Besucher kann mit einem Klick alle Beiträge aufrufen, die dieses Schlagwort enthalten. Sie motivieren ihn also dazu, noch weitere Blogartikel zu lesen.

Kategorien

Kategorien sind die Themen oder Oberbegriffe, denen Sie die einzelnen Blogbeiträge zuordnen. Bei einer Online-Zeitung wären das die unterschiedlichen Ressorts. Bei Ihnen könnten es verschiedene Beratungsbereiche sein, oder Sie könnten nach Zielgruppen differenzieren. Aus diesen Kategorien können Sie Navigationspunkte bilden, wie schon angesprochen. Oder Sie bauen eine Übersicht in den Rahmen Ihres Blogs ein. Das ist optional. Ob und wie Sie die Kategorien anzeigen lassen, hängt davon ab, wie wichtig die Differenzierung für Ihre Leser ist.

Archiv und Kalender

Wenn Sie Ihren Besuchern ermöglichen möchten, schnell zu schauen, was Sie wann veröffentlicht haben, bietet es sich an, einen Kalender oder ein Archiv mit Monatsübersicht einzubauen. Die Frage ist auch hier: Warum sollte ein Leser das aufrufen? Wird er sich nicht eher nach Themen, Schlagwörtern oder Suchbegriffen orientieren? Das kann man nur im konkreten Einzelfall beantworten.

Newsletter-Abo

Bieten Sie einen Newsletter an? Dann gehört der Hinweis darauf ebenfalls in den Rahmen Ihres Blogs. Mehr zu den Vorteilen und meinen Empfehlungen zum Thema Newsletter finden Sie in einem weiteren Kapitel.

Verknüpfung mit sozialen Netzwerken

Hinweise und Links auf Ihre Profile in sozialen Netzwerken gehören auf jeden Fall in den Rahmen Ihres Blogs beziehungsweise zu Ihrem Autorenprofil. Welche Sie auswählen, bleibt Ihnen überlassen. Beschränken Sie sich am besten auf die wichtigsten, damit Sie Ihre Leser nicht überfluten. Wenn Sie eine Facebook-Seite haben, dann fördert die Einbindung in das Blog deren Fanzahlen. Ob Sie beispielsweise nur mit einem kleinen grafischen Symbol zu Ihrem Twitter-Account verlinken oder ob Sie Ihre aktuellen Tweets anzeigen lassen, hängt zum einen davon ab, was Sie sonst noch im Rahmen Ihres Blogs unterbringen müssen. Zum anderen ist es nur dann sinnvoll, wenn Sie dort Ergänzendes zu den Bloginhalten posten. Erscheinen auf Twitter hauptsächlich Links zu Ihren Blogbeiträgen, lassen Sie diese Funktion lieber weg. Diese Elemente weisen also auf ihre eigenen externen Angebote hin. Darüber hinaus sollten Sie es Ihren Lesern einfach machen, selbst Inhalte in deren Accounts zu teilen:

Social Sharing

Sie kennen wahrscheinlich diese kleinen Buttons auf Websites, insbesondere über oder unter einzelnen Beiträgen: Wenn Sie darauf klicken, können Sie einen Artikel oder eine Seite direkt bei Facebook, Twitter und oft auch noch auf vielen weiteren Plattformen weitergeben. Blogsysteme bieten sogenannte Plugins an, mit denen Sie solche Funktionen leicht einbauen können. Diese sind also fest installiert und müssen nicht bei jedem neuen Beitrag hinzugefügt werden. Da sie direkt zu den Accounts der Benutzer verlinken, ist es wichtig, dass Sie bei der Verwendung solcher Angebote rechtskonform handeln. Informieren Sie sich also bitte darüber, was aktuell erlaubt ist.

Werbeanzeigen

Sie können Werbeanzeigen in Ihr Blogs einbauen, um dieses zu monetarisieren. Ich empfehle das für ein Blog, wie wir es für die Strategie des verschenkten Wissens aufbauen, in den meisten Fällen jedoch eher nicht. Deswegen hier auch keine detaillierten Tipps dazu.

Das waren nur einige Beispiele für Blog-Elemente, die ich für besonders wichtig halte. Auch hier gilt: Schauen Sie sich ruhig in anderen Blogs gründlich um, damit Sie ein Gespür dafür entwickeln, was zu Ihren Seiten und zu Ihren Zielgruppen passt.

Aufbau der einzelnen Beiträge

An dieser Stelle geht es nicht um die Inhalte selbst, sondern um die formalen Elemente der einzelnen Beiträge. In der Regel hat die Einzelansicht denselben Rahmen wie die Hauptseite des Blogs. Im Zentrum der Seite steht jedoch der komplette Text des Artikels. Er besteht aus mehreren Elementen. Einige davon sind optional. Die folgende Beschreibung bezieht sich auf Textformen.

Hauptüberschrift

Die Headline ist diejenige, die auch in der Artikelübersicht angezeigt wird. Sie entscheidet darüber, wie interessant ein potenzieller Leser den Beitrag einstuft und ob er sich entscheidet, diesen zu lesen. Die Größe und Länge der Hauptüberschrift werden vom Layout mit bestimmt.

Unter-Überschrift

Eine Unterüberschrift (oder Subheadline), wie man sie häufig aus Zeitungen kennt, ist optional und nicht unbedingt erforderlich. Wenn sie vorhanden ist, führt sie das Thema der Hauptüberschrift weiter aus.

Teaser

Die meisten Blog-Templates zeigen in der Übersicht eine kurze Vorschau auf den einzelnen Beitrag, heute oft in Verbindung mit einem Artikelbild. Diese kann, muss aber nicht mit dem Artikelanfang übereinstimmen. Ein kurzer Vorspann, der die Relevanz des Themas und den Nutzen für den Leser verdeutlicht, tut den meisten Beiträgen gut.

Textteil

Der Textkörper ist der eigentliche Beitrag, der Artikel. Wenn Sie multimediale Inhalte bloggen, dann finden sich diese ebenfalls in diesen Bereich.

Zwischenüberschriften

Zwischenüberschriften sind ein gutes Mittel, um Texte zu gliedern, den Lesern Orientierung zu bieten und sie zum Weiterlesen zu animieren. Niemand liest gerne seitenlange, ungegliederte Ergüsse, jedenfalls nicht in Sachtexten.

Textlinks

Mit Textlinks meine ich keine bezahlten Hyperlinks im Sinne von Anzeigen, sondern Verweise auf andere Beiträge, Blogs und sonstige Angebote, von denen Ihr Text handelt. Immer dann, wenn Sie dergleichen in Ihrem Beitrag erwähnen, sollten Sie auch dazu verlinken.

Autorenhinweis

Nicht nur, wenn mehrere Autoren in einem Blog veröffentlichen, ist ein Autorenhinweis unter jedem einzelnen Artikel sinnvoll. Er empfiehlt sich stets, damit auch der zufällige Leser eines einzelnen Beitrages nicht erst im »Über uns« oder »zur Person« suchen muss, um sich einen ersten Eindruck vom Anbieter zu machen. Jede Artikel-Einzelansicht sollte für sich selbst funktionieren. Das gilt gerade in Zeiten mobiler Nutzung-.. Sie können ihn in das Artikel-Template einbauen (lassen). Wenn der Empfänger in Ihrem Blog hochwertige Inhalte erhält, dann akzeptiert er auch einen kleinen Werbeblock in eigener Sache. Machen Sie hier auf Ihr professionelles Angebot aufmerksam und bieten Sie Kontaktdaten sowie Handlungsoptionen an.

Weitere optionale Elemente

Umfragen zum Anklicken, Zitate, dynamische Textelemente in Form von Kästen: Es gibt eine Reihe sehr guter Funktionen, die den Besucher zur Interaktion motivieren. Das sind Themen für fortgeschrittene Blogger, die Sie sich erschließen sollten, wenn Sie mit Ihrem Blog einige Erfahrungen gesammelt haben.

Multimediale und interaktive Inhalte

Blogbeiträge in Textform haben den Vorteil, dass sie Sie ganz von selbst mit den relevanten Schlüsselwörtern in Suchmaschinen nach vorne bringen. Doch kaum ein Nachrichtenmagazin oder eine Zeitung kommt heute noch ohne multimediale Inhalte aus. Dementsprechend erobern solche Formen zunehmend auch diejenigen Blogs und Unternehmens-Websites, die bisher eher textlastig daherkamen Das liegt auch daran, dass es so einfach geworden ist, sie zu produzieren und zu veröffentlichen.

Fotos

Fotos gehören natürlich als klassische Inhalte schon immer auf Websites, aber in diesem Abschnitt geht es um alle Formen, die eben nicht reiner Text sind. Dass ein Foto des Autors zumindest auf die »Über uns«-Seite, besser noch in den Rahmen des Blogs gehört, ist keine Frage. Doch jeder einzelne Text gewinnt, wenn Sie ihn illustrieren. Wenn man sich einmal daran gewöhnt hat, ist es nicht so schwer, immer wieder neue Motive zu finden, zumal die Bilder in einem Blogartikel nicht unbedingt die Profifotografen-Qualität haben müssen, die die Fotos in Ihren Werbe- und Imagemedien andererseits unbedingt haben sollten.

Wenn Sie aus Ihrem Geschäft berichten und Bilder von eigenen Vorträgen oder Produkten vorzuweisen haben, ist es am einfachsten. Sie können auch Folien aus eigenen Präsentationen, Skizzen oder Notizen machen. Fremde Fotos können wegen der Urheberrechte problematisch werden. Da sollten Sie sich also genau informieren. Auf Foto-Plattformen wie Flickr stellen viele Mitglieder ihre Bilder unter einer Creative-Commons-Lizenz zur Verwendung unter bestimmten Umständen zur Verfügung, aber auch da sollten Sie sich einarbeiten, bevor Sie die Bilder einbinden. Bei professionellen Anbietern wie Fotolia oder iStockphoto können Sie ebenfalls Lizenzen für Fotos erwerben, um sie in Ihrer Kommunikation einzusetzen.

Am einfachsten ist es, sich einen eigenen Bestand von Bildern, zuzulegen. Denn wenn Sie die Fotos nicht gerade brauchen, um einen Sachverhalt buchstäblich zu illustrieren, kommen Sie auch mit einfachen Symbolen oder stilisierten Motiven hin. Solche Bilder können Sie ruhig mehrfach verwenden, wie Ikonen, die bestimmte Themen symbolisieren – allerdings möglichst nicht zeitlich zu nah aneinander.

Präsentationen

Eine ebenso schöne wie wirkungsvolle Methode, Wissen gut gegliedert und bebildert an die Zielgruppe zu bringen, sind Präsentationen, beispielsweise von einem Vortrag. Sie können aber auch Beiträge direkt als Präsentation anlegen. Vorteil: Über Ihr Blog hinaus können Sie sie auf Plattformen wie SlideShare oder Scribd anbieten. Ebenso wie Videos binden Sie die bereits hochgeladene Präsentation anschließend mit einem Code in den Blogbeitrag ein, und der Besucher kann die Blätterfunktion der Plattformen in Ihrem Artikel nutzen. Textliche Ergänzung und Schlagwörter auch hier bitte nicht vergessen. Zudem sind bei der automatischen Einbindung jeglicher Inhalte rechtliche Aspekte zu bedenken. Informieren Sie sich bitte hier ebenfalls gründlich.

E-Books

Die Standardform von Blogbeiträgen sind Texte, die Sie in das Content-Management-System schreiben und die als Webtexte erscheinen. Wenn Sie jedoch eigenständige Produkte schaffen wollen, die besonders hochwertig erscheinen und zudem besonders gut weiterzugeben sind, denken Sie doch einmal über E-Books und Downloads im PDF-Format nach. Natürlich ist nicht jedes Dokument im Dateiformat PDF gleich ein E-Book. Sie könnten kleiner einsteigen und besonders schöne Ratgeber-Artikel noch einmal als PDF unter dem eigentlichen Beitrag zum Download bereitstellen. Auch Checklisten, Zeitpläne oder Branchenkalender, die Sie selbst erstellt haben, eignen sich dazu, sie als PDF-Downloads anzubieten.

Darüber hinaus gibt es jedoch viele Möglichkeiten, E-Books zu produzieren. Da ist einmal die höchst offizielle Form, also richtige Bücher als elektronisches Format, wie sie mittlerweile von vielen Verlagen zusätzlich angeboten werden. Immer mehr Autoren bringen neue Titel direkt als Selfpublisher heraus, ohne Umweg über den Verlag. Das ist eine kostenpflichtige Variante, die ihre eigene Daseinsberechtigung hat.

Wichtig zu wissen ist dabei allerdings, dass es eine ganze Industrie von Anbietern gibt, die vorgeblich kostenlose E-Books mit reißerischen Titeln versprechen – die in Wirklichkeit gar nicht kostenlos sind. Denn die Empfänger bezahlen mit ihren Daten. Es gibt auch seriöse Anbieter, die sorgfältig mit Ihrer E-Mail-Adresse umgehen und Ihnen nur deswegen eine Registrierung abverlangen, weil sie eine gewisse Anfangshürde vor ihre besonders wertvollen Inhalte setzen wollen. Solche seriösen Angebote erkennt man meistens am Umfeld; bei den anderen sollten Sie sehr vorsichtig sein.

In den meisten Fällen rate ich davon ab, Inhalte zu produzieren, um Kontaktdaten einzusammeln und diese dann für das Direktmarketing einzusetzen. Das haben Sie nämlich gar nicht nötig. Alles, was wir hier erarbeiten, soll schließlich dazu führen, dass Ihre Interessenten zu Ihnen kommen, weil Sie hochwertiges Wissen verbreiten.

Interaktive Elemente

Neben der Kommentarfunktion gibt es eine Reihe interaktiver Elemente, die Sie zusätzlich anbieten können. So könnten Sie ein Umfrage-Tool verwenden, um Meinungsbilder zu erstellen. Dafür gibt es Plugins direkt für das Blog. Sie können aber auch eine externe Plattform wie beispielsweise SurveyMonkey nutzen. Fortgeschrittene bauen auch Online-Seminare mit entsprechender Technik direkt auf ihrer eigenen Website ein.

Termine und Anmeldungen

Wenn Sie häufig öffentlich auftreten oder wenn Sie offene Seminare veranstalten, gehören die Terminankündigungen unbedingt auf Ihre Wissens-Plattform. Wenn Sie dann bereits Aufzeichnungen von Vorträgen eingebunden haben, können sich die Besucher selbst ein erstes Bild davon machen, was sie erwartet.

Es gibt also viele Möglichkeiten, über Texte hinaus Inhalte in Ihr Blog einzubinden. Beginnen Sie jedoch am besten mit Grundlegendem. Je sicherer Sie werden und je etablierter Ihr Blog, desto mehr können Sie sich weitere Möglichkeiten – auch technisch – erschließen und damit experimentieren.

Weitere multimediale Formen: Videos, Podcast, Webinare

Multimediale Formen gewinnen in der digitalen Kommunikation weiter an Bedeutung. Dies gilt für Live-Videos wie etwa auf Snapchat und in anderen sozialen Netzwerken ebenso wie für Anleitungen oder Vorträge auf YouTube. Podcasts mit Rat und Wissen, Erklär-, Lehr- und Impulsvideos, kostenfreie Online-Seminare (auch in Kombination mit kostenpflichtigen Webinar-Angeboten!): Eine Vielzahl multimedialer Formen bietet sich für Wissensträger regelrecht an. Sie sollten sich daher nicht von vorherein auf nur schriftliche Formen beschränken! Allerdings brauchen Sie dazu natürlich weitere Kenntnisse und eine technische Ausstattung.

Videos erfordern eigene Konzeption und je nach Anspruch auch erhebliche Fachkenntnisse. An professionelle Imagevideos – auf die ich an dieser Stelle nicht näher eingehen will – werden andere Anforderungen gestellt, als an kurze Auftritte etwa mit »Facebook Live«. Dementsprechend muss auch nicht jedes Video mit dem Aufwand eines teuren Imagefilms produziert werden, erst recht, wenn Sie nämlich bewusst auf den Werkstatt- oder Notizencharakter Ihrer Mitschnitte setzen. Wenn Sie Aufzeichnungen von eigenen Vorträgen haben, sollten Sie diese unbedingt einbauen. Das gibt Ihren Besuchern einen lebendigen Eindruck von Ihrer Person und davon, wie Sie rüberkommen. Bekannte Speaker wie der in diesem Buch interviewte Gunter Dueck berichten, dass sie auch und gerade für Vorträge gebucht werden, die bereits komplett online zu sehen sind. Sie nehmen sich also höchstwahrscheinlich damit, wie bei allem Wissen-Teilen, mit der Veröffentlichung selbst nichts weg.

Ein Video-Blogbeitrag (Vlog) sollte genauso sorgfältig entworfen und geschrieben werden wie ein Blogbeitrag. Wenn Sie Videos in Ihr Blog einbinden, sollten Sie, wenn nicht das ganze Skript, doch zumindest einen erklärenden Text dazustellen und die Artikel verschlagworten, damit sie gefunden werden.

Was für Videos funktioniert, geht natürlich auch mit Audio-Formen. Podcasting ist eine Disziplin, die es schon ungefähr so lange gibt wie das Bloggen und die derzeit wieder rasant auf dem Vormarsch ist: Es gibt ganze Blogs, die fast ausschließlich aus Podcasts bestehen. Wenn Sie besser sprechen als schreiben, ist das auf jeden Fall eine Alternative. Allerdings: Den Unterschied zu professionellen Rundfunkbeiträgen wird auch ein fachlich nicht so geschulter Zuhörer schnell erkennen, denn wo das Bild fehlt, fallen etwaige sprecherische Schwächen deutlicher auf. Auch hier kommen Sie um die konzeptionelle und schriftliche Vorarbeit nicht herum, und wie eingebundene Videos sollten Sie auch Podcasts mit einem Text und Schlagworten versehen.

Mittlerweile existiert eine Reihe von Seminaranbietern wie Edudip, Elopage oder GoToWebinar, die es Ihnen leicht machen, Ihre Inhalte online zu vermitteln. Videoaufzeichnungen von Webinaren und Online-Vorträgen gehören dann auch in Ihren YouTube-Kanal. Tonaufnahmen können Sie, entsprechend aufbereitet, etwa auf iTunes, Soundcloud oder Anchor publizieren. Denken Sie daran, die Ankündigungen in Blog und Newsletter aufzunehmen und die fertigen Videos oder Podcasts wiederum in Ihr Blog einzubinden.

Gordon Schönwälder von den »Podcast-Helden« sagt im Interview, worauf es ankommt, wieso sich das Podcasten für Berater und Dienstleister lohnt und was das *Prinzip kostenlos* für ihn persönlich bedeutet.

»Das Prinzip kostenlos hat mich gerettet« – Interview mit dem Podcaster Gordon Schönwälder

Frage: Das Audio-Format Podcast schien sich eine Zeitlang angesichts der Möglichkeiten, die etwa Videos und andere multimediale Formen in sozialen Netzwerken bieten, schon auf dem absteigenden Ast zu befinden. In letzter Zeit hat es jedoch offenbar wieder sehr an Bedeutung gewonnen. Woran liegt das Ihrer Meinung nach?

Gordon Schönwälder: Ich glaube, dass wir in dem Wust von Möglichkeiten und der sich ständig verändernden Social-Media-Welt das Bedürfnis nach Entschleunigung haben und uns jetzt wieder sehr gerne auf gute Geschichten einlassen. Hörer verbringen eine gewisse Zeit mit einem Podcast und dabei entsteht eine Beziehung zum Podcaster.

Abseits dessen sind Podcasts auch im Vergleich zu Blogartikeln oder Videos relativ schnell hochwertig produziert. Ich brauche nicht die Korrekturschleifen wie im Blog und auch keine perfekte Beleuchtung wie in der Videoproduktion.

Frage: Wenn ein Wissensträger überlegt, in seinem Content-Marketing auch Podcasts einzusetzen, was sind dann die drei wichtigsten Voraussetzungen?

Gordon Schönwälder: Zuallererst sollte der Wissensträger seine Zielgruppe kennen. Sobald ich weiß, wo die Sorgen und Nöte meiner Leute sind, dann ist es ein leichtes, die passenden Content-Stücke für den Podcast zu definieren und zu produzieren. Der Fokus sollte darauf liegen, echte Hilfe zu bieten und Probleme zu lösen. Eine weitere Voraussetzung ist mit Sicherheit die Geduld. Content-Marketing ist kein Sprint. Guter Content ist Marathon, und es braucht eine gewisse Zeit, bis sich der Marketing-Effekt einstellt.

Frage: Woran scheitern Podcast-Vorhaben am häufigsten? Wann werden sie erfolgreich?

Gordon Schönwälder: Wie bei allen Dingen, die neu ins Leben hinzukommen, müssen andere Dinge weichen. Das ist gerade am Anfang so, bis sich neue Routinen entwickeln und der Podcast-Workflow sitzt. Gerade diesen Aufwand unterschätzen angehende Podcaster gerne und erleben es nach der Anfangseuphorie als Belastung.

Erfolgreich werden diese Vorhaben dann, wenn man den Output realistisch einschätzen kann. Mit zwei guten Episoden pro Monat ist man mittelfristig erfolgreicher als mit vier hektisch-uninspirierten Folgen. Erfolgreich sind Episoden auch dann, wenn sie unmittelbar umsetzbaren Nutzen bieten.

Frage: Gesetzt den Fall, ich habe es geschafft, einen ersten Podcast zu veröffentlichen und habe weitere geplant: Wie komme ich denn nun an Zuhörer?

Gordon Schönwälder: Im Vorfeld würde ich bereits Netzwerkpartner oder Medien darauf hinweisen, dass da bald ein neuer Podcast das Licht der Welt entdeckt. Auch können schon Klienten oder Kunden in den sozialen Medien auf eine Interessentenliste aufmerksam gemacht werden.

Wenn der Podcast dann gestartet ist, würde ich gezielt Netzwerkpartner als Multiplikatoren ins Boot holen. Bestenfalls teilen diese den Podcast in ihrem Netzwerk, und er erreicht dadurch eine größere Zuhörerschaft.

Da der Podcast vermutlich in die bestehende Unternehmenskommunikation eingebunden ist, können die anderen Kanäle für die Verbreitung genutzt werden. Um in kurzer Zeit möglichst viele Menschen mit dem Podcast in Kontakt zu bekommen, eignen sich auch Newsletter. Kanäle wie Facebook Live oder Instagram erzeugen ebenfalls eine gewisse Aufmerksamkeit.

Ein Königsweg ist mit Sicherheit, Interviews zu nutzen. In der Regel teilen Interviewpartner ihr Gespräch mit dem Podcaster auch in ihrem Netzwerk.

Frage: Was geben Sie einem Wissensträger für seine Podcast-Pläne mit auf den Weg?

Gordon Schönwälder: Ich würde empfehlen, den werblichen Faktor im Podcast wirklich gering zu halten. Dadurch, dass ein Podcaster sich mit seiner Show zeigt, attribuieren die Zuhörer dem Podcaster automatisch eine Expertenrolle. Wenn man diesen Vertrauensvorschuss nicht durch sichtbar werdende Inkompetenz verspielt, wird das auch so bleiben. Aktuell gibt es auch viele Interview-Podcasts, die reine Verkaufsshows sind. Da bleibt für den Hörer oftmals ein bitterer Beigeschmack, und da es in iTunes, ähnlich wie bei Amazon, auch ein Sternebewertungsverfahren gibt, kann der Hörer seine Kritik öffentlich machen. Es genügt daher, wenn man dezent auf die eigenen Angebote, Produkte oder Dienstleistungen hinweist. Oder komplett auf Hinweise verzichtet und nur in Launch-Phasen auf Kommendes hinweist.

Frage: Sie haben mir einmal gesagt, dass das »Prinzip kostenlos« für Sie sehr viel verändert habe, nachdem Sie das Buch gelesen hatten. Inwiefern?

Gordon Schönwälder: Ich sage es mal so, wie es ist: Das Buch hat mir in einer kritischen Phase meines Unternehmerlebens den A ... gerettet. Als ich die ersten Schritte gegangen bin, war ich mit meinen Inhalten sehr zurückhaltend, was Tipps und Tricks anging. Ich hatte Angst, dass mich meine potentielle Klienten nicht mehr buchen, wenn ich mein Wissen über Podcasts freizügig teile.

Ich war bereits kurz davor, wieder alles hinzuschmeißen, als meine Mastermind-Kollegin Marit Alke mir das Buch empfahl. Zugegebenermaßen habe ich mich auf die Thesen verlassen und war auch etwas skeptisch. Aber schon die nächsten Blogposts und Podcast-Episoden hatten mehr Kommentare und wertschätzendes Feedback bekommen, als die davor.

Meine Frau ist zwar immer noch skeptisch, dass das so funktioniert, aber mittlerweile sieht sie den Effekt auch (lacht).

Gordon Schönwälder kommt aus Langenfeld (Rheinland) und berät Unternehmen und Unternehmer bei Fragen rund um das Marketing mit Podcasts und Audioinhalten. Zudem gibt er Workshops, ist als Referent unterwegs und bloggt unter www.podcast-helden.de

Newsletter für Wissensteiler

Oft genug totgesagt, als nicht mehr zeitgemäßes Push-Medium abgetan – und leider häufig auch als Spam-Schleuder missbraucht: Nicht bei jedem hat der Newsletter unbedingt den allerbesten Ruf. Tatsächlich erscheint es mir aber so, als ob er gerade eine Renaissance erlebt; oder auch nie richtig weg war. Für Wissensteiler stellt ein Newsletter eine sehr gute Möglichkeit dar, mit Interessenten und Empfehlern in Kontakt zu treten und dauerhaft in Verbindung zu bleiben. Damit erreichen Sie sowohl eine nicht so Social-Media-affine Zielgruppe, die nach wie vor E-Mail als Hauptmedium im Digitalen vorzieht. Zum anderen sprechen Sie aber auch solche Menschen an, die gezielt eine verlässliche und wertvolle Quelle aus Ihrem Fachgebiet suchen, die ihnen genau die gewünschten Informationen – sorgfältig ausgewählt und mit einem schnell erkennbaren Nutzen – in das eigene Postfach sendet.

Prinzip kostenlos im Newsletter

Über den Wert einer Quelle entscheidet allein der Empfänger beziehungsweise der Gesprächspartner. Gesprächspartner deswegen, weil ein Newsletter zwar zunächst einmal ein Sende-Medium ist, sich aber daraus idealerweise ein Dialog und eine langfristige Beziehung entwickeln. Das bedeutet auch: Bereits in der Beschreibung müssen Sie dem potenziellen Abonnenten Ihr Angebot schmackhaft machen. Er muss sehen, welcher Nutzen für ihn darin liegt, Zeit und Aufmerksamkeit zu investieren. Besteht zwischen Anbieter und Abonnenten bereits eine Beziehung, etwa in sozialen Netzwerken, ist die Wahrscheinlichkeit neuer Abos besonders hoch. Doch das Versprechen muss jeder neue Newsletter wieder einlösen. Denn der Klick auf »Abbestellen« ist schnell gemacht; besonders dann, wenn sich bei jemandem viele Abos angesammelt haben und er oder sie mal wieder aufräumen will. Ich jedenfalls mache das regelmäßig, und Sie selbst wahrscheinlich auch, oder?

Wissensteiler sollten ihr Prinzip auch im Newsletter fortsetzen. Werbung funktioniert nur in bestimmten Segmenten und unter bestimmten Voraussetzungen. Das können beispielsweise exklusive Angebote sein, besondere Preisvorteile oder eben erschienene Produktneuigkeiten. Auch in Ratgeber-Newslettern toleriert der Empfänger einen gewissen Anteil etwa von Werbeanzeigen, wenn sie gekennzeichnet sind und plausibel erscheinen – beispielsweise, indem sie ein sehr hochwertiges redaktionelles Angebot finanzieren. Berater oder Dienstleister, die hochwertige Ratgeber- oder Themennewsletter herausgeben, können (und sollten!) unbesorgt auch deutlich auf ihr eigentliches Angebot aufmerksam machen – genau so, wie Sie es in Ihrem Blog auch tun. Ebenso können Sie in einem gut eingeführten, hochwertigen Newsletter in einem eigenen Bereich dafür auf kostenpflichtige Angebote, Termine und dergleichen aufmerksam machen.

Binden Sie Ihren Newsletter in Ihre Gesamtkommunikation ein und bieten Sie beispielsweise im Blog das Abonnement an. Auch in sozialen Netzwerken können und sollten Sie zumindest gelegentlich darauf aufmerksam machen.

Auf Überschrift und Inhalt kommt es an

Hochwertige Inhalte sind das, was für Zielgruppen (nicht nur) des Beratungs- und Dienstleistungssektors am meisten zieht. »Zieht« im wahrsten Sinne des Wortes – denn Ihre Empfänger entscheiden über den »Pull«, also darüber, ob sie sich Inhalte ziehen. Obgleich ein Newsletter von Ihnen ausgesendet wird, können Sie alles Weitere den Empfängern nicht per »Push« aufdrängen.

Daher braucht Ihr Newsletter einen Redaktionsplan und ein Textkonzept. Interessante Inhalte gut verpackt, idealerweise ›unique‹ (das heißt, in keinem anderen Medium in dieser Form veröffentlicht), sind das, was Ihre Empfänger von Ihnen lesen und sehen wollen. »Goodies« wie Downloads oder exklusive Vorabinformationen sind dann besonders attraktiv, wenn Sie in der Mail wirklich das einhalten, was Sie im Betreff versprechen.

Für den Consumerbereich gelten etwas andere Regeln: Sonderangebote und besondere Schnäppchen können hier besonders verlockend sein. Jedoch, wenn Sie einmal Newsletter für Konsumgüter, Reisen oder Ähnliches anschauen, werden Sie feststellen, dass Titel und Betreffzeile des elektronischen Briefes ganz entscheidend dafür sind, ob Sie die Mail überhaupt öffnen. Der richtige Titel bestimmt (mit) über die Öffnungsraten. Der Inhalt bestimmt, wie lange sich Ihre Empfänger damit befassen und ob sie etwa auf Links klicken. Das ist nicht wirklich neu, aber in diesen digitalen Zeiten noch viel wesentlicher als je zuvor.

Rechtliche Aspekte nicht vergessen

Beim Versenden von Newslettern sind rechtliche Aspekte zu bedenken. So sollten Sie nur solche mit einer derartigen E-Mail bedenken, die den Dienst selbst abonnieren. Informieren Sie sich auch über Datenschutzanforderungen für den genutzten Newsletter-Dienst!

Wie gewinnt man Newsletter-Abonnenten?

Es gibt viele verschiedene Möglichkeiten, neue Abonnenten zu gewinnen – und auch hier kommt es wieder auf Ihren Kommunikationsmix an. Einige Beispiele für die Abonnenten-Gewinnung:

- den Newsletter im Blog und auf der Website anbieten,
- in sozialen Netzwerken gelegentlich (und nutzenorientiert!) auf den Newsletter aufmerksam machen,
- Facebook-Anzeigen schalten,
- auf Veranstaltungen, Messen oder nach Vorträgen auf das Angebot hinweisen und gegebenfalls auch (rechtskonform) E-Mail-Adressen einsammeln,
- den Hinweis auf den Newsletter in eigene Publikationen einbauen, etwa Whitepaper, Handouts, E-Books,
- das Newsletter-Angebot in die E-Mail-Signatur oder auf andere Formulare (etwa Rechnungen) aufnehmen,
- bei Online-Bestellvorgängen optional ein Newsletter-Abo anbieten.

Inhaltliche Planung und Strategie

Jetzt geht es um die inhaltliche Planung und Strategie, auch Contentstrategie genannt. Dafür haben Sie sich bereits Gedanken macht, was Sie publizieren wollen, was Sie selbst können und vor allem, was Ihre Zielgruppe braucht. Wir haben über Authentizität gesprochen und über Schreibstile. Wir haben ausgelotet, wie Sie herausfinden, wie weit Sie in puncto Werbung gehen dürfen. Aber wie setzen Sie dieses Wissen jetzt so um, dass daraus regelmäßige Beiträge für Ihr Blog werden?

Frequenz festlegen

Wie oft können und wollen Sie publizieren? Wie oft *müssen* Sie etwas veröffentlichen, damit Sie Ihre Zielgruppe an sich binden? Das kann durchaus über lange Sicht variieren. Aber wenn Sie Ihre Wissensstrategie zügig aufbauen wollen, brauchen Sie viele Inhalte, die Sie und andere weiterverbreiten können. Ideal wäre es, wenn Sie eine kontinuierliche Veröffentlichungsfrequenz von durchschnittlich einmal pro Woche erreichen. Wenn zwischendurch besonders viel anliegt, wenn Sie vor Ideen übersprudeln oder es sich aufgrund saisonaler Ereignisse anbietet, können Sie die Schlagzahl vorübergehend erhöhen. Dafür dürfen Sie in ruhigen Zeiten gelegentliche Pausen einschieben; allerdings sollten Sie das gerade am Anfang vermeiden. Meine eigene Erfahrung ist – die ich mit vielen Kollegen abgeglichen habe –, dass man gerade zum Einstieg eine möglichst hohe Frequenz braucht, um eine gewisse Wahrnehmungsschwelle zu überschreiten.

Drei Tipps für Kontinuität

- Sammeln Sie nebenbei Ideen: Wann immer Ihnen ganz nebenbei, unterwegs oder abends im Bett eine Idee zu einem Thema, einer Veröffentlichung, einem Vortrag kommt, schreiben Sie sie auf. Dann können Sie ruhige Zeiten nutzen, um sie weiter auszuarbeiten. Sie geraten nicht so leicht in die Situation, dass Sie dringend einmal wieder etwas publizieren müssten, Ihnen aber nichts einfällt.

- Schaffen Sie »Stehsatz«: Das ist ein Begriff, der ursprünglich aus dem Buchdruck kommt. In Zeitungsredaktionen bezeichnet er die Sammlung von nicht-tagesaktuellen Artikeln, deren Erscheinen aufgrund aktueller Ereignisse verschoben wurde. Ebenso sammeln viele Redaktionen gezielt zeitlose Beiträge, um Lücken zu füllen.
- Schließen Sie Partnerschaften: Wissensstrategien funktionieren vernetzt am besten. Das bedeutet auch, dass Sie hi freichen Austausch suchen sollten. So könnten Sie Gastautoren für Ihr Blog gewinnen, die Ihr Thema ergänzen.

Ich habe mir nach den ersten beiden Jahren kontinuierlicher Publikationstätigkeit zum ersten Mal eine längere Sommerpause gegönnt. Heute verkraftet der PR-Doktor solche Pausen ganz gut, ohne dass die Zugriffszahlen stark absinken würden. Dennoch stelle ich fest, dass der Anlauf nach einer solchen Pause erst einmal deutlich anstrengender ist, bis wieder kontinuierlich hohe Besucherströme auf mein Blog fließen. Für fast alle Blogs, deren Betreiber ich befragt habe, gilt: Regelmäßigkeit ist viel wichtiger als eine sehr hohe Frequenz. Die Besucher sollen sich darauf einstellen, wie oft und wann sie Neues zu erwarten haben. Nur so werden sie zu treuen Fans.

Erzählen Sie Geschichten

Geschichten erzählen, die Ihre Leser interessieren, bedeutet zuallererst, eine interessante Dramaturgie zu entwickeln. Das kann im Einzelfall ganz unterschiedlich aussehen, doch der grundlegende Aufbau ist meistens ähnlich und gilt für geschriebene ebenso wie für gesprochene Formen:

1. **Überschrift:** Worum geht es? Was ist das Thema? Machen Sie Ihren Leser neugierig. Sagen Sie ihm, welchen Nutzen er erwarten kann. Beispiel: »Sieben Tipps, wie Sie ein gutes Blog schreiben«.

2. **Einstieg:** Sie haben mehrere Möglichkeiten. Sie können ganz unvermittelt, vielleicht auch mit wörtlicher Rede, einsteigen. Oder Sie reißen sofort die Problemstellung an. Sagen Sie Ihrem Leser, was das Ziel des Textes ist. Machen Sie ihm plausibel, warum er unbedingt weiterlesen sollte.

3. **Entwicklung:** Entwickeln Sie Ihr Thema, möglichst praxisnah und am Beispiel. Erzählen sie es als Geschichte, Gleichnis oder Praxisbeispiel – was immer sich für das Thema besonders anbietet. Hier gibt es keine allgemeinen Regeln, außer denen für gute, flüssige Texte.

4. **Erkenntnis:** Beschreiben Sie die Schlussfolgerungen, die Problemlösung. Führen Sie Ihren Leser zu einer Erkenntnis, die ihn weiterbringt.

5. **»Goodie« (optional):** Fassen Sie die wichtigsten Punkte noch einmal zusammen, beispielsweise als Tipps oder in Form einer Checkliste.

6. **Handlungsimpuls:** Aus jedem Ihrer Texte sollte der Leser mit einer Inspiration herausgehen, mit dem Antrieb, etwas zu tun oder mit dem deutlichen Gefühl eines Wissensgewinns. Wenn Sie ganz konkrete Handlungsaufforderungen formulieren, widerstehen Sie bitte der Versuchung, eine platte Werbebotschaft unterzubringen. (Falsch: »Hat Ihnen dieser Artikel gefallen? Dann beauftragen Sie uns!«) Fördern Sie lieber Interaktion, beispielsweise, indem Sie zur Diskussion in den Kommentaren oder zur Weiterempfehlung anregen.

Texte schreiben, die wirklich gelesen werden

So wie eine anziehende Verpackung ohne Substanz noch keinen Nutzen schafft, so ziehen umgekehrt interessante Inhalte nur dann Leser an, wenn sie gut lesbar verpackt sind. Wenn Sie wollen, dass Ihr Text gelesen wird, müssen Sie Ihren Leser motivieren, und zwar nicht nur mit optischen Mitteln wie einer guten Gliederung, sondern auch mit sprachlichen Mitteln. Ein guter Blogbeitrag ist flüssig geschrieben, übersichtlich gegliedert und inhaltlich dicht. Zwischenüberschriften machen neugierig, wie es weitergeht. Sie sorgen dafür, dass der Leser sich besser orientieren kann und das Gelesene im Gedächtnis behält. Jedes sprachliche Hindernis, jede Leerformel und jeder Satz, der nicht auf Anhieb verständlich ist, lässt Sie Leser verlieren.

Es gibt eine Reihe grundsätzlicher Merkmale, die darüber entscheiden, ob und wie aufmerksam ein Leser den Text weiterliest, wie positiv er dem Text gegenüber gestimmt ist und wie gut er die aufgenommenen Informationen behält, integriert und weiterverarbeitet.

Gute Texte sind ...

- motivierend. Sie machen den Leser neugierig und halten ihn im Lesefluss – bis zum Schluss.
- nützlich. Der Leser erkennt ihren Nutzen auf den ersten Blick.
- überraschend. Sie verzichten auf Floskeln und formulieren frisch und neu.
- verbal. Nominal-Konstruktionen wirken geschraubt und bleiben schlecht hängen.
- aktiv. Passiv-Sätze wirken ausweichend, Aktiv-Sätze wirken dynamisch.
- kurz und prägnant. Sie sagen mit wenigen Worten das Entscheidende.

Immer neue, spannende Themen finden

Sie wissen, worüber Sie publizieren wollen und können. Sie wissen auch, welchen Nutzen Ihr Online-Magazin Ihrer Zielgruppe liefern soll. Doch wie finden Sie immer neue, spannende Themen für Blogbeiträge? Als ich anfing, ein Blog zu schreiben, hatte ich sehr lange die Befürchtung, dass mein Wissen irgendwann »aufgebraucht« sein würde und ich nichts Neues mehr über mein Fachgebiet würde schreiben können. Eher das Gegenteil ist der Fall. Mit neuen Kunden und Herausforderungen beleuchtet sich meine Arbeit praktisch wie von selbst immer neu. Bisher ungesehene Aspekte offenbaren sich, oder ich entwickle eine Idee, wie man eine Problemlösung für eine bestimmte neue Zielgruppe ganz neu verpacken könnte. Mir hilft das Bloggen zugleich wirklich, meine eigene Arbeit zu reflektieren. Das Feedback meiner Leser sowie der Austausch in sozialen Netzwerken liefern mir zusätzliche neue Impulse, auf die ich alleine nie gekommen wäre.

Im Folgenden finden Sie einige Tipps, wie Sie Themen finden und Blogbeiträge aufbereiten. Gemeint ist jeweils nicht nur die schriftliche Form. Sie können Ihre Meinung vor Ihrer

Handykamera verkünden oder eine Präsentation nachträglich vertonen. Sie ein Video daraus machen oder einen Podcast – wie bereits besprochen. Das richtet sich nach Ihrem Können und Ihren technischen Möglichkeiten. Es kann sich mit der Zeit weiterentwickeln und ausweiten.

Tipps zur Themenfindung

Saisonale Themen

Ihr Blog sollte Ihr Geschäftsjahr begleiten – und das Ihrer Kunden. Berücksichtigen Sie saisonale Besonderheiten Ihrer Branche. Geben Sie Tipps und praktischen Rat dann, wenn Ihre Leser sie am meisten gebrauchen und direkt umsetzen können. Weisen Sie auf Branchentermine hin. Erinnern Sie an Abgabefristen und Ähnliches.

Berichte aus der Beratungspraxis

Die besten Anlässe für Artikel liefert das reale Geschäftsleben. Berichten Sie aus der Beratungspraxis oder liefern Sie Fallstudien. Natürlich können Sie das nur innerhalb sowohl der rechtlichen als auch der vernünftigen Grenzen der Diskretion tun. Doch Sie könnten ja auch aus einer Problemlösung einen modellhaften Fall konstruieren.

Veranstaltungsberichte

Wann immer Sie irgendwo unterwegs etwas Berufsrelevantes beobachten – tun Sie es stellvertretend für Ihre Leser. Sind Sie als Referent dabei, können Sie anschließend Ihren mitgefilmten Vortrag und/oder Ihre Präsentation veröffentlichen. Als Teilnehmer sind Sie für Ihr Netzwerk der Berichterstatter vor Ort.

Aktuelle Entwicklungen

Wenn anderswo ein Thema diskutiert wird, dann greifen Sie es doch auf und beleuchten Sie es aus Ihrer professionellen Sicht. Dokumentieren Sie mit Verlinkungen zu anderen Publikationen die bisherige Diskussion. Es müssen nicht andere Blogs sein.

Auch Fachpublikationen oder die (Online-) Tagespresse geben oft Themen her, zu denen Sie etwas zu sagen haben. Auch soziale Netzwerke liefern zahlreiche Themenideen.

Meinung

Das Gute an Ihrem eigenen Magazin ist, dass Sie an keine bestimmte journalistische Form gebunden sind. Sie müssen nicht nur sachlich berichten. Sie können Ihre Meinung veröffentlichen, pointiert Stellung nehmen und Aktuelles kommentieren. Allerdings sollte auf den ersten Blick erkennbar sein, was sachlicher Bericht ist und wo es sich um rein Subjektives, um Ihre eigene Meinung handelt.

Tipp-Sammlungen

Kurze, prägnante Zusammenfassungen von Tipps zu einem bestimmten Thema sind im Web sehr beliebt. Solange sie nicht überhand nehmen, dürfen sie auch ein fachlich anspruchsvolles Blog beleben.

Checklisten

Ebenso beliebt wie Tipp-Sammlungen sind Checklisten, weil sie so gut strukturiert sind. Man kann sie schnell umsetzen, und sie liefern hohen Nutzwert.

Problemlösungen

Greifen Sie ein Thema aus Ihrem Fachgebiet auf, und zeigen Sie Ihr Spezialwissen, indem Sie einen zeitlosen Ratgeber dazu schreiben, beispielsweise in der Form »Problemstellung – Lösungsvorschlag«.

Interviews

Vernetzen Sie sich mit anderen Wissensteilern, die etwas zu sagen haben, das für Ihre Leser interessant ist. Interviewen Sie sie für Ihr Blog.

Content Curation

Sammeln Sie Links und Verweise zu Themen und stellen Sie diese Ihrer Zielgruppe zur Verfügung.

Kommentare im Blog: aktivieren und moderieren

Es gibt Magazine, die zwar Artikel im Blog-Stil publizieren, aber dem Leser keine unmittelbare Möglichkeit bieten, sich in Form von Kommentaren unter den Beiträgen zu äußern. Man muss das Kontaktformular nutzen, wenn man Feedback geben will. Die anderen Leser erfahren nicht davon; es entspinnt sich keine Diskussion. Diskussionen und Austausch mit Ihren Empfängern sind für Ihre Wissensstrategie jedoch essenziell. Kommentare liefern Ihnen unmittelbares Feedback. Sie geben Auskunft darüber, dass Ihre Artikel gelesen und wie sie aufgenommen werden. Jedoch: Leser zum Schreiben von Kommentaren zu motivieren, ist gar nicht so einfach. Immer mehr verlagern sich zudem Diskussionen aus den Blogs heraus in die sozialen Netzwerke. Das können Sie nicht aufhalten, und das sollten Sie auch gar nicht versuchen. Schließlich wird auf diese Weise anderswo über Ihr Blog gesprochen, was neue Leser anzieht.

Wie ermutigen Sie Ihre Leser ausdrücklich zur Diskussion? Wie gehen Sie mit Kommentaren um? Und wie sortieren Sie unpassende Beiträge und sogenannten Linkspam aus, also solche Kommentare, die andere zu Werbezwecken platzieren? Darum geht es im Folgenden.

Regeln klar festlegen

Wenn Sie für Ihr eigenen Web-Präsenzen Hausregeln festlegen, dann ist das nicht nur legitim, sondern auch sinnvoll. Sagen Sie, welcher Ton und welche Art von beispielsweise Links Sie tolerieren. Wenn die Spielregeln feststehen, kann sich hinterher auch niemand beschweren.[11]

Kommentatoren motivieren

Es muss kein schlechtes Zeichen sein, wenn Sie für Ihre hochwertigen Fachbeiträge relativ wenige Kommentare einheimsen.

---

11 Ein gutes Beispiel für die Hausregeln in einem Corporate Blog finden Sie im Magazin der Stadtwerke Neuss: https://www.stadtwerke-neuss.de/stadtwerke-magazin/spielregeln

Es kann auch bedeuten, dass Ihre »stillen Mitleser« von Ihren Inhalten so begeistert sind, dass sie direkt nach dem Lesen darangehen, Ihre Tipps umzusetzen. Selbst erfahrene Blogger berichten, wie schwierig es ist, Kommentatoren zu aktivieren. Emotionell aufgeladene Publikumsthemen führen viel leichter zu regen, aber dann auch oft aufgeregten Diskussionen.

Aber Sie können Ihre Leser motivieren zu kommentieren, und zwar einfach, indem Sie sie dazu auffordern. Stellen Sie am Ende des Beitrags eine konkrete Frage. Bitten Sie um Meinungen und Feedback. Eine ganz hervorragende Methode, viele Kommentare zu bekommen, ist natürlich ein Gewinnspiel. Ob ein solches in Ihr Blog passt, hängt vom Konzept ab. Aber Sie könnten beispielsweise in einem Beitrag Fachbücher – vielleicht sogar eigene? – unter allen denjenigen verlosen, die sich in einem Kommentar unter dem betreffenden Artikel einbringen.

Diskussionen moderieren

Viele Blog-Autoren antworten auf fast alle Kommentare, und ich halte das auch für eine gute Idee. Wenn sich allerdings eigenständige Diskussionen zwischen verschiedenen Kommentatoren entspinnen, was erfreulicherweise immer wieder vorkommt, sollte sich der Autor nicht nach jeder einzelnen Wortmeldung mit einem stereotypen »Danke« einschalten, denn das ist eher kontraproduktiv. Sehr wohl können Sie aber moderierend eingreifen, vor allem dann, wenn die Dinge aus dem Ruder zu laufen drohen. Moderierend bedeutet: mäßigend. Weisen Sie auf Netiquette und passenden Umgangston hin, wenn nötig, aber weisen Sie niemanden zurecht.

Es liegt in der Natur der Sache, dass Menschen sich vor allem an Diskussionen zu Themen beteiligen, die sie persönlich betreffen. Da kann es dann auch schon einmal emotionaler werden. Wo für Sie die Grenze des guten Tons verläuft, können Sie nur selbst entscheiden. Ich kenne Blogger, die jegliche Beschimpfung ihrer selbst tolerieren, aber es nicht durchgehen lassen, wenn Kommentatoren andere beleidigen.

Trolle: Bitte nicht füttern!

Gar nicht so einfach ist es manchmal zu differenzieren, ob sich der jeweilige Kommentator vom Thema hat hinreißen lassen, ausnahmsweise ausfallend zu werden, oder ob hier ein Troll einfach üble Stimmung verbreiten will. Trolle wollen einfach stören und provozieren, und deswegen heißt es im Netz generell: »Don't feed the trolls!«[12] Wenn Sie den Verdacht haben, dass ein Kommentator Troll-Qualitäten entwickelt, können Sie ihn erst einmal beobachten und gegebenenfalls seine Kommentare nicht freischalten. Steigen Sie nicht in Diskussionen mit Trollen ein, lassen Sie sich nicht provozieren: Eskalation ist genau das, was diese Spezies erreichen will. Es liegt in Ihrer Verantwortung, dass Sie nicht Kritiker zu Trollen erklären, nur weil Ihnen deren Meinung nicht gefällt. Kritik, auch wenn sie harsch ausfällt, nicht aber ausfallend ist, sollten Sie zulassen.

Kritik zulassen!

Wenn Sie publizieren, werden Sie Kritiker auf den Plan rufen. Punkt. Wenn Sie in Ihrem Blog Kommentare zulassen, werden dort auch kritische Stimmen laut werden. Dem müssen Sie sich stellen. Ob Sie kritische Kommentare Ihrerseits kommentieren oder einfach so stehen lassen, hängt vom Einzelfall ab. Aber auf keinen Fall sollten Sie kritische Kommentare unterdrücken, denn dann finden Ihre Kritiker andere Wege. Es gibt genügend Beispiele, wo Blogbetreiber Unerwünschtes gelöscht und damit erst einen Sturm der Entrüstung in sozialen Netzwerken ausgelöst haben. Besser: konstruktiv damit umgehen; Kritik als Möglichkeit wertschätzen, sich selbst zu verbessern; Polemik locker abfedern; Eskalationen gar nicht erst beginnen.

Nicht in meinem Blog, aber anderswo habe ich es schon gesehen, dass Mitbewerber eines Blogbetreibers offensichtlich gezielt Kritiker aktiviert haben. Was tatsächlich oft passiert ist:

12   »Trolle nicht füttern!«

Diese Kritik hat bisher stumme Mitleser, die zum Fankreis des Autors gehörten, überhaupt erst aktiviert, und sie sind für ihn in die Bresche gesprungen. Warten Sie also ruhig auch erst einmal ein wenig ab. Vielleicht erzeugt die Kritik mehr positive Rückmeldung in Ihrem Sinne, als Sie zuvor je in Ihrem Blog erhalten haben.

Kommentar-Spam aussortieren

Plugins wie Antispam Bee sind relativ zielgenau darin, echte Spam-Kommentare[13] auszusortieren, von denen Sie desto mehr erhalten werden, je bekannter und höher gerankt Ihr Blog sein wird. Es gibt aber eine Reihe von Trittbrettfahrern, die nur darauf aus sind, Ihr Blog zu nutzen, um auf sich aufmerksam zu machen. Viele Menschen finden es großartig, dass es so einfach geht. Nicht jeder hat ein Gefühl dafür, dass es einfach nicht angebracht ist, sich in einem Blog unter jedem einzelnen Beitrag als Co-Autor zu profilieren. Solche Leute kennen Sie wahrscheinlich auch aus Ihrem bisherigen Leben: Sie haben zu allem und jedem etwas beizutragen, kommen immer sofort auf sich selbst zu sprechen und nerven damit alle anderen. Solche Beiträge sollten Sie nur behutsam löschen. Suchen Sie im Zweifelsfall einfach einmal den direkten Kontakt, beispielsweise per E-Mail, um herauszufinden, ob derjenige vielleicht wirklich einfach ahnungslos ist – und eventuell sogar dankbar für einen freundlich gemeinten Hinweis.

Die Kunst besteht also darin, solche Link-Platzierer von echten Fans zu unterscheiden, die wirklich begeistert sind und das in einem einzigen lobenden Satz ausdrücken. Grundsätzlich sollten Sie nicht bei jedem kurzen, lobenden Kommentar Spam vermuten. (So, wie Sie hoffentlich im richtigen Leben nicht immer gleich davon ausgehen, dass Ihnen jemand Böses will.) Die Anzeichen sollten schon eindeutig sein und sich häufen. Bedenken Sie bitte, dass nicht jeder, der kommentiert, ein

---

13 Spam bezeichnet unerwünschte elektronische Nachrichten, Kommentare und Beiträge.

geübter Schreiber sein muss. Eine sprachliche Qualitätskontrolle Ihrerseits ist nicht erforderlich, sondern deplatziert; bei Ihren eigenen Diskussionsbeiträgen sollten Sie sie anwenden, nicht jedoch bei Ihren Kommentatoren.

Ziemlich sicher, dass es sich um einfaches, echtes Lob handelt, können Sie sein, wenn der Autor Ihnen beispielsweise persönlich bekannt ist. Oder wenn er gar keine URL hinterlässt. Wenn er dagegen anonym kommentiert, aber Sie unsachlich beschimpft, dann ist er kein Linkspammer, sondern wahrscheinlich ein Troll.

Kommentare automatisch freischalten?

Soll der Kommentar eines Blog-Besuchers, sobald dieser auf »Abschicken« geklickt hat, direkt unter Ihrem betreffenden Beitrag erscheinen, oder wollen Sie alle Kommentare vor dem Freischalten lesen? Wenn Sie sich auf anderen Plattformen umschauen, werden Sie feststellen, dass die einen moderieren und dass die anderen alles direkt durchlassen. Im Prinzip wäre es für die meisten Diskussionen förderlich, alles direkt erscheinen zu lassen. Dann müssten Sie allerdings auch ständig schauen, ob nicht vielleicht jemand etwas Unpassendes, Diffamierendes oder sonst wie Bedenkliches gepostet hat. Daher empfehle ich, Kommentare zu moderieren. Sie können das relativ fein einstellen und beispielsweise festlegen, dass Kommentare direkt veröffentlicht werden, wenn Sie von demselben Autor schon einmal eine Wortmeldung genehmigt haben. Für das Freischalten gilt: Je schneller desto besser. Ich lasse mich, wenn ich unterwegs bin, über neue Kommentare auf dem Smartphone benachrichtigen. Weiß ich vorher, dass ich längere Zeit offline sein werde – etwa im Urlaub oder während eines mehrtägigen Workshops –, organisiere ich rechtzeitig eine Vertretung.

Vernetzung mit anderen Blogs

In vielen Ratgebern dazu, wie man ein Blog bekannt macht, steht nahezu stereotyp, man möge doch möglichst viel in anderen Blogs kommentieren. Man solle Gastbeiträge anbieten und überhaupt Verlinkungen anstreben, so viel wie irgend möglich. Das stimmt – und auch wieder nicht. Wie so oft schon kommen wir hier an die wichtige Unterscheidung zwischen Qualität und Quantität. Kein Blogger schätzt es, wenn Sie seine wertvolle Plattform mit Kommentaren zuschütten und seine Beiträge dazu nutzen, auf sich selbst aufmerksam zu machen. Wenn Sie dagegen in wirkliche Diskussionen eintreten, weil Sie sich für das Thema interessieren und Wertvolles beitragen können, werden ganz von selbst mit der Zeit Beziehungen und Vernetzungen entstehen.

Gerade am Anfang, wenn Sie noch keiner kennt, ist es wichtig, persönlichen Kontakt zu anderen Bloggern und Wissensteilern auf zubauen. Wie wir noch sehen werden, bietet das Web dazu vielfältige Möglichkeiten. Aber auch physische Treffen, Kongresse und Netzwerkveranstaltungen sollten Sie in Betracht ziehen. Nicht so eine gute Idee ist es dagegen, andere Blogger anzumailen, die noch nie etwas von Ihnen gehört haben.

Gastbeiträge und Gastbeitrags-Spam

»Bieten Sie anderen Blogs eigene Beiträge an, um Ihr Angebot zu platzieren!« – Das ist auch wieder so ein gut gemeinter Ratschlag, der ohne Hintergrundwissen mehr Schaden anrichten kann, als dass er nützt. Gastbeiträge, die Sie mit der Streubüchse anderen Blogs andienen, mit der kaum oder gar nicht zu verbergenden Absicht, einfach nur für sich selbst werben zu wollen, werden als Spam-Angebote wahrgenommen. Sie verärgern den Empfänger. E-Mails von Unbekannten, die mir »wertvollen Content mit einem Link zu unserer Website« anbieten, landen gleich im Spam-Ordner.

Aber wenn Sie sich mit anderen vernetzen und es sich im persönlichen Kontakt ergibt, dass Sie Beiträge austauschen, dann kann daraus schnell sogar so etwas wie eine strategische Partnerschaft entstehen. Ich habe schon öfter für andere Blogs

Artikel geschrieben oder Interviews gegeben, nachdem mich die Autoren darum gebeten haben oder weil ich selbst eine Idee hatte und den Blogbetreiber bereits kannte. Wenn ich mir zu einem Thema einen Gastbeitrag wünsche, kenne ich gute Autoren in meinem Umfeld, die sich freuen, einmal in meinem Blog zu publizieren.

Automatische Vernetzung über Pingbacks

Gerne gesehen ist es in der Regel, wenn Sie in Ihrem Blog sich auf andere Blogbeiträge beziehen und zu diesen verlinken. Ist ihre Seite korrekt aufgesetzt (und die andere auch), wird die Technik automatisch dafür sorgen, dass unter dem Beitrag auf der verlinkten Seite ein sogenannter Pingback erscheint, ein Hinweis auf Ihren Artikel. Wenn Sie ein Blog schreiben, dann sollten Sie unbedingt auch andere Blogs lesen, und dann wird es sich von selbst erge ben, dass Sie andere zitieren und das mit einem Link zur Quelle belegen.

Blogübergreifende Diskussionen

Einen Schritt weiter gehen Sie, wenn Sie gezielt ein aktuelles Thema aufgreifen, das gerade in den Medien oder im Social Web diskutiert wird, und dazu einen eigenen Beitrag verfassen. Solche blogübergreifenden Diskussionen sind hervorragende Gelegenheiten, um sich zu vernetzen und das eigene Blog bekannter zu machen. Aber auch hier funktioniert die Sache nur dann, wenn Sie es nicht als Mittel zum Zweck betreiben, sondern wirklich etwas beizutragen haben. Allerdings haben meiner Wahrnehmung mit der Verlagerung von Gesprächen in soziale Netzwerke solche blogübergreifenden Diskussionen an Bedeutung verloren.

Blogparaden

Blogparaden[14] sind eine Sonderform der Blog-übergreifenden Diskussionen. Das Prinzip funktioniert so: Ein Blog schreibt

---

14 Erläuterung des Prinzips einer Blogparade: http://blog-parade.de/

ein Thema aus, das andere in ihren Blogs aufgreifen. In der Regel legt der »Veranstalter« ein Verzeichnis aller erschienenen Beiträge an, oft entstehen auch E-Books daraus. Der Vorteil für alle Beteiligten ist, dass die Leser eines Beitrages auch auf andere Angebote aufmerksam werden. Es bringt Verlinkungen untereinander, und vor allem bereichert es alle Leser, weil ein Thema aus vielen verschiedenen Perspektiven beleuchtet wird.

Virale Effekte planen?

»Virale Verbreitung« ist ein Schlagwort, auf das viele Internet-Marketer setzen. Angeblich soll es möglich sein, Inhalte von vornherein so anzulegen und zu schreiben, dass sie sich wie ein Virus über alle Netzwerke verbreiten. Ganz abgesehen davon, dass es nicht unbedingt immer die hochwertigen und seriösen Inhalte sind, die sich am schnellsten verbreiten, sind solche Wirkungen eben doch nicht so leicht planbar. Wenn Sie versuchen, nur auf schnelle Effekte und hohe Viralität hin zu planen, könnte das leicht nach hinten losgehen. Dennoch entwickelt jeder Blogautor mit der Zeit ein gutes Gefühl dafür, welche Inhalte voraussichtlich besonders gut aufgenommen werden und bei welchen die Leserzahl wahrscheinlich eher überschaubar bleiben wird. Ich kann das mittlerweile mit ziemlich hoher Treffergenauigkeit voraussagen; aber ich habe mich auch schon geirrt. Fest steht, was Thomas Pokorn festhält. »Der wichtigste Faktor für das Teilen ist eine persönliche Relevanz, danach kommt Humor.«[15] Weiter meint er:

»Die Dimension des Humors stellt sich dabei als noch komplexer heraus als die Relevanz, schließlich ist Humor ja sehr individuell. Wer also bei der nächsten Planung einer Kampagne auf virale Verbreitung setzt, sollte nicht unbedingt nachsinnen, was wohl am verrücktesten wäre. Alltägliche menschliche Phänomene und Problemstellungen faszinieren Menschen weitaus mehr. Unternehmen sollten sich in ihrer Kommunikationsarbeit vielleicht einmal darauf besinnen, bei welchen alltäglichen und amüsanten Problemen ihr Produkt helfen kann.«[16]

15 Thomas Pokorn: »So landen Sie den nächsten viralen Hit«. In: PR-Blogger. http://pr-blogger.de/2011/10/26/so-landen-sie-den-naechsten-viralen-hit/
16 Ebd.

Die Angelegenheit hat jedoch noch einen anderen Aspekt. Sie könnten natürlich immer nur über Mainstream-Themen publizieren, mit denen Sie eine möglichst große Leserschaft erreichen. Aber wollen Sie das wirklich? Wollen Sie nicht auch Spezialthemen näher beleuchten, die Sie persönlich besonders faszinieren? Gerade das Ungewöhnliche, die Spezialisierung machen Ihr Expertenblog unverwechselbar, auch wenn nicht jeder Ihrer Beiträge der nächste virale Hit wird.

Rechtliche Fragen

Für jede Präsenz im Web ist eine ganze Reihe von rechtlichen Fragen relevant: Das Impressum und die Datenschutzerklärung müssen beispielsweise eine bestimmte Form haben. Analyse-Tools müssen rechtskonform eingesetzt werden, von der Integration von Social Networks einmal ganz abgese hen. Zudem sollten Sie darauf achten, dass Sie bezüglich des Urheberrechts auf der sicheren Seite sind. Das bedeutet beispielsweise: Texte nur im erlaubten Umfang zitieren, Bilder und Filme nur nutzen, wenn Sie die Rechte daran haben oder Ihnen die Rechteinhaber die Veröffentlichung gestattet haben. Zu allen diesen Fragen kann und darf ich nicht beraten, aber ich möchte Ihnen wirklich eindringlich nahelegen, sich dazu kundig zu machen und sich im Einzelfall auch individuelle Beratung zu holen.

Was ist jetzt zu tun?

Sie wissen nun, wie Ihr Blog aufgebaut ist, wo Sie hinwollen und was Sie veröffentlichen. Jetzt wollen Sie das Erarbeitete umsetzen, und wahrscheinlich brauchen Sie zumindest für bestimmte Leistungen professionelle Unterstützung. Doch für welche Bereiche kommt das überhaupt in Frage? Was können und wollen Sie selbst übernehmen? Wie finden Sie für alles Übrige den passenden Dienstleister? Schauen wir uns die einzelnen Arbeitsschritte auf dem Weg zum funktionsfähigen Blog noch einmal genauer an. Am Ende dieses Abschnitts finden Sie dann eine Checkliste für die Auswahl des oder der Richtigen.

Checkliste: Konzeption und Planung

- Zeitplan und Pflichtenheft: Was genau ist zu tun, was ist zu beachten, bis die ersten Beiträge im fertigen Blog erscheinen? Wann soll was fertig sein? Was muss dafür getan werden und von wem?
- Konzeption: Die grundlegenden Voraussetzungen für ein erfolgreiches Blog. Inhaltliche Ausrichtung. Anforderungen an die Gestaltung und Funktionalität. Konzept für die Datensicherung. Suchmaschinenoptimierung.
- Inhaltliches Konzept: Thematische Ausrichtung und Themenspektrum. Zentrale Botschaften. Empfänger-Nutzen. Welche Formen und Medien sollen eingesetzt werden (Texte, Podcasts, Videos)?
- Ein-/Anbindung an bestehende Web-Präsenzen: Was ist vorhanden? Was bleibt? Was muss neu aufgebaut werden? Wie wird das logisch untereinander verknüpft?
- Aufbau und Struktur: Seitenstruktur. Navigation. Vorgaben für die Gestaltung. Funktionen und Plugins.
- Social Web: Planung der Anbindung. Welche Social Icons? Welche Plugins und Funktionen werden speziell dafür gebraucht?

Checkliste: Webhosting, Gestaltung und technische Realisierung

- Auswahl des Webhosters und des Paketes: Welcher Anbieter erfüllt Ihre Anforderungen an Technik und Sicherheit? Reicht der bisherige Umfang Ihres gebuchten Paketes?
- Reservierung der Domain(s) ... entsprechend der Namensfindung
- Entwurf des Blogs: Gestalterisches Konzept, Entwurf des Designs (Theme), Anpassung an das Corporate Design.
- Technische Umsetzung: Installation der Software, Hochladen der Inhalte, Einrichtung des Designs, Einrichtung der gewünschten Funktionen und Plugins, Testläufe, Einbindung der gewünschten Social-Web-Angebote
- Funktionen/Plugins für die Anbindung an externe Plattformen und für das Monitoring

Checkliste: Inhalte und Texte

- Texte für den Rahmen und das Gesamtblog (Beschreibung, Autorenbeschreibungen etc.)

- Textkonzeption: Vorgaben zu Aufbau und Stil der Beiträge.
- Konkrete Themenplanung: Wann soll was erscheinen? In welcher Frequenz? Bei mehreren Autoren: Wer schreibt/spricht/filmt/organisiert was bis wann?
- Themenplan und Redaktionspläne

Checkliste: Laufender Betrieb

- Technische Betreuung: Wartung, Aktualisierung, Datensicherung.
- Inhaltliche Betreuung: Beiträge erstellen. Themenplanung aktualisieren und weiterführen, Kommentare freischalten und beantworten.
- Monitoring: Statistiken auswerten, Reaktionen überwachen.
- Vernetzung: Koordination mit anderen Medien und Maßnahmen (Pressearbeit, Social Media, Kommentare in anderen Blogs ...).

»Gute Inhalte profitieren voneinander« – Interview mit dem Rechtsanwalt Thomas Schwenke

Frage: Neben der eigentlichen Arbeit als Rechtsanwalt in eigener Kanzlei schreiben Sie ein Blog, verfassen häufig recht ausführliche Fachbeiträge und juristische Einschätzungen auf Facebook, zudem Podcasts, lustige Videos auf Snapchat, ein Vortrag nach dem anderen – und dann haben Sie vor Kurzem auch noch nebenher promoviert! Wie schaffen Sie das bloß alles? Schlafen Sie überhaupt mal? Haben Sie je Freizeit?

Thomas Schwenke: Mitunter ist mein Terminplan wirklich recht voll, aber diese Tätigkeiten bereiten mir ja viel Freude. Meine Frau passt auch auf, dass der Schlaf und die Freizeit nicht zu kurz kommen. Viele der Aktivitäten helfen mir in der Praxis als Anwalt. Wenn ich zum Beispiel im Rahmen des Rechtsbelehrung-Podcasts die Linkhaftung oder Chat Bots und im Rahmen der Promotion Augmented Reality behandle, bilde ich mich zugleich selbst fort. Andersherum führen Recherchen zu laufenden Fällen zu Beiträgen, besonders wenn ich denke dass sich viele Unternehmer da draußen die gleichen Fragen stellen oder Gefahr laufen, in ähnliche Fallen zu geraten. Das heißt, meine Tätigkeit als Anwalt und meine Publikationen gehen oft Hand in Hand.

Frage: Sie bloggen seit 2007. Wie schnell hat sich das seinerzeit ausgezahlt, und wie hat es sich in den vergangenen fünf Jahren weiterentwickelt?

Thomas Schwenke: Es hat sich sehr schnell ausgezahlt. Zum einen lernte ich so komplizierte Sachverhalte verständlich zu vermitteln. Dadurch steigerte sich meine Reputation erheblich, was wiederum zum Buchvertrag, Vortragsanfragen oder TV-Interviews führte. So konnte ich innerhalb von zirka drei Jahren das Umsatzniveau einer regulären Kanzlei erreichen, ohne jemals klassische Kanzleiwerbung, wie zum Beispiel Zeitungsanzeigen, eingesetzt zu haben. In den letzten Jahren veröffentliche ich auch andernorts Gastbeiträge, um neue Zielgruppen zu erschließen. Für kurze Anmerkungen nutze ich nur noch soziale Plattformen. Diese Kombination hat sich bewährt, so dass meine Bekanntheit anstieg, ohne dass die Zahl der Besucher des Blogs abgenommen hat.

Frage: Auf welchen Plattformen sind Sie denn unterwegs und in welcher Frequenz?

Thomas Schwenke: Am häufigsten nutze ich meine Facebook-Seite, wo ich mehrmals in der Woche Beiträge veröffentliche. Twitter ist dank der Reduktion und Konzentration von Inhalten meine Informationsquelle Nummer eins, die ich oft mehrmals täglich aufsuche. Die Frequenz gilt auch für die private Nutzung von Facebook und Instagram oder Snapchat. Netzwerke wie Xing und LinkedIn nutze ich dagegen nur alle paar Tage und hauptsächlich zur Kontaktpflege – diese Bereiche werden durch mein Sekretariat betreut.

Frage: Snapchat nutzen Sie seit Anfang 2016. Ist das nicht gerade für einen Rechtsanwalt sehr ungewöhnlich, wird vielleicht von manchen sogar als unseriös empfunden? Welche Zielgruppen erreichen Sie damit, und was bringt es Ihnen?

Thomas Schwenke: Snapchat wollte ich zuerst nur für berufliche Zwecke austesten. Da ich jedoch sehr gerne Neues ausprobiere und mich gerne kreativ betätige, war ich sofort begeistert. Zugleich fand ich dort neue Follower, die bei mir mit geschätztem Durchschnittsalter von zirka 27 Jahren etwas über dem Plattformschnitt liegen dürften. Ebenso habe ich neue Mandanten gewonnen, die mich so direkter und persönlicher kennenlernen konnten. Insoweit ist Snapchat für mich das, was für andere Rechtsanwälte das Golfen oder andere Hobbys sein dürften.

Frage: Wie strategisch und langfristig planen Sie Ihr eigenes Content-Marketing?

Thomas Schwenke: Bis auf längere Whitepaper, die ich etwa einen Monat im Voraus plane, habe ich keinen festen Redaktionsplan. Zum einen kommuniziere ich von mir aus gerne spontan, so dass ich keiner Motivation bedarf. Des Weiteren passiert im Recht so viel, dass sich fast jeden Tag neue Inhalte ergeben. Publikationen für Fachzeitschriften und andere Plattformen werden zumeist mit einer Vorlaufzeit von zwei bis drei Monaten geplant. Hier gibt es eine Warteliste, denn ich muss auch immer genug Raum für Mandanten und Notfälle haben.

Frage: Haben Sie nie Bedenken gehabt, so viele hochwertige Inhalte im Netz zu teilen? Haben Sie manchmal Angst vor Ideenklau durch Mitbewerber?

Thomas Schwenke: Kein bisschen. Über die letzten zehn Jahre habe ich mich über so etwa noch nie ärgern müssen. Das faktische Wissen ist nicht einzigartig, und nur dessen individuelle Aufarbeitung kann potenzielle Mandanten überzeugen. Zudem sehe ich es als eine Art von Geben und Nehmen. Gute Inhalte profitieren voneinander und ich kenne auch niemanden in meinem beruflichen Umfeld, der dies ausnutzen würde.

Frage: Bekommen Sie häufig Anfragen von Menschen, die Sie im Web gefunden haben und nun darüber hinaus kostenlosen, individuellen Rat wollen? Wenn ja: Wie gehen Sie damit um?

Thomas Schwenke: Das ist ein sehr schwieriges Thema. Ich verstehe, dass man natürlich lieber erst einmal kurz anfragt als gleich einen Anwalt zu beauftragen. In den meisten Fällen erfordert jedoch auch eine »kurze Antwort« eine längere Recherche, und ich hafte für die Antwort. Ich bemühe mich, die am meisten gestellten Fragen im Blog aufzugreifen, habe ein Zeitbudget, um Studenten zu helfen, und gebe Sonderkonditionen für gemeinnützige Organisationen. Kostenlose Beratung lehne ich jedoch grundsätzlich ab, auch wenn die Anfragen oft sehr kreativ und nett sind.

Frage: Wie persönlich oder sogar privat sind Sie im Netz? Verläuft für Sie irgendwo eine Grenze?

Thomas Schwenke: Was wirklich rein privat ist, bleibt offline. Darüber hinaus bestimme ich mit Wahl der Sprache und der Art mich zu präsentieren, ob ein Profil privat oder beruflich ist. Das wird nach meiner Erfahrung von den Nutzern respektiert. So wahre ich auf meiner Facebook-Seite eine berufliche Distanz, bemühe mich aber, nicht zu verschlossen zu sein. Dagegen kann ich im privaten Profil auch mal direkter sein, und teile auch gerne mal ein Urlaubsfoto. Wirklich persönlich bin ich aber nirgends im Netz – vielleicht auch, weil mein Privatleben eher ruhig verläuft und für die Aufmerksamkeitsspanne im Netz wahrscheinlich zu langweilig ist. ;)

Dr. Thomas Schwenke, LL.M. (Auckland), Dipl.FinWirt (FH), ist Rechtsanwalt in Berlin, berät international Unternehmen sowie Agenturen im Marketingrecht und Vertragsrecht, ist zertifizierter Datenschutzbeauftragter sowie Referent, Blogger, Podcaster und Buchautor. www.drschwenke.de

Wer ist der richtige Profi für Sie?

Wen Sie für die extern zu vergebenden Aufgaben engagieren, ist eine Frage der individuellen Gegebenheiten, der finanziellen und zeitlichen Ressourcen sowie der eigenen Arbeitsweise. Unternehmen haben hier meistens bereits etablierte Vorgehensweisen aus der bisherigen Kommunikation; Einzelunternehmer müssen oft erst noch Erfahrungen sammeln. Fehlentscheidungen können nicht nur viel Geld kosten, sondern auch für erhebliche Verzögerungen sorgen. Doch wenn Sie sich umfangreich informieren und eigene Checklisten machen, dann ist die Wahrscheinlichkeit groß, dass es von Anfang an gut klappt. Die einfachste Vorgehensweise ist meistens zugleich auch die teuerste: eine Full-Service-Agentur, die das komplette Projekt für Sie abwickelt und Ihnen bei Bedarf auch noch die Texte und weitere Dienstleistungen für die Betreuung Ihrer Social-Media-Profile und -Seiten anbietet. Ebenso könnten Sie einen freien Kommunikationsberater damit beauftragen, alles Weitere für Sie zu organisieren. Ganz ohne externe Leistungen geht es selten. Auch ist es sehr zu empfehlen, sich zum Einstieg zumindest einen erfahrenen, fachlich versierten Sparringspartner zu suchen, der Ihr Projekt begleitet. Dies gilt auch und gerade für mittlere und größere Unternehmen. Wenn Sie nur Technik und Gestaltung brauchen, können Sie sich auch an einen freiberuflichen Webdesigner wenden. Ich würde allerdings nicht empfehlen, Gestaltung und technische Realisierung einzeln zu vergeben, denn sonst müssen Sie sich damit herumschlagen, wenn zwischen den verschiedenen Dienstleistern etwas nicht funktioniert. Wenn Sie sich für das Verfassen der Blogbeiträge Unterstützung suchen, dann sollte der betreffende Autor auch schon in die Text- und Themenplanung eingebunden werden.

Woran erkennen Sie einen Dienstleister, der zu Ihnen passt?

Gute und vor allem passende Dienstleister für Ihre Kommunikation auszuwählen, ist nicht immer eine leichte Sache. Die folgenden Tipps sind wiederum vor allem für einzelne Unternehmer und Entscheider in kleinen Unternehmen gedacht, die (noch) nicht über viel Erfahrung mit der Auswahl von Beratern und Agenturen verfügen.

Doch auch in größeren Unternehmen sollte die Chemie zwischen Entscheidern und internen Mitarbeitenden auf der einen und Dienstleistern auf der anderen Seite stimmen. Deswegen sollten Sie sich in der Auswahl nicht allein auf rein sachliche Kriterien, etwa den Preis, beschränken.

Stimmt die Kommunikation?

Haben Sie das Gefühl, dass Sie die gleiche Sprache sprechen und der Anbieter wirklich versteht, was Sie wollen? Kann er gut erklären? Verstehen Sie umgekehrt, was er Ihnen anbietet und rät? Ein verantwortungsvoller Dienstleister wird Ihnen auch einmal etwas sagen, was Sie nicht so gerne hören oder Ihnen von etwas abraten, auf das Sie sich bereits versteift haben. Er wird Ihnen, wenn Sie das wünschen, helfen herauszuarbeiten, welche Aufgaben Sie selbst übernehmen können und was Sie besser extern vergeben. Aber er wird Ihnen dann hoffentlich nur das verkaufen, was Sie tatsächlich brauchen.

Stimmt das Konzept?

Sie haben noch nicht ganz ausgeredet, aber Ihr Gegenüber weiß schon genau, was Sache ist und was Sie brauchen? Dann ist Vorsicht geboten. Ein guter Dienstleister hört aufmerksam zu und schaut genau hin, was Sie für Ihre Anforderungen brauchen. Allerdings gibt es für bestimmte Aufgabenstellungen bestimmte Standardlösungen, die ihren Zweck vollkommen erfüllen. Auch diesbezüglich sollten Sie sich gut beraten fühlen. Beispiel: Ein individuell gebautes Content-Management-System wäre für eine kleine Unternehmenswebsite oder nur für ein Blog völlig überdimensioniert. Hier reicht eine Standard-Softwarelösung mit bereits vorhandenen Funktionen, die wie Bausteine ergänzt werden.

Stimmt der Preis?

Das Angebot für die angefragten Leistungen muss natürlich zu Ihrem Budget und Ihren Anforderungen passen. Unrealistische Vorstellungen kann es allerdings auf beiden Seiten geben.

Vorsicht: Nicht immer ist der billigste Anbieter auch der günstigste. Die Höhe des Stundensatzes ist beispielsweise kein verlässlicher Anhaltspunkt, weil Sie nicht wissen, wie viel Arbeit der Anbieter pro Stunde erledigt. Andererseits stellt ein hohes Honorar allein kein Indiz für hohe Qualität dar.

Stimmt das Angebot?

Ein guter Dienstleister hat Ihren gesamten Kommunikationsmix im Blick und achtet darauf, dass alles zusammenpasst. Andererseits sollten Sie auch vorsichtig sein, wenn beispielsweise ein einzelner Berater für sich in Anspruch nimmt, alles zu können. Ein Verständnis von den Anforderungen an eine zeitgemäße digitale und Social-Media-Kommunikation sollte bei allen Beteiligten vorhanden sein. Lassen Sie sich Arbeitsproben von bereits realisierten Projekten zeigen!

Stimmt die Transparenz?

Ein seriöser Dienstleister liefert Ihnen vorher einen Überblick über die zu erwartenden Kosten für seine Anteile am Projekt. Aber: Nicht alle Leistungen sind im Vorhinein genau kalkulierbar. Wie aufwändig beispielsweise Abstimmungsprozesse sind und wie zeitintensiv der Kontakt, bestimmen Sie ja selbst mit. Auf jeden Fall sollten Sie vereinbaren, dass Ihnen der Auftragnehmer sofort Bescheid sagt, wenn er absehen kann, dass es teurer als erwartet wird, und zwar bevor zusätzliche Kosten entstehen.

Stimmt das Bauchgefühl?

Hören Sie auch auf Ihr Bauchgefühl. Selbst wenn alle sachlichen und fachlichen Kriterien Ihren Vorstellungen entsprechen, sollten Sie sich einen Anbieter nicht »schönreden«, wenn Sie in irgendeinem Punkt kein gutes Gefühl haben. Wenn Sie unsicher sind, ob wirklich alles passt, könnten Sie beispielsweise erst einmal einen kleineren Teilauftrag vergeben, um die Zusammenarbeit zu erproben.

Wo finden Sie geeignete Anbieter?

Drehen wir das *Prinzip kostenlos* doch einfach noch einmal um und betrachten wir aus dieser Perspektive, auf welche Art und Weise jemand nach einem Anbieter sucht und bereits im Vorfeld abklärt, ob es überhaupt passt.

1. **Suchmaschinen:** Überlegen Sie sich geeignete Begriffe, die das beschreiben, was Sie suchen. Probieren Sie viele verschiedene Suchen mit unterschiedlichen Stichworten aus. Wenn Sie einen ortsnahen Anbieter bevorzugen, denken Sie daran, diese Angaben mit einzubeziehen. Manchmal trifft man so auf Anhieb auf Anbieter, die hervorragend geeignet sind. Deren Websites und Social-Media-Präsenzen sollten Sie sich dann genauer anschauen und prüfen, ob diese mit Ihren eigenen Vorstellungen von gelungener Kommunikation übereinstimmen.

2. **Persönliches Netzwerk:** Erkundigen Sie sich bei Freunden, Kollegen, Kooperationspartnern oder sogar Mitbewerbern, mit denen Sie bereits vernetzt und freundschaftlich verbunden sind. Beschreiben Sie kurz, was Sie brauchen. Wenn Ihnen ein Anbieter empfohlen wird, fragen Sie gezielt die im vorigen Abschnitt genannten Kriterien ab. Lassen Sie sich den Gesamteindruck zusammenfassen. Vielleicht mag der Betreffende Ihnen auch sagen, womit er besonders zufrieden war, wo es gegebenenfalls gehakt hat und warum das aus seiner oder ihrer Sicht so war.

3. **Soziale Netzwerke:** Ob Sie in Ihren eigenen Kontakten bereits mögliche geeignete Bewerber haben, hängt davon ab, mit wie vielen Menschen Sie momentan vernetzt sind. Darauf müssen Sie sich jedoch nicht beschränken, denn Ihre Kontakte haben wiederum Kontakte. Stellen Sie doch einfach mal in einem sozialen Netzwerk – Twitter, XING oder Facebook – eine möglichst konkrete Frage, beispielsweise: »Wer kann mir einen guten Webdesigner empfehlen, der sich mit Blogs und Social Media auskennt?« Nutzen Sie auch hier im nächsten Schritt die Möglichkeit nachzufragen. Besonders gut geeignet für solche Fragestellungen sind thematisch passende Facebook-Gruppen.

5 Social Media für Wissensteiler

Für viele Unternehmen sind Präsenzen in sozialen Netzwerken längst Teil des Kommunikationsmixes. Doch es gibt immer noch Unternehmer, Entscheider und selbst Kommunikationsfachleute, die bisher keinen wirklichen Zugang zu Social Media gefunden haben oder nicht wissen, w e sie diese professionell nutzen. Daher lesen Sie im Folgenden vor allem Einsteigertipps: Was sind Social Media? Was sind deren besondere Gesetzmäßigkeiten? Wie können Sie sie im Rahmen Ihrer Strategie des verschenkten Wissens einsetzen? Was sind die Voraussetzungen, damit Sie damit Erfolg haben? Sie lernen besonders häufige Fehler und besonders fiese Fallen kennen. Wenn Sie bereits erfahren sind, werden Sie dieses Kapitel nicht dringend lesen müssen. Es kann jedoch auch Fortgeschrittenen noch einmal helfen, ihre Vorgehensweise zu überprüfer - oder weniger Erfahrene im Team einzubinden und mitzunehmen.

In diesem Kapitel geht es allerdings weniger um die technischen Einzelheiten und die Detailfunktionen der Angebote, denn die haben sich wahrscheinlich teilweise schon wieder geändert, ehe Sie dieses Buch zu Ende gelesen haben. An dieser Stelle hier geht es vor allem um die grundlegenden Prinzipien von Social Media und wie Sie sie innerhalb Ihrer Wissensstrategie einsetzen.

Soziale Netzwerke für Einsteiger

Sind Sie bereits in sozialen Netzwerken aktiv? Viele Menschen verneinen diese Frage auch heute noch, wie ich immer wieder sehe, wenn ich etwa bei meinen Vorträgen in die Runde frage. Dabei konsultieren dieselben Personen regelmäßig die Online-Enzyklopädie Wikipedia. Sie nutzen natürlich Google – und treffen in den Suchergebnissen oft als Erstes auf Inhalte aus Social Media und Blogs. Sie kaufen bei Online-Versandhäusern und orientieren sich dabei an den Bewertungen, die andere Käufer online abgegeben haben. Sie prüfen anhand von Hotelbewertungen, wo sie den nächsten Urlaub buchen.

Tatsächlich mache ich heute immer noch Erfahrung, dass bei vielen Menschen noch grundlegender Informationsbedarf darüber besteht, was soziale Netzwerke wirklich sind und wie man sie privat und unternehmerisch nutzen kann. Was ist denn nun das Social Web? Definitionen gibt es viele, eine mögliche ist:

Das Social Web (zu Beginn oft Web 2.0 genannt) umfasst Angebote, Plattformen und Werkzeuge, die es Menschen ermöglichen, online persönliche und geschäftliche Verbindungen aufzubauen, Informationen miteinander auszutauschen und gemeinsam an Projekten zu arbeiten. Dazu gehören Blogs, Wikis, soziale Netzwerke, Apps, Mikroblogging-Dienste und andere Plattformen.

Dabei fließen die einzelnen Formen immer mehr ineinander. Die einstmals klassischen Suchmaschinen, die es auch schon gab, bevor überhaupt von »Web 2.0« die Rede war, nehmen Ergebnisse aus Social Networks mit auf. Immer neue Plattformen und Tools machen es einzelnen Menschen ebenso wie Marken immer leichter, schnell eine eigene Präsenz im Web aufzubauen, dort ihre Inhalte ständig zu aktualisieren und ihre Gesprächspartner zur Interaktion aufzufordern. Das verändert auch die Hierarchien: Jeder kann sich heute öffentlich zu allem äußern, zu den großen Fragen der Weltpolitik ebenso wie zu Spezialthemen. Menschen, die sich früher vielleicht allenfalls im Familienkreis oder am Stammtisch über etwas aufgeregt hätten, schaffen es heute, direkt zu Politikern, Entscheidern und Prominenten durchzudringen. Oft sammeln sie dabei sogar eine Gefolgschaft um sich herum.

Diese Mechanismen, die hohe Reaktionsgeschwindigkeit und die schwer vorhersagbareVerbreitung von Botschaften oder Bewegungen sollte jeder berücksichtigen, der sich aktiv im Web einbringt. Je sichtbarer Sie werden, desto mehr Menschen werden Sie logischerweise auch wahrnehmen. Nicht jedem wird alles gefallen, was Sie sagen und schreiben. Um damit umzugehen, brauchen Sie eine entsprechende Kommunikationsstrategie.

Social Media also als neues Allheilmittel der Kommunikation? Marketing ohne jede Mühe? Es ist erstaunlich, was so alles an oft fragwürdigen Erfolgsrezepten im Web kursiert. Die Ergebnisse sieht man dann bei weniger erfahrenen (oder beratungsresistenten) Usern: Tweets ohne jeden Wert; Werbebotschaften auf Dialog-Plattformen; plumpe Reklame ohne Ausrichtung auf die Bedürfnisse der Empfänger. Was dazu führt, dass solche Botschaften erst gar keinen großen Empfängerkreis finden und kaum dazu angetan sind, wertvolle Kontakte zu gewinnen.

Die sozialen Medien bestehen zu großen Teilen aus Interaktionen zwischen echten Personen. Köpfe sind oft wichtiger als Marken oder gesichtslose Firmenprofile. Deswegen sind die klassischen Tugenden erfolgreichen Netzwerkens hier wichtiger denn je; egal, ob Sie nur für sich alleine unterwegs sind oder für ein großes Unternehmen. Netzwerken in Social Media ist also Ergänzung und Unterstützung Ihres Austauschs mit anderen; es ist nicht sinnvoll, eine willkürliche Trennung zwischen »offline« und »online« zu vollziehen. Doch Profile in sozialen Netzwerken haben eigene Anforderungen, die sich aus den technischen und funktionalen Gesetzmäßigkeiten des Mediums ergeben.

»Vom Push zum Pull« (vom Druck zum Zug) lautet das Prinzip dieses neuen Medienzeitalters. Das bedeutet: Jeder entscheidet selbst, welche Informationen er oder sie sich zieht. Sie können niemandem etwas aufdrängen. Das bedeutet, dass Sie nur dann Aufmerksamkeit bekommen, wenn Ihre Botschaften interessant genug sind. Vielleicht gelingt es Ihnen mit einem Trick, kurzzeitig einen Meinungsbildners auf sich aufmerksam zu machen – aber vielleicht um den Preis, dass Sie ihn auch sofort verärgern und deswegen gleich wieder dauerhaft von seinem Schirm verschwinden.

Natürlich geht es in der professionellen Kommunikation in sozialen Netzwerken auch darum, für Angebote zu werben, Image und Reputation aufzubauen. Das ist so lange kein Problem, wie es offen geschieht und gleichzeitig einen Nutzen für die Empfänger in sich trägt, der über die reine Werbebotschaft hinausgeht. Dann sind Menschen auch in sozialen Netzwerken gerne bereit, ein gewisses Maß an Werbung zu tolerieren. In welcher Form genau Sie diese Medien und Plattformen für sich und für Ihr Netzwerken einsetzen, ist sehr eng mit Ihrer Person verknüpft. Es wird sich kontinuierlich entwickeln, und es wird sich mit der Zeit auch wandeln. Entscheidend ist, dass Sie die grundlegenden Gesetzmäßigkeiten kennen, den Nutzen Ihres Netzwerks im Fokus haben und dabei Ihre eigenen Ziele nicht aus dem Blick verlieren.

Es geht um Menschen

Es gibt sehr viele gute Beispiele für Firmenpräsenzen im Social Web. Gerade begehrte Marken etwa können es sich durchaus leisten, sehr viel Werbliches auszusenden, weil ihre Fans das Gefühl haben, dass sie davon profitieren; weil es Identität stiftet oder Gruppenzugehörigkeit signalisiert. Der weitaus überwiegende Teil der Kommunikation in sozialen Netzwerken ist jedoch an Personen gebunden. Hier tauschen sich Menschen aus und kommunizieren miteinander. Abgesehen von den speziellen Merkmalen und technischen Besonderheiten einzelner Plattformen gelten die allgemein menschlichen Regeln guter, wertschätzender Kommunikation sowie der gesunde Menschenverstand!

Auch professionelle Veröffentlichungen sind oft an die Wahrnehmung des Betreffenden als Person gebunden. Das funktioniert im Prinzip wie der Celebrity-Effekt: Die meisten Menschen wollen nicht die offiziellen Verlautbarungen des PR-Agenten über ihr Idol lesen oder hören. Sie wollen private Einblicke und Persönliches oder sogar Intimes. Unnötig zu sagen, dass dieser Effekt auch so manche Peinlichkeit provoziert. Aber zum Glück sind Sie ja (wahrscheinlich) kein Hollywoodstar. Im Idealfall haben Sie sich genau überlegt, wie viel Persönliches Sie preisgeben wollen und wie detailliert die Einblicke sind, die Sie Ihrem Netzwerk in Ihr Privatleben gestatten. Dabei ist auch das durchaus ein Balanceakt. Mitteilungen zu Privatsachen, gerne Neuigkeiten und Bilder vom sehr jungen Nachwuchs, ersatzweise von den Haustieren, werden erfahrungsgemäß besonders häufig angeklickt. Doch nicht jeder möchte Babyfotos veröffentlichen; und selbst wenn, dann wären diese nicht in jedem Network angebracht.

Reine Business-Netzwerke wie XING oder LinkedIn sind für Berufliches reserviert. Doch beispielsweise auf Facebook kommunizieren bisweilen auch bekannte Persönlichkeiten, die ansonsten sehr professionell auftreten, eher privat und persönlich.

Vielleicht überzeugt die professionelle Darstellung eines Dienstleisters auf XING. Das Wissen, das er in seinem Blog verbreitet, ist genau das, was ich für eine bestimmte Problemstellung brauche. Doch erst die Einblicke in seine privaten Vorlieben zeigen mir, dass er auch menschlich zu mir passt. Das kann eine bestimmte humorvolle Art sein, die Dinge zu kommentieren. Ein gemeinsames Hobby. Oder die geteilte Vorliebe für bestimmte Orte, Restaurants oder Bücher.

Medien sind kein Wert an sich

Dabei wird auch klar: Medien an sich sind kein Wert. Das Werkzeug ist nicht der Inhalt. Nicht Social Media an sich sorgen für den Erfolg oder die Sichtbarkeit, sondern nur eine konzeptionell starke Kommunikationsstrategie. Genau wie für alle anderen Bereiche der Kommunikation gilt: Es gibt prinzipiell keine objektiv guten oder uninteressanten Inhalte. Entscheidend ist, wen Sie erreichen wollen und wer zu Ihnen passt.

Das Märchen vom Kontrollverlust

»Im Social Web aktiv zu sein, bedeutet, dass man sämtliche Kontrolle aufgeben muss«: Ein vielgehörter Satz, der aber leider Blödsinn ist. Er impliziert nämlich, dass es vorher Kontrolle in der Kommunikation gegeben habe und dass man sich nun in ein gefährliches Fahrwasser begebe, in dem man nicht mehr vorhersagen kann, was passieren wird. Richtig ist: Mit dem Social Web mussten viele professionelle Kommunikatoren ihre *Illusion* der Kontrolle aufgeben. Doch Krisen und PR-Katastrophen hat es seit jeher gegeben, und auch in der »alten Welt« war es oft unmöglich, ihnen Einhalt zu gebieten.

Richtig ist allerdings, dass sich Reaktionen auf Fehlverhalten viel, viel schneller verbreiten als früher. Der Shitstorm, der massenweise und sich selbst verstärkende Abwurf von Unrat auf einen Benutzer oder ein Unternehmen, ist ganz sicher ein Phänomen des Social Webs. Nur: Solche Massenphänomene können zwar durch empfundenes Fehlverhalten in einem Social Network, ebenso aber auch außerhalb des Webs ausgelöst werden, ganz ohne dass der betreffende Empfänger dort vertreten ist. Deswegen muss man nicht erst eine Präsenz in einem sozialen Netzwerk haben, um in ein solches Unwetter zu geraten. Ist man aber präsent, hat man zumindest mehr Möglichkeiten, frühzeitig zu bemerken, was sich da zusammenbraut.[1]

Verzichten Sie auf reine Zahlenspiele!

Noch andere eigenartige Legenden kursieren im Social Web, beispielsweise diejenige, dass man in wenigen Tagen oder Wochen eine riesige Zahl neuer Kontakte aufbauen könne und damit atemberaubende Umsatzsteigerungen erreiche. Sogar kaufen kann man Twitter-Follower und Facebook-Fans. Selbsternannte Gurus wollen herausgefunden haben, wie das funktioniert, und preisen ihre Anleitungen dazu an. Doch solche Strategien sind wirkungslos beziehungsweise schädlich, wenn Sie sich langfristig Reputation und ein qualifiziertes Netzwerk aufbauen wollen.

Nicht Output um jeden Preis sollte Ihr Ziel sein, sondern Eigenschaften wie Souveränität, Wertschätzung und klare Ausrichtung. Zu den Grundvoraussetzungen erfolgreicher Kommunikation gehört zu erkennen, was das Netzwerk braucht und will. Nur so motivieren und aktivieren Sie andere, gut über Sie zu sprechen und den Austausch mit Ihnen zu suchen. Dabei gilt es immer zuerst zu investieren und dann erst etwas zu erwarten. Unterstützung muss immer gegenseitig sein. Der Austausch und der Gegenwert müssen stimmen. Reine Zahlenspiele mit Fans und Likes in Ihrem Account sind dagegen nicht aussagekräftig.

---

1   Mehr zum Thema Shitstorm: »Shitstorm und Krisen-PR 2016: Aktuelle Fragen & Antworten aus der Beratungspraxis – ein umfassender Ratgeber«, http://www.kerstin-hoffmann.de/pr-doktor/2016/10/14/shitstorm-krisen-pr-vorbeugung-fragen-antworten-ratgeber/

Kritische Massen erreichen

Jedoch auch wenn Sie auf Qualität statt auf Zahlen setzen, müssen Sie bestimmte kritische Massen erreichen, um Wahrnehmungsschwellen zu überschreiten. Publizieren allein reicht nicht, man muss auch gefunden werden. Um diesen Erfolg zu messen, gibt es jedoch keine absoluten Werte. In einem kleinen, hoch spezialisierten Marktsegment kann es sein, dass Sie bereits mit relativ wenigen Zuhörern eine Meinungsführerschaft erreichen. Für andere Bereiche müssen Ihre Follower-Zahlen vierstellig sein, ehe sich Ihre Botschaften wirkungsvoll verbreiten. Aber, noch einmal: Reine Zahlenspiele bringen da nichts; es müssen Follower, Kontakte, Fans, Freunde sein, die sich wirklich für Ihre Inhalte interessieren – und die damit letztlich für Konversion sorgen, also für den unternehmerischen Erfolg Ihres Content-Marketings.

Inhalte findbar machen

Wenn Sie beginnen, Ihre Strategie umzusetzen, werden Sie anfangs öfter das Gefühl haben, dass Sie ins Leere senden: Niemand scheint Sie wahrzunehmen, niemand verbreitet Ihre Botschaften weiter. Das ist das Paradoxon gerade im Social Web: Eigentlich wollen Sie, bevor eine größere Zahl von Empfängern Ihre Inhalte sieht, gar nichts wirklich Substanzielles weggeben. Andererseits müssen Sie aber Interessantes zeigen, um neue Leser, Follower, Fans zu gewinnen. Schreiben und sprechen Sie daher von Anfang an so, wie Sie es tun würden, wenn Sie bereits täglich tausende Leser oder Zuschauer hätten. Anfangs müssen Sie wahrscheinlich eine hohe Schlagzahl vorlegen, um die genannten kritischen Massen zu erreichen. Dabei ist eine komplexe Vernetzung sinnvoller als einige Einzelmaßnahmen.

Unterstützung ist immer gegenseitig

Denken Sie nicht zu viel darüber nach, was *andere* tun könnten, damit *Ihre* Inhalte nach vorne kommen. Überlegen Sie besser, was Sie tun können, um andere zu unterstützen. Scannen Sie die Blogs und Magazine der eigenen und verwandter Branchen nach interessanten Inhalten. Retweeten Sie interessante Inhalte Ihrer Kontakte, teilen Sie bei Facebook oder Twitter das, was andere bereits gepostet haben. Beteiligen Sie sich an Diskussionen, beispielsweise in Facebook-Gruppen oder in Business-Netzwerken. Aber tun Sie dies alles bitte mit Plan, und zwar mit einem solchen, der Ausprobieren, Experimente und das Lernen aus Fehlern einbezieht.

Aufmerksamkeit vervielfachen

Viel wichtiger als nur direkt und einzeln zu Ihren Endkunden vorzudringen ist es, dass Sie Empfehler und Multiplikatoren aktivieren. Denn über diese können Sie große Wunschzielgruppen auf einmal ansprechen. Dazu ist es unumgänglich, Netzwerke langsam und nachhaltig aufzubauen. Über Online-Kontakte erreichen Sie so auch Kunden, die nicht im Social Web sind. Dieses Prinzip funktioniert nur auf der Basis von Gegenseitigkeit. Echte Meinungsbildner sind relativ einfach zu erkennen. In der Regel haben sie deutlich mehr Follower als andere. Sie werden von anderen häufig zitiert. Sie tauchen in der Presse und in Branchen-Publikationen auf. Wenn sie etwas veröffentlichen, bekommen sie innerhalb kürzester Zeit sehr viele Antworten, und ihre Botschaften werden schnell weiterverbreitet.

Wenn ein solcher Meinungsbildner (neudeutsch: »Influencer«) Ihre Beiträge weiterverbreitet, dann ist das besonders wertvoll. Denn das bedeutet, er schätzt Ihre Inhalte und empfiehlt seinem Netzwerk, sich näher damit zu beschäftigen.

Fallen und typische Fehler

Es gibt einige sichere Wege dazu, Ihre Kontakte dauerhaft zu verärgern. Folgendes sollten Sie lieber vermeiden:

- **Zu viele Ego-Botschaften:** Stolz über eigene Erfolge ist menschlich, aber andauerndes Selbstlob ohne Nutzwert nervt.

- **Ständige Wiederholungen:** Wer zu oft idertische Inhalte verbreitet, landet schnell im Abseits.
- **Gefälligkeiten einfordern:** Wer sich gedrängt fühlt, ist kein guter Empfehler.
- **Meinungsbildner »vollspammen«:** Verzichten Sie auf werbliche Privatnachrichten in eigener Sache.
- **Werbliche Inhalte als hochwertigen Content tarnen:** Wer Nutzen erwartet und Reklame findet, kommt nie wieder.

Verantwortungsbewusst im Netz unterwegs

Soziale Netzwerke gehören längst zu unserem Alltag, doch sind sie nach wie vor in vielen Kreisen umstritten. Privatsphäre-Einstellungen, Datenlecks, andere rechtliche Unsicherheiten: Immer dann, wenn Sie sich an eine größere Gruppe von Empfängern wenden, wenn Sie Informationen öffentlich machen oder persönliche Daten preisgeben, ist Ihr Verantwortungsbewusstsein gefragt. Entsprechend sollten Sie sich auch im Internet bewegen. Einige Tipps dazu:

- **Erst informieren, dann publizieren:** Lernen Sie die Gesetzmäßigkeiten und Mechanismen der Plattformen genau kennen, bevor Sie sie nutzen, und informieren Sie sich über juristische Fragen, etwa zu Datenschutz und Urheberrecht. Das gilt für Einzelselbstständige genauso wie für größere Unternehmen.

- **Genau hinschauen:** Datenschutzbestimmungen, Teilnahmebedingungen und alles, was der Anbieter einer Plattform zu seinem Umgang mit Ihrer Privatsphäre veröffentlicht, sollte für jeden Nutzer Pflichtlektüre sein.

- **Auf die Intuition hören:** Nutzen Sie keine Angebote, bei denen Sie ein seltsames Gefühl haben oder deren Teilnahmebedingungen Ihnen nicht zusagen – auch wenn jemand Sie dazu überreden will. Sammeln Sie im Zweifel mehr Informationen, ehe Sie doch einsteigen.

- **Keinem geschützten Bereich vertrauen:** Auch wenn niemand Persönliches aus zugangsbeschränkten Bereichen öffentlich machden sollte, geschieht es immer wieder. Schreiben Sie nichts ins Internet – und auch nicht in Messenger –, was Ihnen schaden würde, wenn es alle sehen.

- *Up to date* **bleiben:** Wer im Netz unterwegs ist, sollte für sich selbst Abläufe etablieren, um sich über neue Entwicklungen auf dem Laufenden zu halten, auch und besonders in rechtlichen Fragen.

- **Fachlichen Rat einholen:** Nicht alle Fragen und Problemen können Sie mit eigener Recherche klären. In Zweifelsfällen und bei komplexen Sachverhalten sollten Sie Fachleute fragen.

Social Media in der Wissensstrategie

Es gibt unzählige soziale Netzwerke, soziale Medien, Plattformen und Tools. Ständig kommen neue Angebote hinzu; andere schließen wieder. Es ist selbst für Social-Media-Profis fast unmöglich, den Überblick zu behalten. Dieses Buch befasst sich mit den Prinzipien und strategischen Schritten für das erfolgreiche Verschenken von Wissen. Es kann daher keine umfassende Einführung in das Social Web sein. Exemplarisch lernen Sie hier einzelne Angebote kennen, die für den deutschen Markt besonders wichtig sind. Ich betrachte sie hier im Hinblick darauf, wie Sie sie innerhalb Ihrer Wissensstrategie einsetzen können.

Versuch einer Klassifizierung (Beispiele)[2]

Blogs

Mit dem Thema haben wir uns bereits im vorigen Kapitel befasst. Hier noch einmal kurz zusammengefasst: Blogs oder Online-Magazine sind in der Regel redaktionelle Angebote. Sie machen es sehr einfach, Inhalte schnell online zu stellen. Neben der

---

2 Vgl. auch die Klassifizierung im Conversation-Prism von Brian Solis: http://www
   .briansolis.com/2008/08/introducing-conversation-prism/ (Deutsche Version von ethority: http://www.ethority.de/weblog/social-media-prisma/)

Möglichkeit, selbstgehostete Blogs einzurichten, gibt es viele Blog-Plattformen, die keinen eigenen Webspace erfordern wordpress.com oder blogger.de. Viele Wissensteiler legen sich zusätzliche Accounts an, um eigene Inhalte weiterzuverbreiten und einzubinden oder um interessante andere Inhalte zu sammeln. Tumblr oder Medium.com sind dazu in Deutschland besonders verbreitet.

Mikroblogging

Hier ist Twitter der bekannteste Anbieter. Es geht darum, kurze Nachrichten und Links mit so genannten Followern zu teilen, also anderen registrierten Benutzern. Ein ganzes Universum von zusätzlichen Tools und Anwendungen, von der Twitter-Suche bis zur Twitter-Bild-Plattform, hat sich darum herum entwickelt. Mikroblogging-Funktionen finden sich mehr und mehr auch integriert in Social Networks. Umgekehrt entwickelt sich Twitter mit Zusatzfunktionen und weiteren Seiten immer mehr in Richtung einer komplexen Plattform.

Soziale Netzwerke

XING, LinkedIn und Facebook sind die wichtigsten Netzwerke (Social Networks) für Unternehmen und Unternehmer in Deutschland, und damit auch für Wissensteiler. Sie sind aber sehr unterschiedlich aufgebaut. XING und LinkedIn sind für den professionellen Austausch gedacht. Facebook galt lange Zeit als rein private Plattform, hat aber in puncto Unternehmenskommunikation erheb lich aufgeholt. Längst haben fast alle größeren Unternehmen, aber auch viele Mittelständler und Einzelunternehmer hier Fanpages; Consumer-Marken ebenso wie in wachsendem Maße auch Business-to-Business-Anbieter. Heute ist Facebook nicht nur ein soziales Netzwerk, sondern auch eine der wichtigsten Marketing- und Werbeplattformen. Manche Menschen sind hier rein mit ihrer professionellen Identität vertreten; andere nur privat. Viele verwirklichen beides: Die Trennung nach unterschiedlichen Empfängergruppen soll das erleichtern. So gibt es bei Facebook eine unendliche Zahl von Parallelwelten. Google+ war beim Erscheinen der ersten Auflage dieses Buchs noch relativ neu. Inzwischen hat das Angebot deutlich an Bedeutung verloren. Darüber hinaus gibt es eine Vielzahl privat und geschäftlich ausgerichteter Social Networks, die man gar nicht alle kennen kann.

Foren

Solche Diskussionsplattformen im Internet, die meistens jeweils eine thematische Ausrichtung haben, sind im Grunde die Vorläufer der sozialen Netzwerke. Sie ermöglichten schon sehr früh in der Geschichte des Internets jedem Teilnehmer, Beiträge schnell und einfach zu veröffentlichen sowie über Themen zu diskutieren. Auch heute noch gibt es klassische Foren wie etwa dasjenige für Apple-Nutzer und -Fans, *Apfeltalk*[3]. Viele Plattformen integrieren forenähnliche Gruppen in ihr Angebot, etwa XING oder LinkedIn.

Content Curation und Social Bookmarking

Dies sind Plattformen, auf denen User Links zu interessanten Inhalten sammeln können. Flipboard und Refind sind zwei Beispiele dafür. Reddit ist international sehr bekannt, beinhaltet aber zudem viele weitere Funktionen.

Instant Messaging

Apps wie Snapchat machen es leicht, Fotos und Bewegtbilder öffentlich oder mit Freunden zu teilen. Facebook, Twitter und Instagram haben solche schnellen Live-Funktionen, deren Inhalte meist nur 24 Stunden lang verfügbar sind, mittlerweile integriert.

Video-Plattformen

YouTube ist die bekannteste Plattform für Videos. Vimeo wird im professionellen Bereich viel genutzt. Hier kann jeder, der registriert ist, eigene Filme hochladen. Ebenso einfach ist es, diese Filme anschließend mit einem Code auf anderen Websites einzubinden. Nutzer können eigene Kanäle als Seiten anlegen und diese individuell gestalten.

---

3   http://www.apfeltalk.de

Audio-Plattformen

Hier können User Audio-Formate veröffentlichen. iTunes oder Anchor sind bei Podcastern besonders beliebt.

Foto-Plattformen

Flickr ist ein Beispiel für eine Plattform, auf der Sie eigene Fotos sammeln. Sie können sehr fein einstellen, was Sie wem zugänglich machen und wie andere Ihre Bilder nutzen dürfen.

Auf Instagram können User ihre Fotos mit anderen teilen.

Auf Pinterest lassen sich Bilder von Websites auf eigenen Pinnwänden sammeln.

Präsentationen

Slideshare ist eines der bekanntesten Angebote, um, Präsentationen, PDFs und andere Dokumente hochzuladen, die die Benutzer anderen zur Verfügung stellen wollen. Wer beispielsweise einen Vortrag gehalten hat, kann anschließend die Materialien dazu hochladen, ohne dass er eine eigene Seite dazu einrichten muss. Die meisten Plattformen bieten einen Code an, um Präsentationen mitsamt Funktionalität wieder in Blogs und auf anderen Websites einzubinden.

Dokumente und Filesharing

Google Drive, Dropbox oder MyDrive sind gute Möglichkeiten, um eigene Dokumente im Internet zu speichern. Sie können dort aber ebenso Dateien für andere zum Download oder zur gemeinsamen Bearbeitung anbieten.

Bewertungsplattformen

Längst kommentieren Verbraucher die Qualität von Produkten oder Dienstleistungen nicht nur auf den Anbieter-Plattformen selbst, sondern auch auf unabhängigen Seiten. Bewertungsportale wie Qype liefern anderen Nutzern wertvolle Meinung vor dem Kauf. Kaum noch jemand bucht ein Hotel oder eine Pauschalreise, ohne sich vorher Bewertungen dazu angeschaut zu haben. Die bekannteste Arbeitgeber-Bewertungsplattform in Deutschland ist kununu.

Messenger

Messenger wie WhatsApp oder der Facebook-Messenger spielen eine immer größere Rolle in der digitalen Kommunikation.

Weitere Angebote

»Location Based Services«, »Social Gaming«, »Dashboards«, Plattformen für Online-Seminare, Musik-Seiten und viele andere Angebote: Diese Aufzählung könnte noch endlos weitergehen. Je nach eigener Ausrichtung, Umfeld und Branche lohnt es sich also, selbst weiter zu recherchieren und weitere Angebote und Tools kennenzulernen.

Die passenden Plattformen auswählen und sinnvoll bespielen

Auch wenn Sie jetzt schon einen kleinen Überblick gewonnen haben: Die Zahl der Angebote, Plattformen, Networks, Apps und Tools ist schier unüberschaubar. Niemand kann alle kennen, schon gar nicht alle nutzen – noch nicht einmal einen Bruchteil davon. Wer professionell im Web unterwegs ist, macht es in der Regel wie Klaus Eck es im Interview beschreibt: neue Angebote ausprobieren, die interessant erscheinen, aber immer wieder überprüfen, was sinnvoll ist. Sie müssen nicht überall dabei sein. Viel wichtiger ist es, dass Sie das, was Sie ausgewählt haben, gut und engagiert betreiben. Für den Anfang sollten Sie mit einem Angebot beginnen und sich damit vertraut machen. Dazu bieten sich die bekanntesten Networks an. Ich schlage in der Regel vor, mit XING, und Facebook zu beginnen– und am besten auch in dieser Reihenfolge.

Dabei ist zu unterscheiden zwischen Konten, die an die Person gebunden sind, und Unternehmenspräsenzen im sozialen Netzwerken. Bei etlichen Angeboten können Sie entscheiden, ob Sie sie als Person oder als Unternehmen nutzen oder beides. Twitter beispielsweise ist für Accounts jeder Art offen. Instagram erlaubt neben den regulären Accounts auch eine Umwandkung derselben in Business-Profile, die zudem mit Facebook und Facebook-Anzeigen verknüpft werden können. Ebenso können Sie als Person, als Unternehmen oder als Organisation einen YouTube-Kanal anlegen, eine Artikel-Sammlung bei Flipboard pflegen oder Ihre gesammelten Fotos bei Flickr veröffentlichen. Auch auf Plattformen wie Facebook, XING oder LinkedIn können Sie sich zum einen als Person registrieren. Zum anderen können Sie für Ihr Unternehmen eine eigene Seite oder ein Profil anlegen. Auf Facebook beispielsweise sind mittlerweile fast alle großen Marken vertreten. Sie finden dort Coca Cola ebenso wie die Deutsche Bahn. Städte haben dort ihre Fanpage, ebenso viele Beratungsunternehmen und Dienstleister. Wenn Sie sich in diese sozialen Netzwerke einarbeiten, sollten Sie – beziehungsweise die federführenden Mitglieder Ihres Teams – damit beginnen, persönliche Profile anzulegen. Als Einzelunternehmer oder Dienstleister schauen Sie sich am besten viele verschiedene Seiten an, ehe Sie eine eigene anlegen, und machen sich mit der Technik vertraut. Auch das Thema Anzeigenwerbung in Social Networks ist eines, das Sie erst im nächsten Schritt angehen sollten, wenn Sie mit der Materie vertrauter sind.

Bauen Sie sich Ihr eigenes Netz: So landen Sie im Social Web

Haben Sie schon die eine oder andere Präsenz im Social Web? Oder steigen Sie ganz neu ein? Im Folgenden schlage ich ein schrittweises Vorgehen vor, um sich soziale Netzwerke im Hinblick auf Ihre eigene Wissensstrategie zur erschließen.

1. Strategie und Konzept entwickeln
Am Anfang steht in der Kommunikation immer die Strategieund Konzeptionsphase. Das gilt auch für Teilstrategien, etwa die Social-Media-Strategie. In unserem Fall fügt sich Ihre Social-Media-Strategie in Ihre gesamte Strategie des verschenkten Wissens beziehungsweise in Ihre Content-Marketing-Strategie ein.

2. Zuhören und mitlesen

Auch wenn Sie eine Veranstaltung besuchen, verschaffen Sie sich zuerst einen Überblick über die Anwesenden, über die Stimmung und die Themen, ehe Sie in das Gespräch einsteigen. Für den virtuellen Austausch gilt das Gleiche: Erst zuhören und sich umschauen, dann aktiv in das Gespräch einsteigen. Je besser Sie vorbereitet sind, desto größer sind die Chancen darauf, dass Ihnen andere zuhören und Sie ernstnehmen. Veröffentlichen Sie nichts, ehe Sie genau wissen, was Sie tun. Schauen Sie sich einige Angebote näher an und erarbeiten sie sich schrittweise. Bauen Sie Ihre Netzwerke, basierend auf bereits bestehenden Kontakten, langsam auf, erhöhen Sie die Schlagzahl, wenn Sie sich sicherer fühlen.

3. Funktionen verstehen

In der Umsetzung Ihrer Strategie sollten Sie sich in die technischen Funktionsweisen und Möglichkeiten der Plattformen einarbeiten, bevor Sie diese aktiv nutzen. Fast alle Plattformen bieten ausführliche Erklärungen und gut verständliche Anleitungen an. Pflicht ist auf jeden Fall immer ein genauer Blick auf die Nutzungsbedingungen.

4. Gesetzmäßigkeiten erkunden

Wenn die technischen Grundlagen geklärt sind, sollte es um die eigentlichen Mechanismen gehen: Was bewirke ich mit welcher Aktion? Was löse ich aus? Was sind die Folgen und was die Gefahren? Um das auszuloten, braucht man praktische Erfahrung und einen gewissen Überblick.

5. In der Praxis erproben

Verkleidet, also unter Pseudonym: Das ist im Social Web durchaus auf bestimmten Plattformen toleriert; vorausgesetzt, Sie führen nicht bewusst andere in die Irre. In Business-Networks wie XING sollten Sie sich nicht mit einem falschen Profil anmelden. Bevor sie jedoch den »Echtbetrieb« starten, kann es für Einsteiger sinnvoll sein, praktische Erfahrungen zu sammeln, ohne gleich mit dem eigenen Unternehmensnamen aufzutreten. Sie könnten beispielsweise bei wordpress.com oder blogger.de ein (nicht-kommerzielles!)

Blog anlegen. Auch ein Pseudonym bei Twitter hilft dabei, das Medium erst einmal zu erproben.

6. **Professionelle Profile anlegen**

Erst mit dem Wissen aus den vorigen Schritten sollten Sie beginnen, Ihre persönlichen und professionellen Präsenzen im Social Web auf- und auszubauen. Online-Profile haben eigene Anforderungen, die sich aus den technischen und funktionalen Gesetzmäßigkeiten des Mediums ergeben.

7. **Inhalte generieren**

Mit den strategischen und konzeptionellen Voraussetzungen für eine erfolgreiche Strategie des verschenkten Wissens haben Sie sich in den vorigen Kapiteln bereits ausführlich auseinandergesetzt; ebenso mit den Bedürfnissen Ihrer Netzwerkpartner und dem Nutzen, den Sie diesen bieten wollen. Jetzt geht es darum, das auch auf anderen Plattformen als im eigenen Blog umzusetzen. Erarbeiten Sie es sich Schritt für Schritt und beobachten Sie das Feedback aufmerksam.

8. **Resonanz beobachten und Erfolg messen**

Ganz gleich, in welchem Umfang Sie publizieren: Ein gutes Monitoring sollte heute jedes Unternehmen etablieren. Setzen Sie auf jeden Fall mehrere Google Alerts auf Ihren Namen, Ihre Marke, Ihre Domain und die wichtigsten Suchworte. Nur wer weiß, wie er ankommt und welche Resonanz er auslöst, weiß, ob die eigene Vorgehensweise sinnvoll ist oder ob er den Kurs korrigieren sollte.

Ihre Social-Media-Workaround

Die reine Präsenz im Social Web bringt noch keine Aufmerksamkeit, und es reicht auch nicht aus, nur zu publizieren, also in eine Richtung zu senden. Wie transportieren Sie eigene Inhalte so ins Web, dass andere sie finden und leicht weiterverbreiten können? Die Vorteile einer komplexen Vernetzung sind unter anderem Suchmaschinenoptimierung und eine maximale Ausnutzung der eingesetzten Ressourcen. Deswegen entwickeln

Sie um den zentralen Knotenpunkt Ihres Wissens herum einen Workaround, also einen Ablauf, der in seinen Grundzügen festgelegt ist, den Sie aber zugleich flexibel handhaben, gut bedienen und sicher kontrollieren können. Tools können dabei unterstützen, sind aber nicht unbedingt erforderlich. Es reicht auch, wenn Sie selbst festlegen, wann Sie was tun wollen und in welcher Reihenfolge. Der Vorteil eines solchen grundlegenden Schemas liegt darin, dass Sie Routine gewinnen. Mit der Zeit geht es Ihnen dann immer flüssiger von der Hand.

Ein Social-Media-Workaround besteht immer aus manuellen und aus automatisierten Aktionen. Doch Sie sollten nicht alles automatisieren, nur weil Sie es können Sie können Nachrichten auch vorher auf einen bestimmten Termin legen, auch das bieten Dienste wie Hootsuite, Buffer oder Socialpilot sowie komplexere Social-Media-Angebote für Unternehmen an. Doch anfangs ist es besser, die einzelnen Aktionen nachzuhalten, um nicht den Überblick zu verlieren. Auch das richtige Timing für die maximale Aufmerksamkeit ist eine Sache von Übung und Erfahrung.

Erleichtern Sie auch Ihren Lesern, Ihre Inhalte weiterzuverbeiten, indem Sie ihnen das Teilen der Beiträge etwa in Ihrem Blog mittels der schon angesprochenen Buttons für das Social Sharing ermöglichen.

Von der eigenen Plattform ausgehen

Die wichtigsten Abläufe entwickeln sich um Ihre eigenen Beiträge, also um Ihr geteiltes Wissen auf der eigenen Plattform, den sogenannten »Content-Hub«. Denn dorthin sollen über kurz oder lang möglichst viele Ihrer Kontakte finden. Doch soziale Netzwerke sind nicht dafür gedacht, hier nur Links als Köder zu eigenen Inhalten zu verbreiten. Wer Sichtbarkeit erlangen will, muss dort an Gesprächen teilnehmen, wo die eigenen Zielgruppen unterwegs sind. Das Verteilen von Links macht daher nur einen kleinen Teil der Gesamtaktivitäten aus.

Ein Social-Media-Workaround verändert sich, allein dadurch, dass sich die Angebote im Web selbst wandeln. Auch Ihr eigenes Nutzerverhalten verändert sich mit der Zeit. Deswegen sollten Sie Ihre Abläufe ständig überprüfen.

Social-Media-Workaround erarbeiten

Stellen Sie sich Ihren neuen Blogbeitrag am Beginn einer solchen Aktions-Kaskade vor. Planen Sie nun die weiteren Schritte.

- Auf welchen externen Plattformen soll ein Link erscheinen?
- Welche Angebote bedienen Sie von Hand?
- Welceh Postings automatisieren Sie – und welche Tools nutzen Sie dazu?
- Wie sieht die jeweilige Nachricht aus? Überschrift und Hyperlink? Bild? Zusätzlicher Text? Hashtags?
- Wie stellen Sie sicher, dass Sie von Reaktionen oder Kommentaren auch außerhalb Ihrer eigenen Plattform erfahren?
- Wie machen Sie es anderen leicht, Ihre Beiträge direkt in deren eigenen Account zu teilen?
- Wo sind Sie selbst aktiv und treten auf externen Plattformen mit anderen in Gespräche ein?

Wie sieht das perfekte Social-Media-Profil aus? – Interview mit der »Profilagentin« Kixka Nebraska

Frage: Ein Wissensträger – etwa ein Berater oder Dienstleister –, der bisher nicht in sozialen Netzwerken unterwegs war, möchte sich erstmals ein Profil in einem Business-Netzwerk wie XING oder LinkedIn einrichten. Mit welchen Schritten startet er oder sie am besten?

Kixka Nebraska: Nach meiner Erfahrung gibt es drei entscheidende Schritte, bevor ein Profil angelegt wird.

Erstens: Lassen Sie sich von jemandem, den sie sehr sympathisch finden, in sehr guter Stimmung fotografieren. Nehmen Sie kein vorhandenes Bild. Zu 90 Prozent sind die vorhandenen Bilder nicht aktuell, qualitativ nicht überzeugend, oder Ihre

Persönlichkeit wird nicht wirklich getroffen. Im schlimmsten Fall treffen alle drei Punkte zu.

Zweitens: Überlegen Sie vorher, was Sie mit Ihrem digitalen Auftritt beabsichtigen – und überlegen Sie sich, welches die entscheidenden Schlüsselbegriffe sind, die jemand in die Suche eines Business-Netzwerkes eingeben müsste, um jemanden wie Sie, mit Ihren Kompetenzen, zu finden. Denken Sie dabei stärker in die Zukunft (»In welche Richtung will ich mich inhaltlich entwickeln?«) als in die Vergangenheit (»Welche Qualifikationen oder Kenntnisse habe ich, die ich aber auf gar keinen Fall weiter einsetzen möchte?«).

Drittens: Sehen Sie sich auf der Plattform um. Behalten Sie dabei im Kopf, dass Sie bei XING und in der Regel auch bei LinkedIn als Profilbesucher sichtbar sind, für Premium-Mitglieder auch mit Namen. Versuchen Sie sich mittelfristig mit mindestens 150 echten Kontakten zu vernetzen – erst in dieser Größenordnung setzt der »Netzwerkeffekt« ein, mit dem Ihre Statusmitteilungen eine größere Sichtbarkeit erreichen und darüber die Kontakte Ihrer Kontakte für Sie plötzlich relevant werden könnten.

Frage: Welche sozialen Netzwerke spielen Ihrer Erfahrung nach für Berater, Dienstleister, Trainer oder Speaker in Deutschland die größte Rolle? Welche sind unverzichtbar?

Kixka Nebraska: Abgesehen davon, dass das von Branche zu Branche etwas variiert, und es auch davon abhängt, wie international die Person aktiv ist, sind LinkedIn, XING und Facebook heute nach wie vor die relevantesten Netzwerke. Twitter halte ich eher ergänzend für bestimmte Branchen und inzwischen immer stärker Event-bezogen für interessant.

Viele der Fachdiskussionen haben sich heute von XING zu Facebook verschoben, so dass nach meiner Wahrnehmung vor allem geschaut werden sollte, wo die Netzwerke, in denen jemand im Analogen aktiv ist, sich im Digitalen wiederfinden.

Frage: Wie sieht das perfekte Facebook-Profil eines Wissensträgers aus, der sich dort vor allem in ihrer oder seiner professionellen Identität darstellen und engagieren will?

Kixka Nebraska: Wenn ich davon ausgehen kann, dass es sich tatsächlich um ein persönliches Profil und keine Fanpage handelt, sollte das Profil abonnierbar sein, was separat aktiviert werden muss.[4] Das Profil sollte aktuell sein, alle wichtigen Links zu weiteren Websites und Profilen, eindeutige Kontaktmöglichkeiten und -Präferenzen enthalten.

Auch auf der visuellen Ebene wird es immer wichtiger zu zeigen, welches Thema der Schwerpunkt des Wissensträgers ist und darüber hinaus auch, diese Person »im Einsatz« zu zeigen. Bewegtbild und bewegtes Live-Bild können ergänzend dazukommen, doch der Thematik würde ich mich schrittweise nähern. Dafür sollte in Deutschland das Impressum auch bei Facebook nicht vergessen werden, sobald das Profil beruflich genutzt wird.

Frage: Was machen Unternehmer und Entscheider, wenn sie Profile neu einrichten und mit Inhalten befüllen, am häufigsten falsch?

Kixka Nebraska: Wirklich wahr: Sie setzen die Sichtbarkeit ihres Profils auf die niedrigste Stufe, posten irrtümlich nichts öffentlich und wundern sich, dass »dieses digitale Networking« gar nicht funktioniert. Das habe ich in meinen Beratungen mehrfach erlebt. Der entscheidende Tipp ist, regelmäßig die Außenansicht seiner Profile für die Öffentlichkeit zu checken – und sicher zu sein, diese Außenwelt ebenso regelmäßig auch mit öffentlichen Posts zu bedienen.

Frage: Welche sozialen Netzwerke nutzen Sie selbst, und worauf legen Sie dabei besonderes Augenmerk?

Kixka Nebraska: Beruflich nutze ich vorwiegend Facebook, dort insbesondere auch die fachlichen Gruppen, zum Beispiel

---

4   Siehe unter https://www.facebook.com/about/follow

die der Digital Media Women, die mit inzwischen fast 9 000 Mitgliedern einen sehr großen Mehrwert bietet. XING kommt an zweiter, Linkedin an dritter Stelle. Privat nutze ich nach wie vor sehr gerne Tumblr und ich bin in meiner Freizeit in der sehr großen Google+-Ingress-Community aktiv.

Bei allen Auftritten ist mir die Konsistenz meiner Profile wichtig: Meine Profilbilder sind inzwischen zwar fast überall etwas unterschiedlich, wegen meiner Haarfarbe gibt es aber tatsächlich so etwas wie einen roten Faden. Meine Headerbilder zeigen dabei aber alle ein identisches Motiv, wenn auch in leichten Varianten, so dass die Wiedererkennung sehr einfach möglich ist.

Kixka Nebraska ist seit 2010 als Profilagentin, zertifizierte Trainerin und E-Moderatorin im Netz aktiv, um die digitale Sichtbarkeit ihrer Auftraggeber zu erhöhen. Die Mitgründerin der Digital Media Women (#DMW) ist mehrfach auf der re:publica, einer der größten Digitalkonferenzen Europas, als Referentin aufgetreten und teilt ihr Wissen auch in Workshops und persönlichen Digital-Coachings. www.profilagentin.com

›Warum folgt mir denn keiner?‹ – Follower, Fans, Kontakte gewinnen

Sie haben aussagekräftige Profile in mehreren sozialen Netzwerken angelegt. Sie haben sich ausführlich mit den Chancen und Risiken beschäftigt. Sie posten fleißig. Aber trotzdem kommt die Sache nicht so recht in Gang, weil Ihr virtuelles Netzwerk immer noch zu klein ist? Es gibt viele Möglichkeiten, andere interessante Menschen in den Social Media dazu zu bewegen, dass sie Ihnen folgen oder den Kontakt bestätigen. Mancher wundert sich dennoch, dass ihm niemand zurückfolgt; tut aber vielleicht, ohne sich dessen bewusst zu sein, zugleich alles Mögliche, um das zu verhindern. Immer noch sehe ich die abenteuerlichsten Selbstdarstellungen und die seltsamsten Verhaltensweisen, die nicht selten auf Mythen und falschen Vorstellungen beruhen.

Es gibt grundlegende Gemeinsamkeiten, die für alle Plattformen im Social Web gelten, aber einige spezifische Mechanismen unterscheiden sich von Angebot zu Angebot. Bestimmte Vorgehensweisen erhöhen die Wahrscheinlichkeit, dass jemand zurückfolgt beziehungsweise Sie in die Liste seiner Kontakte aufnimmt. Dazu sollten Sie auch wissen, aufgrund welcher Kriterien die Betreffenden entscheiden, ob Ihr Profil für sie interessant ist. Beispiel: Wenn mir jemand auf Facebook eine Freundschaftsanfrage schickt, den ich nicht kenne, ist für mich das erste Kriterium: Haben wir schon gemeinsame Kontakte? Dann schaue ich mir weitere Informationen und möglichst auch die Pinnwand des Betreffenden an. Ist nichts öffentlich sichtbar, was mir bei der Entscheidung hilft und hat derjenige seiner Anfrage auch keine Nachricht beigefügt, dann fällt er oder sie schon gleich heraus. Kann ich aber die Pinnwand sehen, und die letzten drei Nachrichten lauten in etwa: »Hallo X Name G , danke für deine Freundschaftsbestätigung, schau dir doch auch mal X kommerzielle Website G an!« – wie wahrscheinlich ist es wohl, dass ich hier bestätige? Genau: überhaupt nicht wahrscheinlich. Wenn Sie also Freunde, Follower, Kontakte gewinnen wollen, was können Sie dafür tun?

Es sollte allerdings nicht darum gehen, Kontakte um der Kontakte willen zu sammeln. Doch gerade am Anfang kann es sinnvoll sein, das eigene Netzwerk gezielt zu erweitern – oder zumindest zu wissen, wie es gelingt, potenzielle neue Kontakte anzusprechen, ohne sie gleich zu nerven. Im Folgenden beschreibe ich exemplarisch am Beispiel von persönlichen Profilen auf drei verschiedenen Plattformen, was Sie tun können, um Ihr Netzwerk zu erweitern. Betrachten Sie diese bitte als Beispiele. Die genannten Plattformen sind für den deutschen Markt wichtig und aus meiner Sicht für das Content-Marketing von Wissensträgern sinnvoll. Weitere Angebote können Sie sich bei Bedarf und entsprechenden Kapazitäten später Schritt für Schritt erarbeiten. Sie müssen auch die genannten nicht alle nutzen. Es muss in Ihre Strategie und zu Ihnen passen und sich auf Dauer als praktikabel erweisen. Ich konzentriere mich dabei bewusst auf allgemeingültige Verhaltensweisen und Merkmale an den folgenden Beispielen. Denn die Plattformen im Social

Web wandeln sich rasant, und ständig ändern sich Funktionen. Deswegen gehe ich hier beispielsweise nicht auf Fragen ein, wie Sie Fans für Ihre Unternehmensseite auf Facebook gewinnen oder ein Unternehmensprofil auf XING gestalten: Was ich diesbezüglich beschreiben könnte, ist vielleicht morgen schon wieder überholt. Aktuelle Tipps und Neuigkeiten für die Positionierung in sozialen Netzwerken finden Sie in meinem Blog *PR-Doktor*.[5]

Das gehört in jedes persönliche Profil

So unterschiedlich die verschiedenen Angebote im Detail sein mögen: Ein aussagekräftiges eigenes Profil zeigt Ihrem neuen Kontakt möglichst auf den ersten Blick, ob Sie zu ihm passen. Wie Sie das im Einzelnen formulieren, hängt dann wieder von dem Angebot selbst ab, vom Umfeld, in dem Sie sich dort bewegen sowie vom Platz, der Ihnen zur Verfügung steht. Auf jeden Fall wichtig:

* ein qualitativ gutes, aktuelles, sympathisches Bild.
* eine prägnante, werbefreie Selbstbeschreibung/Kurzbiographie, die in das Umfeld der Plattform passt.
* ein Link auf Ihre Website und/oder Ihr Blog. Aus rechtlichen Gründen kann auch ein Link zum Impressum erforderlich sein. Bitte informieren Sie sich diesbezüglich.

1. XING-Kontakte hinzufügen

Was ist XING? XING ist eines der ersten deutschen Business-Netzwerke im Internet gewesen, zunächst unter dem Namen OpenBC. Gerade bei Menschen, die nur mäßig Social-Media- und Web-affin sind, ist XING besonders beliebt. Hier sind auch Unternehmen und Personen zu finden, die sich von Angeboten wie Twitter oder Facebook fernhalten. Als Einsteiger-Plattform finde ich es sehr gut geeignet. Es gibt eine kostenfreie und eine kostenpflichtige Mitgliedschaft, außerdem weitere Modelle, etwa für Recruiter oder »XING Coaches«. Der Premium-Account bietet detaillierte Suchfunktionen. Bestandteil der Plattform sind

---

5   http://www.pr-doktor.de

Gruppen, die wie Foren aufgebaut sind, in denen sich angemeldete Benutzer austauschen. Es gibt News, Veranstaltungen und viele weitere Funktionen. Was die konkrete Nutzung betrifft, hat hier wohl jeder seine eigene Vorgehensweise. Manche nutzen XING wie eine Visitenkarte. Andere präsentieren sich hier sehr offensiv möglichen Auftrag- oder Arbeitgebern gebern. Für die einen ist es ein Adressbuch ihrer Kontakte. Manche vernetzen sich nur mit Menschen, die sie persönlich kennen. Andere suchen hier aktiv nach Gleichgesinnten. Headhunter und Arbeitgeber recherchieren gezielt nach potenziellen neuen Mitarbeitern. Wieder andere sammeln regelrecht Kontakte und melden sich aus diesem Grund in Gruppen an, die nur diesen Zweck verfolgen. Deswegen ist es so wichtig, sich eindeutig zu verhalten und selbst klar zu wissen, was man will. Wer beispielsweise keine Event-Einladungen erhalten möchte, sollte selbst auch keine herausschicken.

Wie wird jemand auf Sie aufmerksam?

- Indem Sie ihm eine Kontaktanfrage schicken.

- Indem jemand anders in den Statusmeldungen über Sie spricht oder eine Ihrer Statusmeldungen »favorisiert«.

- Indem er auf XING gezielt nach Ihrer Dienstleistung oder einem anderen Suchbegriff sucht, den Sie in Ihrem Profil eingetragen haben.

- Weil er über eine Google-Suche nach Ihrem Namen auf XING landet.

- Indem jemand anderes Sie einem seiner Kontakte vorstellt oder empfiehlt.

- Indem jemand einen Beitrag von Ihnen in einer Gruppe sieht.

- Weil jemand Sie aus dem Geschäfts- oder Privatleben kennt und namentlich auf XING selbst nach Ihnen sucht.

- Über die Verlinkung zu Ihrem XING-Profil auf externen Seiten, beispielsweise in Ihrem Blog oder in Ihrer E-Mail-Signatur.

Gehen wir für das Folgende davon aus, dass Sie jemandem eine Kontaktanfrage geschickt haben, weil Sie auf eine dieser Arten auf den/ die Betreffende/n aufmerksam wurden:

Was wird jemand als Nächstes tun?

- Er oder sie überlegt anhand Ihres Namens und/oder Ihres Bildes, ob er Sie kennt.

- Er liest Ihre Nachricht und befindet darüber, ob ihn die Begründung für die Anfrage überzeugt.

- Er schaut sich Ihr Profil an und entscheidet, ob Sie für ihn als Kontakt interessant sind.

Was überzeugt einen potenziellen Kontakt, der Sie noch nicht kennt?

- Eine plausible Begründung der Anfrage.

- Ein aussagekräftiges, vollständig ausgefülltes Profil, das zu seinen eigenen Interessen passt.

- Gruppen-Beiträge, die ihn interessieren.

Was schreckt einen potenziellen Kontakt ab?

- Standard-Formulierungen in der Kontaktanfrage.

- Anfragen ohne jeden Begleittext an Leute, die Sie gar nicht kennen.

- Werbenachrichten an Personen, die noch gar nicht Ihre Kontakte sind.

- Leere oder wenig aktuelle Profile.

Was können Sie aktiv unternehmen?

- Überlegen Sie sich, wie Sie auf XING auftreten wollen. Wertvolle Hinweise zu den teilweise sehr speziellen Funktionen von XING, die sich von anderen Netzwerken unterscheiden, und darüber, wie man aussagekräftige Profile anlegt, finden Sie im Blog von Joachim Rumohr.[6]

---

6   http://www.rumohr.de/blog/

- Schauen Sie sich andere Profile an und lernen Sie von denen, die Sie selbst besonders ansprechend und passend finden.

- Wenn Sie nicht wissen, wie Ihr Profil auf andere wirkt: Fragen Sie Menschen, denen Sie vertrauen.

- XING ist ein berufliches Netzwerk: Stellen Sie ein Foto ein, das professionellen Ansprüchen genügt.

- Suchen Sie sich gezielt solche Kontakte heraus, die Sie auch wirklich interessieren.

- Bitten Sie einen gemeinsamen Kontakt, Sie jemandem zu empfehlen.

- Vernetzen Sie sich auf XING mit Menschen, die Sie aus dem Geschäftsleben kennen. Beziehen Sie sich in der Kontaktanfrage darauf, damit derjenige nicht lange nachdenken muss, woher er Sie kennt.

- Schreiben Sie Status-Updates, die Ihren bestehenden und Wunschkontakten konkreten Nutzen bieten.

Tipp:

In manchen Branchen und vor allem im internationalen Kontext kann eine Mitgliedschaft bei LinkedIn sogar sinnvoller sein als auf XING. Viele Funktionen sind ähnlich. Dieses Business-Netzwerk könnten Sie sich also als nächstes anschauen!

2. Twitter-Follower aktivieren

Was ist Twitter? Twitter ist eine Mikroblogging-Plattform. Angemeldete Nutzer können kurze Nachrichten von bis zu 140 Zeichen versenden und darin auch zu Websites verlinken. Die Nachrichten eines anderen erhält derjenige, der ihm folgt. Alle Nachrichten derjenigen, denen Sie Ihrerseits folgen, sehen Sie in Ihrem Twitter-Feed. Meldungen von anderen werden als Retweet mit dem Nutzernamen gekennzeichnet. Außerdem kann man Accounts in Listen sortieren. Antworten sind öffentlich möglich per Reply an den anderen Nutzernamen.

Zudem kann man wie in einem Messenger private Nachrichten senden und empfangen. Twitter erzeugt hochwertige Links und ist ein schnelles Medium für Austausch und Verbreitung von Informationen. Als Publikums-Plattform hat Twitter sich in Deutschland nach wie vor nicht generell etabliert, auch wenn viele Prominente, Schauspieler und Politiker es mittlerweile nutzen und auch in den Medien häufig daraus zitiert wird. Für die professionelle digitale Kommunikation auch und gerade von Wissensträgern finde ich Twitter fast unverzichtbar.

Wie wird jemand auf Sie aufmerksam?

- Indem Sie ihm folgen.

- Indem Sie seine Tweets retweeten oder ihm antworten.

- Indem jemand, dem er bereits folgt, Sie erwähnt oder Ihre Nachricht re-tweetet.

- Indem Sie sinnvolle Hashtags verwenden.

- Über die Einbindung von Twitter auf Ihren eigenen Seiten; als Icon/Link oder als dynamisches Twitter-Widget.

Was wird jemand tun, der auf Sie aufmerksam wird?

Er/sie schaut sich Ihr Twitter-Profil (mit Kurzbiografie) an, und wenn ihm das interessant scheint, noch die letzten drei bis fünf Nachrichten. Wenn er überzeugt ist, folgt er Ihnen. Er kann aber jederzeit wieder »entfolgen«, wenn ihm nicht mehr gefällt, was Sie schreiben.

Was überzeugt einen potenziellen Follower?

- Twitter-Nachrichten, die zu seinen Interessen passen, verständlich und gut zu lesen sind.

- Inhalte, die für ihn nützlich oder unterhaltsam sind.

Womit schrecken Sie potenzielle Follower ab?

- Sie haben noch gar keine Tweets veröffentlicht, wenn Sie anderen folgen.

- Ihre Tweets sind geschützt, also nicht öffentlich sichtbar.

- Ihre letzte Nachricht ist Wochen alt.

- Die letzten fünf Tweets bestehen aus Nichtssagendem oder enthalten alleine Werbeaussagen ohne Mehrwert.

- Die letzten fünf Tweets wiederholen oder variieren immer nur die gleiche Aussage.

- Follow-Unfollow-Spielchen: Zuerst vielen folgen, dann wieder entfolgen, um Ihre Zahlen zu beschönigen.

Was können Sie aktiv unternehmen?

- Überlegen Sie sich, was die Ausrichtung Ihrer Twitter-Botschaften ist und welche Ziele Sie damit erreichen wollen, vor allem aber, was diese Ihrem Netzwerk bringen.

- Suchen Sie sich gezielt solche Twitterer heraus, deren Nachrichten Sie selbst interessieren. Vernetzen Sie sich also mit Menschen und Unternehmen, die zu Ihnen passen.

- Schreiben Sie Tweets, die denjenigen, die Sie erreichen wollen, konkreten Nutzen bieten.

- Posten Sie nicht nur Links zu eigenen Angeboten. Etablieren Sie Ihren Twitter-Kanal als Wissenssammlung zu Ihrem Spezialgebiet. Richtwert: Zehn Prozent eigenes, 90 Prozent Inhalte und Links von anderen.

- Bauen Sie Ihren Account nachhaltig auf, mit echten Followern, statt mit Follow-Aktionen, die nur Zahlen bringen sollen.

- Nutzen Sie Tools wie Tweetdeck oder Hootsuite und richten Sie sich Such-Kolumnen ein, um Ihre Themenbereiche zu beobachten.

- Bauen Sie Twitter in Ihrem Blog und auf Ihrer Website ein.

3. Facebook-Freunde finden

Was ist Facebook? Facebook ist ein soziales Netzwerk mit vielfältigen Funktionen. Es gibt persönliche Profile und Fanpages.

Menschen können sich miteinander vernetzen, indem sie
»Freunde« werden. Man kann auch öffentliche Beiträge von
anderen abonnieren, etwa von prominenten Mitgliedern, die gar
nicht jeden als Freund annehmen können, weil die Obergrenze
dafür bei 5 000 für persönliche Profile liegt. Wer in seinem
Profil etwas veröffentlicht, kann individuell einstellen, wer
jeweils was sehen kann – etwa indem er oder sie die Freunde
in Listen sortiert. Die Neuigkeiten der eigenen Freunde sieht
man in der eigenen »Timeline«. Per Link-Einbindung kann man
Artikelauszüge, Bilder und Videos direkt auf der Seite zeigen.
Andere Nutzer können Postings liken (beziehungsweise eine
der anderen »Reactions« auswählen. Es gibt Live-Funktionen,
Anzeigen, Spiele, Applikationen, Veranstaltungsfunktionen und
vieles mehr. Facebook gehört in Deutschland nach wie vor zu
den wichtigsten sozialen Netzwerken – sowohl im privaten
Bereich als auch für das professionelle Marketing; für B2B
ebenso wie für B2C. Für Ihr Content-Marketing als Wissensträger sollten Sie sich insbesondere persönlich auf Facebook mit
anderen verbinden. Darum geht es im Folgenden.

Wie wird jemand auf Sie aufmerksam?

- Indem Sie ihm eine Freundschaftsanfrage schicken.

- Indem Sie seine öffentlichen Beiträge abonnieren.

- Indem Sie seine Beiträge kommentieren oder liken.

- Indem er einen Kommentar von Ihnen unter dem Beitrag
  eines gemeinsamen »Freundes« liest.

- Über die Facebook-Funktion, die Freunde vorschlägt.

- Über die Verlinkung zu Facebook auf externen Seiten
  beispielsweise in Ihrem Blog.

- Er hat Ihren Namen gesucht, weil er/sie Sie persönlich oder aus
  anderen Netzwerken kennt.

- Er besitzt Ihre E-Mail-Adresse und hat sein Adressbuch mit
  Facebook abgeglichen. (Das ist jedoch eine Methode, vor der
  ich ausdrücklich abrate. Tun Sie das bitte selbst nicht!)

Was wird jemand tun, dem Sie eine Freundschaftsanfrage geschickt haben?

- Er überlegt anhand Ihres Namens und/oder Ihres Bildes, ob er Sie kennt.

- Falls zugänglich, liest er Ihre Seite »Info«.

- Er schaut Ihre öffentlich sichtbaren Beiträge an.

- Besonders Gründliche fragen auch zusätzlich gemeinsame Bekannte nach ihrer Meinung zu der betreffenden Person.

Was überzeugt einen potenziellen »Freund«?

- Auch hier: Beiträge und Gespräche, die ihm und zu seinen Interessen passen.

- Empfehlungen durch andere.

Was schreckt einen potenziellen »Freund« ab?

- Personen als Freunde anfragen, die man nicht kennt – und die dann keinerlei Informationen über sich selbst bereitstellen.

- Werbliche Einträge.

- Andere ungefragt zu Gruppen hinzufügen.

- Massenweise Spiele- und sonstige Anwendungsanfragen schicken.

Was können Sie aktiv unternehmen?

- Entscheiden Sie sich, wie privat und persönlich Sie auftreten wollen. Gestalten Sie danach Ihre Privatsphäre- und Anwendungseinstellungen.

- Suchen Sie sich gezielt solche Freunde heraus, die Sie auch wirklich interessieren. Überlegen Sie sich, wen Sie als »Freund« wollen – und bei wem Sie lieber nur die öffentlichen Beiträge abonnieren.

- Entscheiden Sie, ob Sie freischalten wollen, dass andere Ihre Beiträge abonnieren können.

- Schreiben Sie Status-Updates, die denjenigen, die Sie erreichen wollen, konkreten Nutzen bieten.

- Treten Sie in echte Gespräche ein.

- Bauen Sie Ihren Account nachhaltig auf, mit echten Kontakten, statt mit Spam-Freundschaftsanfragen-Aktionen, die nur Zahlen bringen sollen. Facebook ist ein Netzwerk zum Austausch, keine Sammel-Plattform.

- Bedienen Sie Ihr persönliches Facebook-Profil direkt und nicht hauptsächlich über externe Anwendungen.

- Bauen Sie Facebook in Ihr Blog und auf anderen Seiten ein, entweder mit ihrem persönlichen Profil oder mit Ihrer Seite – je nachdem, wofür Sie Ihre Besucher gewinnen wollen.

- Punkten Sie mit Fachwissen statt mit Eigenwerbung.

Der richtige Umgang mit Kritikern und Krisen

Der Tonfall im Netz kann auf einigen Plattformen schon einmal etwas rauer sein, als Sie es gewöhnt sind. Grundsätzlich nützen Sie sich selbst am meisten damit, wenn Sie ruhig, freundlich und souverän bleiben. Unsachliche Vorwürfe oder Beleidigungen müssen Sie nicht hinnehmen, aber den Weg zum Anwalt sollten Sie aus solchen Anlässen heraus nur in Ausnahmefällen gehen und erst nach reiflicher Überlegung. Meistens ist es besser, die Betreffenden einfach durch Nichtbeachtung auszubremsen. Für Trolle und andere nervige Gestalten, beispielsweise solche, die Sie mit Werbespam überschütten, bieten die meisten Social Networks Blockier-Funktionen an.

Kritiker oder Troll?

Das Phänomen des Trolls haben Sie schon im Kapitel über Ihre eigene Plattform kennengelernt. Auch in Social Networks treibt diese Spezies gerne ihr Unwesen, denn ihr einziges Ziel ist es, Aufmerksamkeit zu bekommen, indem sie Unfrieden stiftet.

Nicht immer ist der Troll auf Anhieb leicht von einem besonders aggressiv auftretenden Kritiker zu unterscheiden. Doch er ist anders zu behandeln. Einen Kritiker zu unterdrücken oder seine Beiträge zu löschen, weil sie einem selbst nicht gefallen, kann böse Folgen haben. Denn wenn er bei Ihnen die Kritik nicht loswerden kann, dann wird er sich unter Umständen auf Kanäle verlegen, die nicht in Ihrer Hand liegen. In Zweifelsfällen kann es sinnvoll sein, sich Rat zu holen.

Shitstorms und andere Krisen

Prinzipiell sollte jedes Unternehmen ein Konzept für die Krisenkommunikation in der Schublade haben. Es braucht ja nur einmal jemand zu kommen und falsche Behauptungen aufzustellen, und schon macht eine unbedachte Reaktion die Sache erst schlimm. Wer die Grundlagen der Krisen-PR beherrscht, kann auch damit umgehen, wenn im Social Web einmal etwas schiefgeht. Das kann beispielsweise dann passieren, wenn im Unternehmen selbst etwas massiv schiefläuft, das anderen schadet. Ein typischer Shitstorm, also eine Flut von Protest und diffamierenden Äußerungen über die Medien des Social Web, wird dagegen oft einfach durch ungeschickten Umgang mit Kritik ausgelöst; sei sie nun berechtigt oder unberechtigt. Dabei brauchen Sie jedoch nicht zu viel Angst zu haben. Zwar kann ein richtiges Unwetter im Web der Reputation eines Unternehmens schaden. Treffen kann es theoretisch jeden. Aber wenn Sie eine integere Unternehmenspolitik machen und zugleich üben, mit Kritik konstruktiv umzugehen, ist es nicht sehr wahrscheinlich, dass dieser Fall überhaupt eintritt. Einige Hinweise zum Umgang mit Kommunikationskrisen finden Sie im Folgenden.

Krisen vorbeugen, mit Krisen umgehen

Das können Sie tun, damit es erst gar nicht zur Krise kommt – und damit Sie im Fall der Fälle souverän damit umgehen.

- Werteorientierte Unternehmenspolitik und ebensolche PR.

- Gutes Konzept für die Krisen-PR. Nicht erst im Krisenfall überlegen, was zu tun ist.
- Professionelle Unterstützung oder entsprechende Expertise im eigenen Haus: Krisen-PR ist kein Fall für Laien.
- Kritiker nicht ausblenden oder ausbremsen, sondern Kritik konstruktiv verarbeiten.
- Unsachliche Kritik souverän abfedern oder ignorieren. Nur im Notfall juristische Schritte einleiten.
- Konsequentes, gründliches Monitoring im Web.
- Durchdachte PR-Strategie: Sie müssen wissen, was Sie wollen – maximale Sichtbarkeit und minimales Risiko sind nicht vereinbar.
- Wenn etwas Unerwartetes passiert: Handeln Sie schnell. Aber nicht schneller, als Sie denken können. Manchmal ist Schweigen besser, als sich um Kopf und Kragen zu reden.
- Fehler eingestehen und offen kommunizieren.
- Umfassend informieren und alle Medien mit einbeziehen, wenn nötig.
- Ball flach halten: Schlagen Sie nicht zurück, ehe Sie bei sich selbst aufgeräumt haben.
- Nachhaltige PR und wertschätzende Beziehungen: Wer viele zufriedene Kunden und treue Fans hat, übersteht einen kurzzeitigen Sturm mit deutlich weniger Schaden.

Monitoring: beobachten, überwachen, auswerten

Lange bevor sich der Erfolg Ihres Content-Marketings in messbaren Umsätzen und Gewinnen auf Ihrem Konto niederschlägt, können Sie die Reaktionen auf Ihre Veröffentlichungen beobachten, in Zahlen messen und imhaltlich bewerten. Es gibt also sowohl qualitative als auch quantitative Faktoren, und nicht alle sind gleich aussagekräftig. Auch sollten Sie mehr als nur die eigenen Aktivitäten überwachen. Ein gutes Monitoring zeigt Ihnen beispielsweise, worüber in Ihrer Branche gesprochen wird, welche Themen aktuell sind. Es weist Sie rechtzeitig auf Tendenzen hin. Es zeigt Ihnen, welche Ihrer Veröffentlichungen besonders viel oder besonders wenig Resonanz auslösen und hilft Ihnen so, die eigenen Inhalte weiterzuentwickeln. Es weist sie rechtzeitig auf Gefahrenpotenzial oder ungute Entwicklungen hin.

Ohne Monitoring können Sie den Erfolg Ihrer Strategie nicht überprüfen und dementsprechend auch nicht rechtzeitig nachbessern, wenn es erforderlich ist. Reine Zahlenspiele sind jedoch oft müßig: So sagt die Zahl Ihrer Twitter-Follower oder Ihrer Facebook-Fans noch nichts darüber aus, wie gut Sie Ihre tatsächliche Zielgruppe erreichen. Auch geht es mehr um Tendenzen als um absolute Zahlen: Niemand kann Ihnen sagen, wie viele Leser Sie täglich in Ihr Blog ziehen müssen, damit es sich für Sie rentiert. Aber wenn die Zugriffszahlen stark ansteigen oder stark sinken, dann sagt das natürlich etwas über das Interesse an Ihren Beiträgen aus.

Monitoring im Web ist ein komplexes Thema, für das es spezielle Angebote und Dienstleister gibt. Wenn Sie im großen Umfang kommunizieren, lohnt es sich, über professionelle Unterstützung in dem Bereich nachzudenken. Für Einzelunternehmer und Einsteiger geht es für den Anfang auch mit Bordmitteln oder nur gelegentlicher Unterstützung, etwa in der initialen Konzeption.

Im Folgenden stelle ich Ihnen die drei aus meiner Sicht wichtigsten Bereiche vor, die Sie beobachten sollten, und nenne dazu einige Parameter und Werkzeuge. Ausbauen können Sie Ihr Monitoring immer, aber zumindest die grundlegenden Faktoren sollten Sie von Anfang an berücksichtigen.

Worüber wird in Ihrem Fachgebiet gesprochen?

Um von aktuellen Diskussionen in Ihrer Branche und in Ihrem Fachgebiet zu erfahren, können Sie relevante Publikationen regelmäßig lesen und anschauen. Dazu gehören Blogs, Online-Magazine und die entsprechenden Ressorts von Wirtschafts- und Publikumszeitungen ebenso wie Corporate Blogs etwa von Mitbwerbern. Abonnieren Sie thematisch passende Newsletter und nutzen Sie Angebote wie Flipboard und Refind! Automatisierte Suchen zu ausgewählten Stichwörtern liefern Ergebnisse über Diskussionen im Social Web. Tauschen Sie sich mit anderen aus, statt nur mitzulesen. Folgen Sie auf Twitter und Facebook den Meinungsbildnern aus Ihrem Bereich.

Auch Bookmarking-Dienste wie Flipboard oder Refind sind sehr sinnvoll. Je besser Sie vernetzt sind, desto eher erfahren Sie von interessanten Neuigkeiten aus Ihrem Netzwerk.

Wie wird über Sie gesprochen?

Mindestens ebenso wichtig wie der Überblick über allgemeine Branchendiskussionen ist das Wissen darum, ob und wie andere über Sie sprechen und sich auf Sie beziehen, im Positiven wie im Negativen. Dazu gehören Blogbeiträge und Kommentare ebenso wie Twitter-Nachrichten oder Diskussionen in Social Networks. Gerade in schwierigen Phasen oder sogar in Unternehmenskrisen sollten Sie die Beobachtung intensivieren, um die Entwicklungen rechtzeitig zu erkennen. Deswegen sollten auch Firmen, die selbst gar nicht aktiv in Social Media vertreten sind, zumindest ein solches Monitoring etablieren.

Richten Sie, wie im Vorigen beschrieben, automatisierte Suchen zu Ihrem Namen, Ihrem Firmennamen sowie zu Ihrer Web-Adresse ein. Pingbacks, die in Ihrem Blog eingehen, zeigen Ihnen, wenn ein anderes Blog sich auf Sie bezogen und zu Ihnen verlinkt hat. Darüber hinaus sollten Sie natürlich aufmerksam Reaktionen, Kommentare und Diskussionen zu Ihren Beiträgen auf eigenen Seiten beobachten und entsprechend einordnen. Das gilt ebenso für Antworten und Kommentare in sozialen Netzwerken. Fortgeschrittenes Monitoring analysiert die Äußerungen, die über Unternehmen veröffentlicht werden, nach bestimmten Schlüsselwörtern und bewertet sie nach der Stimmung (»Sentiment«). Wenn Sie aufmerksam mitlesen, kommen Sie aber auch mit Ihrer persönlichen Beurteilung weiter.

Wie viel Resonanz und Reichweite erzielen Sie?

Reaktionen, Zugriffe, Retweets, Fanzahlen: Das alles lässt sich in absoluten Zahlen ausdrücken, ergibt aber nur in der relativen Einordnung Sinn. Wie viele Twitter-Follower oder Facebook-Fans Sie haben, sehen Sie auf der jeweiligen Plattform. Wenn die Zahlen über längere Zeit gar nicht steigen, sollten Sie Ihre Strategie nochmals anschauen. Ob Ihre Blog-Leser viel oder wenig kommen tieren, hängt auch von der Art Ihres Angebotes und der Mentalität in Ihrer Branche ab. Aber wenn der eine

Artikel sehr viele Kommentatoren aktiviert und der andere gar keine, dann ist das zumindest ein Indiz in eine bestimmte Richtung. Dass Ihre Beiträge auf Social-Bookmarking-Seiten vermerkt werden, zeigt ebenfalls, dass Ihr Netzwerk sie schätzt.

Ein guter Hinweis darauf, dass Ihre Twitter-Follower Ihre Beiträge als relevant einstufen, sind häufige Retweets, also die Weitergabe Ihrer Nachrichten, sowie Mentions, die Erwähnung Ihres Nutzernamens per @-Zeichen. Diese werden sowohl bei Twitter selbst als auch in anderen Twitter-Anwendungen automatisch gezeigt. Die Fans Ihrer Facebook-Page sind desto aktiver, je höher die Interaktionen im Vergleich zur Zahl der Fans insgesamt ist. Zugriffe auf Ihr Blog und Ihre Website sehen Sie direkt in der Blog-Statistik oder in den Zugriffsstatistiken Ihres Providers. Analyse-Tools wie Google Analytics oder Piwik zeigen Ihnen unter anderem, mit welchen Suchworten und über welche Links Ihre Besucher zu Ihnen gefunden haben sowie welche Beiträge besonders beliebt sind. Google Alerts und andere Alerts zeigen Ihnen, wie oft Sie anderswo erwähnt werden. Spezielle Tools wie Fanpage Karma erlauben detaillierte Auswertungen auf Facebook.

... und weiter?

Während sich die einen erst in das Basiswissen generell zum Thema Social Media einarbeiten, sind die anderen schon lange in mobilen Technologien angelangt. Deswegen möchte ich Sie ermutigen, sich zunächst eine solide Basis zu schaffen und dann selbst auszuloten, was Sie sich zusätzlich erschließen wollen. Hinterfragen Sie bestehende Abläufe regelmäßig. Bleiben Sie neugierig. Lernen Sie von den vielen, vielen Wissensteilern, die zu Online-Themen publizieren. Es hängt von Ihren Ressourcen ab, wie viel Sie sich erarbeiten, Aber was die Möglichkeiten angeht, ist Ihre Wissensstrategie medial nahezu unbegrenzt ausbaubar.

»Man merkt, dass ich liebe, was ich tue« – Interview mit Melanie Kohl, Mentalcoach und Yogalehrerin

Frage: Sie haben direkt mit dem Start in die Selbstständigkeit auch mit Ihrem Content-Marketing begonnen. Mit welchen Medien und Plattformen haben Sie angefangen, und wie hat sich Ihr Kommunikationsmix seither entwickelt?

Melanie Kohl: Gestartet bin ich mit Facebook und XING. Inzwischen habe ich einen Newsletter und einen Blog. Gerade baue ich meinen eigenen YouTube-Kanal und die Online-Coaching-Plattform Smart-Power Academy auf. Hier gibt es wechselnde kostenlose Tools, die sofort online genutzt werden können.

Frage: Wie bewerten Sie die verschiedenen Medien im Hinblick auf Ihren Kommunikations- und geschäftlichen Erfolg? Gewinnen Sie über Blog, Social Media oder Facebook Kunden? Wenn ja: Über welchen Kanal und auf welche Weise gelingt dies am besten?

Melanie Kohl: Über den Blog generiere ich regelmäßig neue Webseiten-Besucher und somit mehr Reichweite. Außerdem habe ich festgestellt, dass ich dadurch mehr Wunschkunden anziehe, da die Blogleser genau wissen bei welchen Themen ich sie unterstützen kann.

Es gibt auch Unternehmen, die im firmeneigenen Intranet auf meinen Blog verlinken, nachdem ich dort Trainings gegeben habe. Dadurch baut sich bei den Mitarbeitern in dem jeweiligen Unternehmen Vertrauen auf, und ich bekomme in der Regel nach den Trainings weitere Coaching Anfragen.

Über Facebook erhalte ich regelmäßig neue Kundenanfragen. Hier habe ich für mich festgestellt, dass meine Fans am liebsten den Blick hinter die Kulissen mögen, das heißt Einblicke und Fotos, wo ich gerade bin, wie mein Arbeitstag aussieht, was ich mache und welche Seminare ich gebe.

Frage: Sie bieten einen Newsletter an, und Sie haben in zwei Jahren eine vierstellige Abonnentenzahl angesammelt. Wie haben Sie das geschafft?

Melanie Kohl: Ich nutze Offline-Kontakte, um Newsletter-Abonnenten zu gewinnen. In jedem Seminar, bei jedem Vortrag und im Coaching besteht die Möglichkeit, sich in meinen Newsletter einzutragen. In allen Handouts für Seminarteilnehmer steht ein Hinweis auf den Newsletter. Der Vorteil bei den Offline-Kontakten ist, dass diese Zielgruppe mich bereits kennt, großes Interesse an meinem Thema hat und durch die Teilnahme an einer Veranstaltung schon erstes Vertrauen aufgebaut hat. Dadurch habe ich überdurchschnittliche Öffnungsraten des Newsletters. Zusätzlich weise ich auf Facebook immer darauf hin, wenn mein neuer Newsletter erscheint, so das Facebook Kontakte die Möglichkeit haben sich in die Liste einzutragen. Ich habe ein Pop-up auf der Webseite integriert. Neuanmelder erhalten ein kleines Geschenk.

Frage: Wenn man sich Ihre Facebook-Pinnwand anschaut, fällt auf, wie viel Sie unterwegs auf Veranstaltungen sind und sich mit anderen Menschen treffen. Wie wichtig sind diese physischen Netzwerk-Begegnungen im Vergleich zum digitalen Netzwerken für Sie?

Melanie Kohl: Für eine dauerhafte Netzwerkpartnerschaft, aus der Empfehlungen generiert werden können oder eine berufliche Zusammenarbeit, sollte man sich aus meiner Sicht auch im wirklichen Leben treffen. Häufig nutze ich auch die Gelegenheit, wenn ich beruflich in anderen Städten bin, gezielt Kontakte aus meinem virtuellen Netz anzuschreiben und ein persönliches Kennenlernen zu vereinbaren, um den Kontakt zu vertiefen. Von daher haben digitale Netzwerke und physische Netzwerkbegegnungen für mich beide einen hohen Stellenwert und ergänzen einander.

Frage: Wie würden Sie kurz das beschreiben, was Ihre Kontakte auf Facebook von Ihnen sehen und welchen Nutzen Sie dort bieten?

Melanie Kohl: Authentische Einblicke in mein Unternehmerleben, meine persönlichen Erlebnisse und Geschichten. Ich bekomme häufig das Feedback, dass man merkt, dass ich liebe, was ich tue. Aktualität ist mir wichtig. Meistens habe ich mein Smartphone griffbereit und veröffentliche Erlebnisse in Echtzeit, so dass meine Fans das Gefühl haben, immer informiert zu sein. Ich berichte über Erfolge, poste Testimonials, teile aber auch Bilder aus private Urlauben und persönliche Erlebnisse.

Melanie Kohl ist Mentalcoach und Yogalehrerin mit den Schwerpunkten Gesundheit und Leistungsfähigkeit. Sie entwickelt ganzheitliche Konzepte zur Prävention von psychischen Erkrankungen am Arbeitsplatz und unterstützt Unternehmen im betrieblichen Gesundheitsmanagement. Dazu kombiniert sie westliches Managementwissen mit der indischen Lebensphilosophie des Yoga. www.melanie-kohl.de

6 Ab jetzt wird es kostenpflichtig

Jetzt kommt die entscheidende Wende. Sie machen den Sprung vom aufwändig und großzügig verteilten Wissen zum bezahlten Angebot. Wie schaffen Sie es, Anfragen in Aufträge umzuwandeln? Wie grenzen Sie das Kostenpflichtige vom Kostenfreien ab? Wie erkennen Sie aussichtsreiche Anfragen und Verkaufssignale?

Wenn der erste Interessent anruft ...

Idealerweise fragen Ihre Wunschkunden jetzt von selbst bei Ihnen an. Kaltakquise war gestern. Ihre Honorare steigen. Sie erhalten Zugang zu immer besseren und exklusiveren Marktplätzen. An dieser Stelle entscheidet es sich: Wenn ein Kunde anruft, schaffen Sie es dann, die Anfrage in einen Auftrag umzuwandeln? Wenn Sie bereits seit längerer Zeit ein Geschäft betreiben, dann haben Sie ja bereits Erfahrung mit Auftragsanfragen, Angeboten und allem, was dazugehört. Das ist dann keine Frage allein des Content-Marketings mehr. Sie brauchen eine Verkaufs- und Gesprächsstrategie, die über das hier Erarbeitete hinausgeht. Sie sollten Kaufsignale erkennen können. Wenn die neuen Kunden Ihnen die Tür einrennen: Vielleicht müssen Sie dann Ihre Tagessätze erhöhen, um zu selektieren. Auch hört Ihre Strategie des verschenkten Wissens nicht mit dem ersten Kunden auf, den Sie auf diese Weise gewonnen haben. Die Erfahrungen aus Ihrer Strategie werden in das weitere Publizieren, Netzwerken und auch in Ihre Unternehmenspolitik einfließen. Den Erfolg selbst können und sollten Sie über die von Ihnen aufgebauten Medien kommunizieren und weiter ausbauen.

Viele scheitern nicht auf dem Weg zum Erfolg, sondern am Erfolg selbst, weil sie nicht richtig darauf vorbereitet sind. Deshalb sollten Sie sich jetzt schon einmal fragen: Wenn sich die erwünschte Resonanz einstellt, wie gehen Sie dann weiter damit um? Wie kommunizieren Sie diesen Erfolg selbst über die von Ihnen aufgebauten Medien und wie bauen Sie ihn weiter aus? Und wenn Ihnen der große Wurf gelingt: Wie setzen Sie Ihre

Bekanntheit richtig ein, nicht nur zum eigenen Wohl, sondern auch zu dem anderer? Andererseits müssen Sie sich auch einen Plan B überlegen, für den Fall, dass Ihre Strategie nicht genau so aufgeht, wie Sie es sich vorgestellt haben. Dazu können die Checklisten im Service-Teil zum »Bugfixing« helfen.

Erfragen, wie jemand Sie gefunden hat

Wie Sie sich jetzt verhalten, wenn ein neuer Interessent anruft, hat also mehr mit Ihrem bisherigen Geschäftsverhalten und Ihrem Einzelfall zu tun, als nur mit Ihrer neuen Content-Marketing-Strategie. Aber Sie sollten sich auf jeden Fall angewöhnen nachzufragen, wie der Betreffende zu Ihnen gekommen ist. Manche Anrufer bedanken sich schon von selbst für das viele hochwertige Wissen oder bekennen, dass sie das Blog oder den Newsletter lesen. Andere werden vielleicht einfach sagen, dass sie Sie über Google gefunden haben. Da ist es natürlich interessant, über welche Suchworte sie bei ihnen gelandet sind und welche die erste Seite Ihrer Webpräsenz war, auf die sie gestoßen sind. Allerdings sollten Sie aus dem Gespräch mit einem neuen Interessenten kein Marktforschungsinterview machen. Sonst vergisst der Anrufer womöglich noch seine eigentliche Absicht, nämlich ein Angebot anzufordern und einen Auftrag zu erteilen.

Aussichtsreiche Anfragen identifizieren

Es ist Ihnen gelungen, mittels der Art, wie Sie kommunizieren, bereits eine Auswahl zu treffen. Es rufen vor allem solche Interessenten an, die für Sie als Kunden wahrscheinlich interessant sind. Dennoch wird nicht aus jeder Anfrage ein Auftrag werden, nicht jeder Interessent entpuppt sich auch tatsächlich als Wunschkunde. Es ist auch hier eine Frage des allgemeinen Geschäftsgebarens, zu lernen, elegant und wertschätzend abzusagen, ohne Zeit zu verschwenden und ohne andere vor den Kopf zu stoßen. Allerdings kann sich der Einstieg vom ersten Anruf in weitere Verhandlungen von

Ihren bisherigen Akquisitionserfahrungen unterscheiden, wenn ein Kontakt über Ihr geteiltes Wissen zu Ihnen findet. Im Zweifelsfall kann es sein, dass diesem selbst noch gar nicht so genau klar ist, wo und mit welchen Leistungen Ihr kostenpflichtiges Programm beginnt. Oder er hat überhaupt gar keine Vorstellung davon, was Ihre eigentliche Leistung kostet. Wenn Sie das voraussehen, fällt es leichter, solche Details anzusprechen und zu klären. Der eine nimmt sich freiwillig etwas mehr Zeit, um die Vorstellungen des Gegenübers zu erfragen und dann ein schriftliches Angebot zu liefern. Andere Menschen empfinden alles andere als kurze, direkte Ansagen als Zeitverschwendung. Andere brauchen erst einmal ein Gespräch, um Vertrauen zu fassen. Es muss also zu Ihnen ebenso wie zu Ihrem Interessenten passen. Denn wenn Sie schon bei Gesprächsbeginn nicht so recht zusammenkommen, passen Sie wahrscheinlich sowieso nicht zueinander. In einem solchen Fall sparen Sie sich selbst und dem anderen viel Zeit, wenn Sie das Gespräch wertschätzend und im Einvernehmen beenden.

Kaufsignale erkennen

Vertriebler lernen früh, im Akquisitionsgespräch sogenannte Kaufsignale zu erkennen. Das ist deswegen von Bedeutung, weil es häufig genug geschieht, dass ein Verkäufer immer noch lang und breit die Vorteile eines Produktes lobt, obgleich der Interessent längst bereit wäre, den Auftrag zu erteilen; manche reden so lange, bis jeglicher Kaufwunsch wieder erloschen ist. Wer die Signale nicht erkennt, wird sich manches Geschäft selbst verderben. Das gilt natürlich erst recht für Wissensteiler. Oft ist der Zuhörer längst bereit, einen bezahlten Auftrag zu erteilen, doch der Anbieter schafft den Sprung aus seiner kostenlosen Experten-Identität in das reale Geschäftsleben selbst nicht. Am Schluss geht der eigentlich kaufwillige Gesprächspartner mit vielen Informationen gesättigt wieder nach Hause, und der Auftrag ist gar nicht ins Gespräch gekommen.

Soll man Inhalte monetarisieren?

Ein Sonderthema ist die direkte Monetarisierung in einem Blog. Wer hochwertiges Wissen teilt und dafür viele Interessenten hat, kann das nutzen, indem er beispielsweise Anzeigen in seinem Blog schaltet, Verlinkungen zu Fremdanbietern verkauft oder bezahlte Werbebeiträge veröffentlicht – nicht anders, als es ja Online-Magazine handhaben. Darüber hinaus gibt es Angebote wie Flattr, ein soziales Mikro-Bezahlsystem, bei dem der Leser per Klick einen Beitrag, der ihm gefällt, nachträglich mit einem kleineren (oder auch größeren) Betrag seiner Wahl honorieren kann. All dies ist weit verbreitet, und ich will nicht generell davon abraten. In den meisten Fällen wird ein anzeigenfreies Umfeld Ihre Besucher stärker überzeugen als ein solches, das einen kommerziellen Rahmen anderer Anbieter hat. Es könnte aber auch so sein, dass Sie mit Anzeigen beweisen, welche renommierten Unternehmen das Umfeld Ihres Blogs schätzen und honorieren. Das kann man sich jedoch nur im Einzelfall ansehen, und wenn Sie sich für eine dieser Formen entscheiden, brauchen Sie zusätzliches Wissen. Im Content-Marketing ist es jedoch nicht vorrangiges Ziel, mit den Inhalten direkt Gewinne zu erzielen, sondern der Weg soll ja zu Ihrer Beratung oder Dienstleistung führen.

Der entscheidende Schritt vom Content zum bezahlten Auftrag

Nehmen wir also an, Sie sind genau an dem Punkt, den Sie sich als erstes Ziel gesetzt haben: Sie bekommen merkbare Resonanz auf Ihr geteiltes Wissen. Aber für viele ist es gerade in dieser Phase schwierig, jetzt Grenzen zu ziehen. Der Schritt von kostenlos zu kostenpflichtig ist nämlich kein kleiner. Denn zunächst einmal sind Ihre Leser oder Zuschauer daran gewöhnt, dass sie von Ihnen Inhalte bekommen, ohne dafür mit etwas anderem als ihrer Aufmerksamkeit zu bezahlen. Das könnte dazu führen, dass zumindest einige von ihnen den direkten

Kontakt aufnehmen und versuchen, mehr Wissen einzufordern und individuelle Beratung kostenlos zu bekommen. Wie differenzieren Sie Ihr Angebot deutlich, ohne dadurch gleich zu sehr abzuschrecken?

Rückfragen nicht *per se* abschmettern

Wenn jemand eine Nachfrage zu einem geteilten Inhalt hat, beispielsweise zu einem Blogbeitrag, sollten Sie natürlich nicht *per se* jede weiterführende Antwort verweigern, indem Sie direkt auf das kostenpflichtige Angebot hinweisen. Dann kämen Sie nämlich gar nicht in den doch so sehr erwünschten Dialog mit Ihrer Zielgruppe.

Rechtsanwalt Thomas Schwenke beschreibt im Interview, wie er das für sich gelöst hat:

»Ich verstehe, dass man natürlich lieber erst einmal kurz anfragt als gleich einen Anwalt zu beauftragen. In den meisten Fällen erfordert jedoch auch eine ›kurze Antwort‹ eine längere Recherche und ich hafte für die Antwort. Ich bemühe mich, die am meisten gestellten Fragen im Blog aufzugreifen, habe ein Zeitbudget, um Studenten zu helfen, und gebe Sonderkonditionen für gemeinnützige Organisationen. Kostenlose Beratung lehne ich jedoch grundsätzlich ab, auch wenn die Anfragen oft sehr kreativ und nett sind.«

Sie bestimmen, was Sie verschenken!

Nur Sie selbst können entscheiden, wie weit Sie gehen und ab wann Sie dann wirklich auf das kostenpflichtige Angebot verweisen. Definieren Sie für sich selbst Grenzen, statt sich hinterher zu ärgern. Zu einem erfolgreichen Übergriff gehören immer zwei. Selbst wenn einmal jemand vielleicht ziemlich dreist versucht, sich Beratung zu erschleichen, können Sie das souverän und professionell ablehnen. Gehen Sie immer erst einmal davon aus, dass der andere es nicht böse meint. Vielleicht ist er sogar überzeugt, dass er Ihnen eine willkommene Gelegenheit bietet, weiteres Wissen unterzubringen. Dennoch wird es Ihnen niemand verdenken, wenn Sie an einem bestimmten Punkt freundlich und deutlich darauf hinweisen, dass es nun Geld kostet, wenn es weitergehen soll. Wie weit Sie gehen und wie viel Zeit Sie Ihren Kontakten einzeln widmen, wird sich auch verändern. Anfangs werden Sie wahrscheinlich mehr Zeit in den direkten Austausch investieren, weil Ihnen das auch unmittelbares Feedback lie fert. Wenn Sie dagegen ein riesiges Netzwerk haben und täglich neue Anfragen bekommen, müssen Sie schon aus Ressourcen-Gründen stärker selektieren. Was mich allerdings bei den prominenten Wissensteilern, die ich interviewt habe und ja auch schon lange in Social Networks begleite, stets aufs Neue erstaunt, ist die Tatsache, wie viel Zeit sie sich für den direkten Austausch nehmen; wie schnell und freundlich sie auf E-Mails oder Fragen antworten. Auch solche Soft Skills bestimmen den Erfolg einer Wissensstrategie mit.

»Ich musste lernen, in welcher Dosis ich Wissen weitergebe« – Interview mit der Unternehmensberaterin Nadja Lüders

Frage: Sie beraten Spielzeughersteller darin, gesetzliche Vorgaben wie die CE-Richtlinien einzuhalten und helfen dabei, die Produktion nachhaltig zu gestalten. Das sind ja nun wirklich keine Publikumsthemen, und die Zielgruppe ist wahrscheinlich relativ klein, oder? Wie sind Sie auf die Idee gekommen, darüber zu bloggen und sich zu diesem Thema in sozialen Netzwerken zu engagieren?

Nadja Lüders: Mein Beratungsgebiet ist definitiv eine Nische. Darum muss ich mich beständig weiterbilden und meine Exper-tise erweitern, um der kleinen Zielgruppe viel Mehrwert bieten zu können. Die Spielzeugherstellung liegt mir sehr am Herzen.

Auf Facebook und bei DaWanda habe ich viele »Hilflose« ken-nengelernt und daher 2012 den Verein »Wir machen Spielzeug e.V.« gegründet der Klein(st)hersteller unterstützt. Wir sind über 250 Spielzeug-Manufakturen im Verbund. Zuerst habe ich vor allem rund um den Verein auf das Thema aufmerksam gemacht als reines Ehrenamt. Dann habe ich eine Ausbildung zur Spielzeugsicherheitsfachkraft gemacht, um die Mitglieder besser unterstützen zu können. Daraus hat sich meine Profession entwickelt. Auf die Idee, Beraterin in diesem Bereich zu werden, wäre ich ohne mein Engagement für den Verein und den Austausch im Web nicht gekommen.

Frage: Wenn Sie Ihr Wissen ehrenamtlich so großzügig teilen, wo ziehen Sie denn da die Grenze zur kostenpflichtigen Tätigkeit?

Nadja Lüders: Meine Bereitschaft, mein Wissen kostenlos preiszugeben hat mir selbst sehr viel in meiner persönlichen und beruflichen Entwicklung geholfen. Offenheit ist Nachhaltigkeit. Den Energieerhaltungssatz kann man meiner Meinung nach auch auf die Wissensweitergabe anwenden: Wissen kommt in irgendeiner Form wieder in gleichem Maße zu einem zurück.

Natürlich musste ich mit der Zeit lernen, in welcher Dosis ich mein Wissen weitergebe, um auch noch etwas zu verkaufen zu haben. Mein Wissen ist ja kein Geheimnis, es beruht auf Gesetzen und Normen, die jeder nachlesen kann. Ich übersetze diese in leicht verdaulichen Portionen und bündle Informationen aus vielen Quellen an einem Ort. In meiner Beratung gibt es dann die Hilfe bei der Umsetzung, das Mutmachen und Motivieren und die Struktur.

Frage: Welche sozialen Netzwerke nutzen Sie besonders aktiv – und wie?

Nadja Lüders: Besonders aktiv bin ich auf Facebook, vor allem in Gruppen für Spielzeug-Kleinhersteller und Entrepreneure. Hier habe ich Kontakt zu Spielzeug-Manufakturen und kann deren Fragen und Probleme scannen. Das ist wichtig für meine Beratungsinhalte. Zudem helfen mir die Gruppen bei eigenen Fragen zur Selbstständigkeit. Ich finde den Wissensaustausch enorm. Ich gebe viel von meinem Wissen weiter, erhalte aber auch sehr viel Inspiration und Informationen zurück.

Auf meiner Facebook-Fanpage informiere ich über aktuelle Themen, beantworte häufig gestellte Fragen und gebe CE-Tipps. Ich nutze die Fanpage aber auch, um meine Blogbeiträge zu verbreiten. Die Interaktion ist mir dort nicht so wichtig. Ich möchte kurz und knackig informieren und nicht »labern«.

In den Facebook-Gruppen beantworte ich Fragen. Es gibt in meinem Bereich nicht viele Experten, die sich in Social Media tummeln. So baue ich meinen Expertenstatus aus und vergrößere meine Reichweite. Über die Gruppen akquiriere ich vor allem Mitglieder für den Verein, indem ich auf seine Arbeit und Inhalte aufmerksam mache. Der Verein wiederum hat eine geheime Facebook-Gruppe zum aktiven Mitgliederaustausch. Er ist quasi ein Online-Verein.

Bei XING vernetze ich mich vor allem mit Messekontakten und anderen Dienstleistern wie Prüfinstituten, mit denen ich zusammenarbeite. Über XING-Gruppen habe ich auch schon hilfreiche Kontakte geschlossen. Von XING geht der Sprung ins persönliche Treffen wesentlich schneller als via Facebook.

Frage: … und Ihre eigene Wissensplattform?

Nadja Lüders: Auf meinem Blog schreibe ich ausführlicher und spezifischer, dafür nicht so häufig. Fundierte verständlich geschriebene Beiträge mit Quellen sind mir wichtig. So baue ich nicht nur meinen Expertenstatus aus, sondern sorge auch für ein gutes Google-Ranking. Dann werde ich auch von Kunden gefunden, die nicht in Social Media aktiv sind. Über meinen Blog präsentiere ich mich eher etablieren Spielzeugherstellern und Startups, die für meine Beratungsleistung ein Budget einplanen. Über den Verein präsentiere ich mich Kleinherstellern und auch Behörden und Verbänden. Als Beraterin ist die Zusammenarbeit mit diesen schwieriger als als Vorstand eines Vereins.

Zudem entwickle ich gerade einen betreuten Onlinekurs für kleine Gruppen. Das Angebot ist vor allem für die Mitglieder meines Vereins gedacht, die eher Zeit als Budget haben, aber Anleitung und Struktur brauchen. Für meine größeren

Beratungskunden kann ich den Onlinekurs als Beratungsdokumentation nutzen und als Inhouse-Schulungsprogramm anbieten.

Nadja Lüders berät Kleinhersteller, Startups, Sozialwerkstätten und traditionell handwerkliche Spielzeughersteller bei der Herstellung von Spielzeug. Ihr Schwerpunkt liegt auf Spielzeugsicherheit und nachhaltiger Herstellung mit einer transparenten Lieferkette. Seit 2012 ist sie Vorstand des Vereins »Wir machen Spielzeug e.V«, einer Art Berufsverband für Spielzeugmanufakturen. www.cefuerspielzeug.de

7 Auf Dauer erfolgreich als Wissensteiler

Sie wissen jetzt sehr viel über Content-Marketing und speziell die Strategie des verschenkten Wissens. Sie sind womöglich schon mitten in der Umsetzung. Doch manches, was Sie sich so schön ausgedacht hatten, scheint in der Praxis nicht zu funktionieren. Wie gehen Sie mit Misserfolgen und Rückschlägen um? Was tun Sie, um den Erfolg Ihrer Strategie zu verstetigen und zu erweitern?

Erfolge verstetigen und ausbauen

Einmal Wissensteiler, immer Wissensteiler: Wenn Sie die Strategie des verschenkten Wissens zur Grundlage Ihrer Arbeit machen und wenn das ab jetzt der Haupt-Akquisitionsweg für Sie ist, dann werden Sie immer weiter daran arbeiten und sich weiterentwickeln. Sie werden also nicht so schnell Ihr Blog wieder schließen und sich auf dem Erreichten ausruhen. Aber Sie werden wahrscheinlich erleben, dass sich die Dinge ab einem gewissen Punkt, einem gewissen Bekanntheitsgrad verselbstständigen. So werden Sie vielleicht die Frequenz Ihrer Blogbeiträge senken können, während Ihre bestehenden Kunden Sie aktiv weiterempfehlen. Vielleicht können Sie sich häufiger anderen Aufgaben widmen oder auch einmal eine Pause machen, ohne dass dies der Nachfrage schadet. Viele sehr erfolgreiche Wissensteiler weiten andererseits ihre Aktivitäten aus. Sie nutzen ihre Bekanntheit beispielsweise, um wohltätige Projekte zu unterstützen oder um Nachwuchs zu fördern.

Gegen den Strom rudern

Dennoch gilt für das Wissen-Teilen der bekannte Spruch vom Rudern gegen den Strom: Wer zu ausgiebig pausiert, fällt zurück. Das kann dann erwünscht sein, wenn es Ihnen einfach zu viel wird und Sie Erholung brauchen. Sie wissen ja dann, wie Sie Angebot und Nachfrage wieder systematisch aufbauen. Jedoch:

Das geschieht nicht per Knopfdruck, und was Sie tun, wird sich zunächst unbemerkt, oft schleichend und mit Verzögerung, dann aber umso deutlicher in Ihren Geschäftszahlen niederschlagen. Dann brauchen Sie unter Umständen einen längeren Atem, bis Sie wieder den gewünschten Erfolg haben.

»Das Internet vergisst nie«, lautet eine gängige Warnung davor, irgendwelche Inhalte zu veröffentlichen, die man später bereuen könnte. Tatsächlich jedoch ist »das Internet« oft ziemlich vergesslich; wer nicht kontinuierlich dranbleibt, sinkt irgendwann unter eine gewisse Wahrnehmungsschwelle. Das können Sie vor allem dadurch vermeiden, dass Sie auch in Zeiten, in denen Sie es ruhig angehen lassen, Ihr Netzwerk weiter pflegen. Denn, das kann man gar nicht oft genug betonen, die Menschen, mit denen Sie zu tun haben, sind das eigentlich Wichtige.

Experimente erwünscht

Vielleicht sind Sie mit Ihrer Vorgehensweise eine ganze Weile erfolgreich, aber irgendwann bleibt der Erfolg aus, es stellt sich ein Gefühl der Stagnation ein. Vielleicht geht die Zahl der neuen Anfragen zurück. Betrachten Sie Rückschläge als erwünschte Lerneffekte! Selbst sehr erfahrene Wissensteiler entwickeln sich immer noch weiter und lernen dazu; ganz abgesehen davon, dass sich die Medien, die sie einsetzen, ebenfalls weiterentwickeln.

Spätestens an einem solchen Punkt ist es an der Zeit, etwas Neues auszuprobieren. Tun Sie das am besten lange bevor Ihnen Ihre Publikationstätigkeit zur Routine wird. Sie könnten Ihre eigene Plattform aus- oder umbauen; sich neue Social Networks erschließen; sich auf weitere Themen spezialisieren. Oder Sie könnten andere Medien ausprobieren: Wenn Sie bisher nur geschrieben haben, könnten Sie Videos hinzunehmen. Wenn Sie bisher nur mit kleinen Gruppen ge arbeitet haben, könnten Sie eine Vortragstätigkeit aufbauen. Das alles hängt von Ihren individuellen Gegebenheiten und Vorlieben ab. Entscheidend ist eigentlich nur, dass es Ihnen selbst nicht langweilig wird, dass Sie neue Impulse empfangen und geben. Denn sonst verlieren Sie den Kontakt zu Ihren Zielgruppen, womöglich publizieren Sie mehr und mehr ins Leere, und das ist mit das Schlimmste, was einem Wissensteiler passieren kann.

Wenn einmal alles zu viel wird

Zu Beginn Ihrer neuen Strategie sind Sie begeistert, inspiriert, wie aufgeladen. Hoffen wir, dass das immer so bleibt, aber ich möchte es zumindest ansprechen: Es könnte irgendwann der Punkt kommen, an dem Ihnen alles zu viel wird. Ständige Präsenz in sozialen Netzwerken kann zu Beginn sehr beflügeln; Wissen in Blogbeiträge umzusetzen, ebenfalls. Doch es mag bei jedem eine Phase kommen, wo dies alles als mühsam oder sogar als Zwang empfunden wird. Dann ist es eigentlich höchste Zeit für eine Pause – aber werden Sie dann nicht zurückfallen? So könnten Sie es angehen:

Strategien der Erholung

Wenn Sie das Gefühl haben, Sie brauchen eine Pause, dann gönnen Sie sich diese auch. Das Teilen von Wissen braucht Engagement.

- Reservieren Sie sich feste Zeiten für das Bloggen und das virtuelle Netzwerken. Schalten Sie darüber hinaus konsequent ab und gönnen Sie sich Erholung.
- Senken Sie die Frequenz. Bloggen Sie weniger, aber dafür regelmäßig.
- Arbeiten Sie auf Vorrat. Nehmen Sie sich einen Tag frei von jeder anderen Arbeit und schreiben Sie viele zeitlose Ratgeberartikel oder produzieren Sie eine Reihe von Videos oder Podcasts, die Sie nach und nach erscheinen lassen.
- Machen Sie Pausen dann, wenn das Geschäft es zulässt; beispielsweise, wenn sowieso ein Großteil Ihrer Kunden im Urlaub ist oder es branchenbedingt wenig Handlungsbedarf gibt.
- Kommunizieren Sie längere Pausen. Sagen Sie Ihrem Netzwerk, dass Sie sich eine Auszeit gönnen und teilen Sie mit, wann es weitergehen wird.
- Aktivieren Sie Gastblogger. Oder verteilen Sie Aufgaben im Team. Vergeben Sie bestimmte Aufgaben extern. Bloß ihre ganz persönlichen Accounts in Social Networks lassen Sie besser nicht ausschließlich von anderen bestücken.
- Bleiben Sie entspannt. Ihre Wissensstrategie ist ein lebendiger Prozess, der Änderungen, Höhen und Tiefen gut verkraftet, wenn die Basis stimmt.

Meilensteine des Erfolgs

Spätestens dann, wenn Ihre Strategie erste Früchte trägt und sich verstetigt, ist es an der Zeit, eine neue Zielsetzungsphase einzuschieben. Auch ist keine Strategie für die Ewigkeit geschrieben, erst recht nicht im Internet. Und jede Plattform, jede Website, auch wenn sie kontinuierlich weiterentwickelt und gepflegt wird, braucht irgendwann eine grundlegende Überarbeitung.

Ideal wäre es, wenn Sie etwa im Halbjahrestakt eine Überprüfungs- und Orientierungsphase einschieben, vor allem zu Beginn. Mit der Zeit und gerade, wenn Sie kontinuierlich aufmerksam sowie offen für Feedback bleiben, reicht es wahrscheinlich, wenn Sie sich einmal im Jahr neu ausrichten. Viele Wissensteiler nutzen dazu die Zeit über den Jahreswechsel, aber das ist auch wieder branchenabhängig.

Erfolgscheck und Neuausrichtung

- Was waren die größten Erfolge seit Beginn Ihrer Wissensstrategie?
- Welche Misserfolge haben Sie verzeichnet?
- Welche Themen haben besonders viel Resonanz erzeugt?
- Welche Themen begeistern Sie selbst am meisten?
- Wo ist die Schnittmenge zwischen den beiden vorigen Punkten?
- Inwieweit haben Sie die selbst gesteckten Unternehmensziele bis hierher erreicht?
- Welches Feedback bekommen Sie – und wie nutzen Sie dieses?
- Abgesehen von der kontinuierlichen Weiterentwicklung der Strategie: Gibt es grundlegenden Änderungs-/Verbesserungsbedarf?
- Ist der Social-Media-Workaround noch aktuell?
- Wie haben sich Vernetzung, Resonanz und Gespräche in sozialen Netzwerken weiterentwickelt?

Bugfixing: Was tue ich, wenn … ?

Es gibt einige typische »Fehlermeldungen« – manchmal sind es auch nur gefühlte Probleme –, die vor allem zu Anfang auftreten können. Einige davon stelle ich Ihnen hier mitsamt möglichen Lösungsansätzen vor. Ich nenne das »Bugfixing«.

So bezeichnen es Programmierer umgangssprachlich, wenn sie Fehler in Programmen beseitigen. Natürlich ist Ihre Strategie des verschenkten Wissens kein Computerprogramm. Wenn etwas nicht so funktioniert, wie Sie es sich vorgestellt haben, können die Ursachen dafür sehr komplex sein. Oft hilft es jedoch, von einem bestimmten konkreten Punkt aus die Sache noch einmal genau zu betrachten.

Problem: Mein Blog zieht nur wenige Leser an. Die Zugriffszahlen steigen nicht kontinuierlich, wie ich es erwartet habe.

Mögliche Ursache:	Das können Sie tun:
Der Nutzen Ihres Themas ist nicht auf den ersten Blick erkennbar.	Schärfen Sie das Profil. Überarbeiten Sie Ihre Texte.
Ihre Plattform ist nicht benutzerfreundlich genug. Die Gestaltung entspricht nicht den hochwertigen Inhalten.	Überarbeiten Sie die Gestaltung. Lassen Sie vom Profi machen, was Sie vielleicht bisher selbst entworfen hatten. Befassen Sie sich noch einmal mit den Themen Usability und Gestaltung.
Sie zählen Ihre Leser und berücksichtigen nicht, dass absolute Zahlen oft wenig aussagen.	Machen Sie sich bewusst, dass absolute Zugriffszahlen wenig über den Erfolg aussagen, gerade in Nischenthemen. Schauen Sie lieber auf die tatsächlichen Rückläufe, auf die Nachfrage nach Ihrem Bezahl-Angebot.
Sie publizieren zu selten oder zu unregelmäßig.	Gerade am Anfang ist es wichtig, dass Ihre Zielgruppen wissen, woran sie sind, damit sie wiederkommen. Publizieren Sie häufiger und vor allem: regelmäßig und berechenbar.
Neue Leser finden nicht auf Ihre Plattform.	Lassen Sie überprüfen, wie suchmaschinenfreundlich Ihre Seiten aufgebaut sind. Arbeiten Sie an Schlagwörtern. Überprüfen Sie Ihren Social-Media-Workaround. Starten Sie Aktionen. Vernetzen Sie sich mit anderen. Gehen Sie öfter auf Veranstaltungen, vernetzen Sie sich in persönlichen Beziehungen. Pflegen Sie Gespräche statt einer Einbahnstraßen-Kommunikation!
Vielleicht sind Ihre Texte einfach nicht interessant genug, oder der Nutzen erschließt sich nicht auf den ersten Blick?	Wenn Sie das vermuten: Holen Sie sich wenigstens punktuell eine professionelle Meinung ein. Lassen Sie sich unterstützen. Arbeiten Sie mit Unterstützung gezielt an Schwachpunkten.
Vielleicht haben Sie gar kein Problem und sind einfach zu ungeduldig?	Geben Sie sich selbst mehr Zeit. Bauen Sie kontinuierlich und nachhaltig aus.

Problem: Ich publiziere bereits seit einiger Zeit, aber ich bekomme zu wenige Anfragen für mein Bezahl-Angebot.

Mögliche Ursache:	Das können Sie tun:
Sie publizieren einfach noch nicht lange genug. Content-Marketing braucht einige Zeit, bis es merkbaren Rücklauf erzeugt.	Vergewissern Sie sich, dass Sie auf dem richtigen Weg sind. Holen Sie sich Feedback ein. Fragen Sie punktuell Leser oder Kunden nach ihrer Meinung zu dem Blog.
In Ihrem Blog wird zu wenig deutlich, dass Sie auch ein bezahltes Dienstleistungs-Angebot haben.	Regulieren Sie nach. Verstärken Sie den Handlungsimpuls. Aber Vorsicht: Bitte fallen Sie nicht in das andere Extrem und werden zu werblich.
Der Nutzen Ihres Wissens und Könnens kommt nicht klar genug heraus.	Schärfen Sie Ihr Profil. Arbeiten Sie am Nutzen Ihres Wissens für Ihre Zielgruppe. Publizieren Sie stärker ausgerichtet darauf hin.

Problem: Ich bekomme zu viele Anfragen, die ich alle gar nicht bedienen kann. Es rufen die Falschen an oder solche, die als Kunden für mich nicht interessant sind.

Mögliche Ursache:	Das können Sie tun:
Wenn die Richtigen anrufen, aber zu viele von ihnen, haben Sie womöglich gar kein Problem, sondern Ihr geteiltes Wissen ist einfach sehr interessant, Ihr Angebot sehr attraktiv.	Wenn Sie nicht die Möglichkeit haben, Ihre Kapazitäten zu vergrößern, etwa mit weiteren Mitarbeitern, oder in dem Sie Aufgaben auslagern, bleiben Ihnen mehrere andere Optionen: Fokussieren Sie sich stärker auf eine kleinere Zielgruppe. Oder kommunizieren Sie, dass Sie ausgelastet sind. Das sollte aber immer die letzte Wahl sein; womöglich führt es nämlich dazu, dass Sie mittelfristig dann wieder zu wenig Anfragen bekommen.
Wenn die Falschen anrufen, also solche, die gar nicht zu Ihrer Kern-Zielgruppe gehören: Sie sagen vielleicht nicht genau genug, für wen Ihr bezahltes Angebot interessant ist.	Selektieren Sie im Vorfeld stärker, indem Sie sich noch gezielter auf Ihre Wunschkunden ausrichten.
Wenn zu viele Interessenten anrufen, denen Sie dann zu teuer sind, kommunizieren Sie nicht ausreichend, wie hochwertig Ihr Angebot ist.	Lassen Sie in Gestaltung und Text stärker durchblicken, dass es sich um eine hochwertige und entsprechend hochpreisige Dienstleistung handelt.

Problem: Ich bekomme viele Anfragen, auch von potenziellen Wunschkunden, und schreibe daraufhin auch Angebote. Aber letztendlich wird so gut wie nie ein Auftrag daraus.

Mögliche Ursache:	Das können Sie tun:
Vielleicht überschätzen Sie die Quoten? Es ist normal, wenn nicht aus jeder Anfrage ein Auftrag wird, gerade im hochpreisigen Bereich.	Erkundigen Sie sich bei Kollegen, wie viele Angebote diese schreiben, um einen tatsächlichen Auftrag zu erzielen. Wenn Ihre Quote deutlich abweicht, schauen Sie sich bitte die folgenden hier genannten Möglichkeiten an.
Lassen Sie Ihre Texte schreiben oder schreiben Sie sie selbst? Hat Ihr Grafiker in der Gestaltung das verdeutlicht, was Ihr Unternehmen ausmacht? Womöglich erweckt Ihre Kommunikation einen ganz anderen Eindruck als Sie selbst vermitteln. Das heißt: Ihre Interessenten passen zu Ihrer Wissensstrategie, aber nicht zu Ihrem eigentlichen Unternehmen oder zu Ihnen als Berater.	Überarbeiten Sie Ihre Wissensstrategie. Holen Sie sich Fremdbilder sowohl zu Ihren Publikationen als auch zu Ihnen selbst als Berater und Dienstleister. Fragen Sie Ihre bestehenden Kunden, was diese an Ihnen schätzen. Nehmen Sie gegebenenfalls solche Testimonials auf eine Seite »Kundenstimmen«, damit sich Ihre Besucher ein besseres Bild von Ihnen machen können.
Könnte es sein, dass Sie über andere Dinge publizieren als über die, die Sie wirklich anbieten und die Sie besonders gut können?	Arbeiten Sie noch stärker heraus, wen Sie mit welchen Angeboten erreichen wollen und publizieren Sie über diese Kernthemen.
Ob aus Anfragen auch tatsächlich Aufträge werden, hat nicht nur mit Ihrer Wissensstrategie zu tun. Vielleicht ist etwas anderes nicht geklärt?	Fragen Sie einen Coach oder Unternehmensberater, der sich in Ihrer Branche auskennt.

Problem: Meine Followerzahlen/die Zahl meiner Kontakte in Social Networks wachsen nicht schnell genug.

Mögliche Ursache:	Das können Sie tun:
Nicht alles, was schnell ist gut. Vielleicht verwechseln Sie Quantität mit Qualität.	Investieren Sie nicht in Zahlen, investieren Sie in echte Beziehungen.

Sie denken vor allem an sich selbst und daran, was Ihnen nützt – und nicht daran, was Ihr Netzwerk braucht. Sie posten vielleicht nicht die Inhalte, die andere wirklich interessieren.	Arbeiten Sie die Kapitel zum Thema Zielgruppen und Nutzen noch einmal durch.
Selbst wenn Sie interessante Inhalte verbreiten: Vielleicht ist Ihr Profil selbst nicht aussagekräftig genug?	Was ist mit Ihrem Foto und Ihrer Kurzbiographie? Ermitteln Sie Verbesserungspotenzial. Nutzen Sie dazu die Tipps aus dem Social-Media-Kapitel. Holen Sie sich, wenn nötig, Unterstützung.
Einerseits: Networking-Patentrezepte machen noch keinen Netzwerker. Vielleicht besteht bei Ihnen noch persönlicher Entwicklungsbedarf? Andererseits: Auch ein geübter Netzwerker muss viel dazulernen, bevor er sich souverän im Social Web bewegen kann. Vielleicht fehlen Ihnen noch Techniken und Fertigkeiten?	Beobachten Sie begabte Netzwerker, wie diese es machen – sowohl in sozialen Netzwerken als auch im phyischen Kontakt. Gewähren Sie sich selbst die Zeit, die Sie brauchen, um das Netzwerken zu üben. Lesen Sie Anleitungen, die auf den Plattformen zur Verfügung stehen. Arbeiten Sie das Kapitel zum Thema Social Networks noch einmal durch.

Viel Erfolg!

Jetzt geht es also richtig los! Danke, dass Sie bis hierher drangeblieben sind. Für die Umsetzung Ihrer Strategie des verschenkten Wissens wünsche ich Ihnen viel Erfolg. Bitte gönnen Sie sich die Zeit, die Sie brauchen. Lassen Sie sich nicht entmutigen, wenn es einmal nicht so schnell geht wie erwartet. Nutzen Sie die zusätzlichen Angebote und aktualisierten Informationen auf der Buch-Website unter http://www.prinzip-kostenlos.de sowie in meinem Blog PR-Doktor (http://www.pr-doktor.de). Ich wünsche Ihnen viel Erfolg!

Herzlichst

Ihre Kerstin Hoffmann

Anhang

Alle Literaturhinweise und Weblinks finden Sie auch auf der
Buch-Website: http://www.prinzip-kostenlos.de

Bücher

Anderson, Chris: *Free. Kostenlos. Geschäftsmodelle für die
Herausforderungen des Internets.* Frankfurt/New York: Campus
Verlag, 2009

Eck, Klaus/Eichmeier, Doris: Die Content-Revolution im
Unternehmen, Haufe 2015.

Frenzel, Karolina/ Müller, Michael/ Sottong, Hermann: *Storytelling.
Die Kraft des Erzählens fürs Unternehmen nutzen.* München:
Deutscher Taschenbuch Verlag, 2006

Friedrich, Kerstin: *Erfolgreich durch Spezialisierung.* Redline
Wirtschaftsverlag; 2., aktualisierte und überarbeitete Auflage
(1. Februar 2007)

Grabs, Anne/Bannour, Karim Patrick: *Follow me. Erfolgreiches Social
Media Marketing mit Facebook, Twitter und Co.*. Bonn: Galileo
Press, 2011

Haas, Silvia/Holzinger, Peter: *Kann man denn davon leben?
Erfolgreiche Eigenvermarktung und Internetökonomie.* E-Book, Kindle
Edition 2011

Hansen, Renée/Schmidt, Stephanie: *Konzeptionspraxis: Eine
Einführung für PR- und Kommunikationsfachleute. Mit einleuchtenden
Betrachtungen über den Gartenzwerg.* Frankfurt: Frankfurter
Allgemeine Buch, 5. Auflage 2009.

Hoffmann, Kerstin: Lotsen in der Informationsflut. Erfolgreiche
Kommunikationsstrategien mit starken Markenbotschaftern aus dem
Unternehmen. Haufe, 2017

Hoffmann, Kerstin: Web oder stirb. Erfolgreiche
Unternehmenskommunikation in Zeiten des digitalen Wandels.
Haufe, 2015.

Mast, Claudia: *Unternehmenskommunikation.* Stuttgart: Lucius &
Lucius Verlagsgesellschaft mbH, 3. Auflage 2008

Reins, Armin/Ballmann, Matthias: *Corporate Language: Wie Sprache über Erfolg oder Misserfolg von Marken und Unternehmen entscheidet.* Mainz: Schmidt (Hermann), 1. Auflage 2006

Schindler, Marie-Christine/Liller, Tapio: *PR im Social Web.* Köln: O'Reilly, 2011 Schwenke, Thomas: *Social Media Marketing & Recht.* Köln: O'Reilly, 2012

Solis, Brian: *The End of Business as usual.* Hoboken, New Jersey: John Wiley & Sons, 2011

Solis, Brian: X: The Experience When Business Meets Design, Wiley 2015.

Sterne, Jim: *Social Media Monitoring.* Heidelberg u. a.: mitp-Verlag, 2011

Web

Da Angebote im Web einem schnellen Wandel unterworfen sind, steht das Verzeichnis der im Buch genannten sozialen Netzwerke, Plattformen und Tools ausschließlich auf der Buch-Website und wird dort bei Bedarf aktualisiert.

Stand für alle Weblinks, wo nicht anders angegeben: Zuletzt abgerufen am 15. Mai 2017. Auch die Beschreibung der Plattformen und Anbieter im Web sowie deren einzelne Funktionen erfolgt nach bestem Wissen mit Stand vom Mai 2017. Irrtümer vorbehalten.

Buch-Website

http://www.prinzip-kostenlos.de

Weblinks der Interviewpartner:

Gunter Dueck: http://www.omnisophie.com

Klaus Eck: http://www.d.tales.de

Sabine Asgodom: http://www.asgodom.de

Greta Andreas: http://www.goldengap.de

Gernot Langs: http://www.schoen-kliniken.de

Rouven Kasten: http://www.gls.de

Svenja Hofert: http://www.teamworks-gmbh.de

Gordon Schönwälder: http://www.podcast-helden.de

Thomas Schwenke: http://www.drschwenke.de

Kixka Nebraska: http://www.profilagentin.com

Melanie Kohl: http://www.melanie-kohl.de

Nadja Lüders: http://www.cefuerspielzeug.de

Weitere Weblinks:

Blogparaden: http://blog-parade.de/

Hoffmann, Kerstin: »Best Practice Corporate Blogs: Wie gut stehen deutsche Unternehmen da?« https://upload-magazin.de/blog/10714-best-practice-corporate-blogs/

Hoffmann, Kerstin: »Shitstorm und Krisen-PR 2016: Aktuelle Fragen & Antworten aus der Beratungspraxis – ein umfassender Ratgeber«, http://www.kerstin-hoffmann.de/pr-doktor/2016/10/14/shitstorm-krisen-pr-vorbeugung-fragen-antworten-ratgeber/

Hoffmann Kerstin: »Tu das, was deine Natur ist!« – Wie Sie Ihre Personenmarke zum Erfolg führen, ohne sich ständig quälen zu müssen http://www.kerstin-hoffmann.de/pr-doktor/2015/10/23/personenmarke-personal-branding-tool/

Karrierebibel: http://www.karrierebibel.de

Leonhard, Gerd: *Attention is the new currency. Content 2.0: Free vs Paid: Futurist Gerd Leonhard–40–Tokyo 2.0.* http://www.slideshare.net/gleonhard/content-20-free-vs-paid-futurist-gerd-leonhard-tokyo-20

Pokorn, Thomas: »So landen Sie den nächsten viralen Hit«. In: *PR-Blogger.* http://pr-blogger.de/2011/10/26/so-landen-sie-den-naechsten-viralen-hit/

»The Psychology of Sharing«. In: *The New York Times Insights.* http://www.iab.net/media/file/POSWhitePaper.pdf;

Magazin der Stadtwerke Neuss, https://www.stadtwerke-neuss .de/stadtwerke-magazin/spielregeln

Newsletter von Kerstin Hoffmann: http://www.kerstin-hoffmann .de/newsletter-kerstin

Rumohr, Joachim: http://www.rumohr.de/blog/

Schüller, Anne: *Kundenrückgewinnung in fünf Schritten.* BITKOM Marketing Services. http://www.empfehlungsmarket ing.cc/rw_e13v/schueller3/usr_documents/Bitkom.pdf

Solis, Brian: *Conversation-Prism.* http://www.briansolis.com/2008 /08/introducing-conversation-prism/ (Deutsche Version von ethority: http://www.ethority.de/ weblog/social-media-prisma/)

Stegbauer, Christian: Weak und Strong Ties – Freundschaft aus netzwerktheoretischer Perspektive. VS Verlag für Sozialwissenschaften, 2010. Kostenpflichtiger Download unter: http://link .springer.com/chapter/10.1007%2F978-3-531-92029-0_7

Wilson, Fred: »Freemium and Freeconomics«, im Blog »AVC. Musings of a VC in NYC«, 4. Juli 2009. http://avc.com/2009/07/ freemium-and-freeconomics/

Wilson, Fred: »My favourite Business Model«, im Blog »AVC. Musings of a VC in NYC«, 23. März 2006. http://avc.com/2006/ 03/my_favorite_bus/

Urban Dictionary: http://www.urbandictionary.com/

Wikipedia. Die freie Enzyklopädie: http://de.wikipedia.org/

Glossar

Die nachstehenden Begriffserklärungen sind absichtlich kurz gehalten und beziehen sich im Wesentlichen auf die Verwendung der Begriffe im Buch.

Das komplette Glossar finden Sie, nach Bedarf aktualisiert, ebenfalls auf der Buch-Website.

Account Konto (Profil) in einem Sozialen Netzwerk oder einem anderen Angebot im Internet. Es gibt persönliche Accounts und Firmen-Accounts.

Aggregator Website oder Angebot, das Nachrichten aus verschiedenen Nachrichtenströmen sammelt und gebündelt veröffentlicht.

Akquise (Akquisition) Kundengewinnung

App Applikation, ergänzende Anwendung oder auch Schnittstelle zu einem bestimmten Angebot. Meistens für mobile Endgeräte wie Smartphones oder Tablet Computer; auch: externe Anwendung in Social Networks wie Facebook.

Barcamp auch:»Unkonferenz«; eine Art Kongress mit einer bestimmten Themenstellung aber einer offenen Struktur und spontan stattfindenden Workshops zu Einzelthemen.

B2B (Business-to-Business) Interaktionen und Geschäftsverhältnisse zwischen Unternehmen.

B2C (Business-to-Consumer) Interaktionen und Geschäftsverhältnisse zwischen Unternehmen und Verbrauchern.

Blog (Weblog) Online-Tagebuch oder Magazin mit aktuellen Beiträgen.

Bookmarking Speicherung einer Webadresse im eigenen Internet-Browser oder auf einer Social-Bookmarking-Plattform im Internet.

Bugfixing Beseitigung von Fehlern (in Computer-Programmen).

Button Anklickbarer Navigationspunkt auf einer Website.

Cat Content Inhalte, in diesem Fall vor allem Bilder und Videos, die Katzen zeigen.

Celebrity Berühmtheit, Star.

Community Gemeinschaft im Internet, die sich zu bestimmten Themen und Interessen austauscht. Oft auch gebraucht im Sinne einer (Fan-)Gemeinde, die sich virtuell um ein Produkt oder ein Angebot schart.

Content Inhalte, speziell auch von Websites.

Content-Management-System (CMS) Software, um Websites anzulegen, zu verwalten und Inhalte einzustellen beziehungsweise zu ändern.

Content Curation Inhalte von anderen sichten, sammeln, bewerten und zur Verfügung stellen.

Creative Commons Vereinbarung/Lizensierung, unter der Bilder und Inhalte unter bestimmten Voraussetzungen kostenfrei genutzt werden dürfen.

Crowdsourcing Eine größere, oft undefinierte Gruppe arbeitet gemeinsam an einem Problem oder trägt Antworten zu einer Frage bei. Im Social Web wird oft zum Crowdsourcing aufgerufen, wenn ein Nutzer möglichst schnell eine Lösung finden will oder viele Aspekte beziehungsweise viele mögliche Antworten sucht.

Customer-Relationship-Management Verwaltung und Pflege der Kundenbeziehungen, meistens unterstützt durch spezielle Software und Datenbanken.

Dashboard Benutzeroberfläche zur Steuerung eines oder mehrerer Angebote.

Domain-Name Name/Adresse einer Website unter einer Top-Level-Domain.

E-Book Elektronisches Buch, längeres Dokument in einem bestimmten Dateiformat.

Facebook-Fanpage. Unterseite des Social Networks zu einem Unternehmen, einer Organisation oder einem bestimmten Thema.

Feedreader Software oder Online-Angebot, um RSS-Feeds abzurufen und darzustellen.

Filesharing Möglichkeit, Dateien aller Art im Internet für andere zur Verfügung zu stellen beziehungsweise herunterzuladen.

Follower Nutzer, die Nachrichten eines anderen Nutzers abonniert haben, ihm also folgen.

Follow-Unfollow schneller Wechsel zwischen dem Folgen und Entfolgen eines oder mehrerer Kontakte.

Footer Fußleiste, Fußbereich einer Website oder eines Blogs.

Forum Internet-Plattform, auf der sich Nutzer zu bestimmten Themen austauschen können. (siehe auch: Community)

Freemium Kunstwort aus »Free« und »Premium«; beschreibt ein Angebot, bei dem man zwischen einer kostenlosen und einer erweiterten kostenpflichtigen Variante wählen kann.

»Freund« (spezielle Verwendung, etwa auf Facebook) Kontakt mit dem sich jemand verbunden hat. Beide Seiten erhalten gegenseitig die Aktualisierungen.

Googeln (Verb) Die Suchmaschine Google nutzen. Mittlerweile oft synonym für insgesamt »Suchen im Internet«.

Hangout Video-Konferenz bei Google+, zu der jeder angemeldete Nutzer einladen kann.

Header Kopfbereich einer Website oder eines Blogs.

HTML (Hypertext Markup Language) sogenannte »statische Auszeichnungssprache«, mit der man Websites schreibt.

Influencer Meinungsbildner, einflussreicher Mensch.

Invite Einladung zu einem Social Network oder einem anderen Angebot im Internet.

Kaltakquise Ansprache und Gewinnung von bisher unbekannten Neukunden.

Kategorie Thema oder Ressort, dem Blogbeiträge zugeordnet werden.

Keynote Haupt-(»Schlüssel«-)Vortrag einer Veranstaltung.

Kommunikationsmix (eines Unternehmens) Individuelle Kombination aus Medien und Maßnahmen in Marketing, Werbung und PR.

Like »Gefällt mir«-Angabe in einem Sozialen Netzwerk oder auf einer Website.

Link (Verlinkung, Hyperlink) Verweis auf eine andere Seite im Internet.

Location Based Services Angebote im Web, die Aktivitäten und Mitteilungen von Nutzern mit ihren Aufenthaltsorten verknüpfen.

Max-Strategie Unternehmens- und Kommunikationsstrategie, die darauf abzielt, größtmögliche Nachfrage zu erzeugen.

Mention (bei Twitter) Erwähnung eines anderen Twitterers in einer Twitternachricht mit – und dem betreffenden Nutzernamen.

Messenger App zum Austausch von Nachrichten zwischen zwei oder mehr Personen.

Mikroblogging (auch Microblogging) Plattform oder Funktion in einem Sozialen Netzwerk, über die man kurze Nachrichten veröffentlichen kann. Bezeichnet auch das Senden dieser Nachrichten.

Monitoring Beobachtung, Überwachung und Analyse von Aktivitäten und Reaktionen im Internet, eigenen und fremden.

MySQL Datenbank-Technologie, die u.a. für Blogs benötigt wird.

Netiquette Etikette im Netz; angemessenes Verhalten beim virtuellen Austausch; oft auch Regeln, die sich die Mitglieder eines Forums oder einer Community selbst gegeben haben.

Network Netz, Netzwerk.

Newsfeed Strom von Nachrichten.

Open Graph Einbindung von Facebook-Funktionen auf anderen Websites.

Pingback Automatisch generierte Benachrichtigung im Blog über einen Beitrag in einem anderen Blog oder auf einer anderen Seite, der zum eigenen Blog verlinkt.

Pinnwand Seite bei Facebook, auf der alle eigenen Statusmeldungen und gesendeten Nachrichten angezeigt werden. Andere Nutzer können dort Nachrichten hinterlassen.

Plugin optionale Erweiterungsmodule, mit denen Sie Software, etwa für ein Blog, um bestimmte Funktionen und/oder Gestaltungsoptionen ergänzen können.

Podcast (Blog-)Beitrag in Audioform.

Policy selbst auferlegte Leitlinien und Verhaltensweisen.

Posting (Post, Blogpost) Beitrag, Artikel.

Premium-Account Kostenpflichtiges Konto, etwa in einem Social Network.

Reaction (auf Facebook) Facebook hat die Like-Funktion für Beiträge um weitere Emotionen ausgebaut, etwa ein Herz oder eine trauriges/wütendes Emoticon.

Relaunch Grundlegende konzeptionelle Überarbeitung eines Angebotes, einer Website oder einer Publikation.

Reply (bei Twitter) Antwort auf eine andere Twitter-Nachricht.

Retweet Weitergabe der Twitter-Nachricht eines anderen Twitter-Nutzers.

RSS-Feed Abkürzung für »Really Simple Syndication«. Technik, mit der Nachrichtenströme zur Verfügung gestellt beziehungsweise abgerufen werden können, beispielsweise in einem Feedreader.

Shitstorm Welle der Entrüstung, des Protestes und der Diffamierung, die sich im Web über einer Firma oder einer Person entlädt.

Social Bookmarking Siehe Bookmarking.

Social Gaming Spiele, die in Social Media eingebunden sind.

Social Icons Grafische Symbole, die für ein bestimmtes Social Network stehen. Sie werden oft auf Websites verwendet, um zu den jeweiligen Konten des Inhabers zu führen.

Social Media Die Angebote, Medien, Werkzeuge und Plattformen des Social Web.

Social-Media-Policy Leitlinien eines Unternehmens oder einer Organisation zum Verhalten in Social Media.

Social Search Automatisierte oder manuelle Suche über alle oder einige Angebote im Social Web.

Social Sharing Das Teilen von Inhalten in Social Networks und die dazugehörige Technik.

Social Web (zu Beginn oft Web 2.0 genannt) umfasst die Werkzeuge, Angebote und Plattformen, die es Menschen ermöglichen, soziale und geschäftliche Verbindungen aufzubauen,

Informationen miteinander auszutauschen und online gemeinsam an Projekten zu arbeiten. Dazu gehören Blogs, Wikis, Social Networks und andere Online-Communities und virtuelle Welten.

Soziales Netzwerk (Social Network)   Komplexes Angebot im Internet mit vielen Funktionen, auf denen sich Personen und Firmen registrieren, darstellen, miteinander verbinden und untereinander austauschen können.

Spam   Müll, Abfall; steht für unerwünschte (Massen-)Mails und werbliche oder automatisierte Kommentare im Blog. Generell: minderwertige Inhalte im Internet.

Stock   Bestand, hier: besonders von Fotos.

Tag   Schlagwort/Stichwort, das einem bestimmten Artikel oder Thema zugeordnet wird.

Tagcloud   Wolke (Feld) aus Schlagwörtern.

Theme   vorgegebenes Template (Struktur und Gestaltung) für ein Blog oder eine Website.

Tool   Werkzeug, ergänzendes Programm.

Top-Level-Domain   Teil, der Internetadresse, oberste Ebene einer Domain, zum Beispiel .de oder .com.

Traffic   Datenverkehr; bezogen auf eine Website: Zugriffe.

Tweet   Twitter-Nachricht

Twitterer   Nutzer des Angebotes Twitter.

Twittwoch   Bezeichnung für reale Treffen von Twitterern. Andere Begriffe: Tweet-up, Twittagessen …

URL   im allgemeinen Sprachgebrauch: Internetadresse, Webadresse.

Usability   Benutzerfreundlichkeit und Funktion von Internetseiten.

Viralität   Mechanismus der schnellen und ausgedehnten Verbreitung von Nachrichten und Inhalten.

Virtualität   Abbild einer Realität oder eine künstliche Realität, auf das Internet und auf elektronische Medien bezogen.

VoIP (Voice over IP)   Internet-Telefonie.

Web   das Internet; auch: Netz.

Web-affin (Internet-affin)   offen für die Medien des Internets.

Webhoster (Hoster, Provider) Anbieter von Webspace, also einer bestimmten Menge Speicherplatzes, auf dem eine Website liegt und im Internet aufrufbar ist.

Webspace Der (virtuelle) Raum oder Speicherplatz, auf dem eine Website liegt.

Whitepaper Thesenpapier, Anwenderbeschreibung oder Analyse zu einem bestimmten Thema mit einem bestimmten Erkenntnisinteresse und in der Regel einer Problemlösung.

Widget Fenster oder Kästchen in festgelegtem Format, beispielsweise zum Einfügen in die Seitenleiste eines Blogs oder einer Website.

Wiki System/Software, um Wissen zu sammeln und gemeinsam an Projekten zu arbeiten.

Workaround Planung eines komplexen Ablaufes von Aktivitäten (im Web).

Worst Practice (Beispiel für) denkbar schlechte Umsetzung in der (Unternehmens-) Praxis.

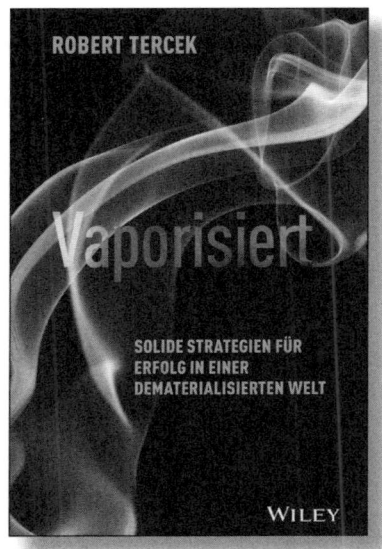